關 義和・丸山 哲也・奥田 圭・竹内 正彦【編】

とちぎの野生動物

私たちの研究のカタチ

随想舎

中禅寺湖から日の出を臨む

早朝の戦場ヶ原

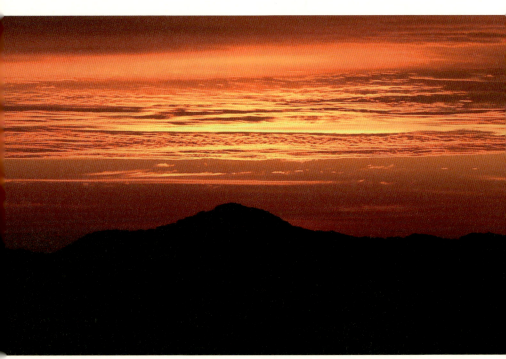
日光から臨む朝焼け

戦場ヶ原周辺に咲くホザキシモツケ群落

河川の増水で水に浸る奥日光の森林

シカの親子と出会う

痩せこけたシカ このシカは冬を生き残れるだろうか？

静かに佇むニホンザル 何を考えているのだろうか？

道路沿いで様子をうかがうニホンザル

眼前を通り行くツキノワグマ

雪原に現れたアカギツネ

シカの死体を利用するキツネ

日中に活動するタヌキ

センサーカメラで撮影されたイノシシ

くくりわなで捕獲されたイノシシ

樹上で休息するフクロウ

センサーカメラと対峙するアライグマ

捕獲されたハクビシンの幼獣

食事に勤しむニホンリス

植林地で遭遇したニホンノウサギの幼獣

巣穴から顔を出すニホンテン

ニホンカモシカと対峙する

側溝から顔を出すニホンアナグマ

巣箱から顔を出すムササビ

栃木の空を羽ばたくオジロワシ

痕跡調査の様子

白根山の電気柵内外

鳥類調査の様子

野生鳥獣管理技術者養成プログラムでの柵の設置風景

モニタリングのために集められたシカ駆除個体

調査中に出くわしたクマ剥ぎ

地面をイノシシに掘り起こされた森林

ハクビシンによるブドウの被害

シカによる樹皮剥ぎ

数年ぶりに湖化した小田代原

日光の紅葉

戦場ヶ原の遊歩道

秋の到来とともに色づきを見せ始める小田代原

夕日を浴び輝く男体山

とちぎの野生動物

私たちの研究のカタチ

はじめに

　近年、環境破壊などによって、世界各地で種の絶滅が進行している。一方では、増えすぎて人間生活や生態系に深刻な影響を及ぼしている生き物たちも存在する。こうした野生生物にかかわる多様な問題を解決してくための第一歩は、生き物たちのこと、そして彼らが置かれている現状について知ることである。本書は、野生生物たちのことを知るきっかけを作ることが一つの大きな目的である。

　私は、いまではこうして野生生物にかかわる仕事に従事しているが、大学に入るまでは野生生物とはほぼ無縁の環境で育ってきた。野生生物への関心もそこまで高くはなく、上述したような問題があることもまったくと言っていいほど知らなかった。無知とは怖いもので、鎌倉市の山中で外来種であるクリハラリスを見たときに、興奮のあまり近くにいた地元の方に「野生のリスがいるなんて素晴らしいところですね」などと言い、その方がなぜ怪訝な顔をしたのかがわからなかったほどである。そのときに餌を持っていたら普通に餌付けしていたと思う。野生生物にかかわる問題が進行する要因の一つには、こうした無知無関心が少なからず関係している。

　そんな私が野生生物に興味を抱いたのは、高校3年のときに恩師から星野道夫さんの写真集を見せていただいたことがきっかけである。写真集を通して、こんな世界があるものなのかと心から感動を覚えた。そして自然や野生生物に対する魅力の高まりとともに、絶滅の危機に瀕している生き物たちがたくさんいるという事実を学び、彼らのために何かできやしないかという思いでこの世界に足を踏み入れた。その後、野生生物について学びを深めていくなかで、人間との軋轢を起こしている生き物たちも増えている現状を学ぶこととなる。このようなさまざ

まな課題があるなかで、私にできることは何だろうか？──私は、「知る」ということを通じて、自然や野生生物の存在に気づき、問題解決のために、また人と自然の共存のために求められることについて真剣に考えるようになっていった。こうした経験を通して私は「知る」こと、また「伝える」ことの大切さを学んだ。

　私は、野生生物についてもっとたくさんのことを学びたいという思いで大学院への進学を機に栃木にやってきた。栃木においても、減少に向かう種がいる一方で、増えすぎて農林業や生態系に深刻な影響を及ぼしている種もいるなど、解決すべき課題は多い。こうした課題に対し、栃木では1970年代という早い時期から本格的に野生生物の生態研究や対策が行われてきているが、その基盤を築くのに宇都宮大学の小金澤正昭教授が果たした役割は大きい。それから現在に至る40年ほどの間に、たくさんの研究者や実務者が育ってきた。私自身も、これまでに基盤を築き上げてこられた諸先輩方から本当に多くのことを学ばせていただいた。本書では、そんな栃木の野生生物の研究や対策について哺乳類と鳥類を対象に精力的に取り組んできた方々に、動物の魅力や問題点などをフィールドでの経験談なども交えて紹介していただいた。本書を読み、フィールド調査の楽しさや魅力についても感じていただければと思う。

　本書を通して、野生生物のことを知り、考えるきっかけになればとてもうれしい。それにより、野生生物にかかわる問題解決に少しでも貢献できれば、私たち書籍の作成にかかわった者たちにとって望外の喜びである。

　　　　　　　　　　　　　　　　　　　　　編者を代表して　關　義和

とちぎの野生動物 私たちの研究のカタチ　目次

はじめに 2

栃木県、特に日光における野生動物研究の流れ .... 小金澤正昭　8

第1章　動物の生き方を知る〜生態と保全

栃木で出会えたキツネの世界 .... 竹内　正彦　24

タヌキは人里離れた山奥でどう生き抜いているのか？ ... 關　　義和　32

● Topics 栃木で覚えたことを .... 谷地森秀二　40

足尾・日光地域での12年間の調査から見えてきたクマの姿
　　　　　　　　　　　　　　　　　　　　　　　　　　小池　伸介　42

● Topics クマを見、思う .... 手塚　牧人　52

奥日光と足尾のシカは冬の間、何を食べているのか？ ... 瀬戸　隆之　54

奥日光の夏をシカはどう過ごしていたか？ .... 李　玉春・本間　和敬　61

● Topics 奥日光のシカはいつ出産しているのか？ .... 岩本　千鶴　68

カモシカの日周行動と採食物 .... 松城　康夫　70

日光におけるサル研究のアプローチ .... 今木　洋大　73

奥日光のサルに起きた群れの分裂を追って .... 奥村　忠誠　81

栃木県のコウモリ事情	安井さち子	87
奥日光の森に棲むコウモリの多様なくらし	吉倉　智子	95
那須野ヶ原におけるオオタカの保護と研究	遠藤　孝一・江口(堀江)玲子	103

第2章　生物どうしの関係を知る～生物間の相互作用

シカによって変貌した日光の植生	辻岡　幹夫	120
シカがもたらす土壌動物群集への影響	敦見　和徳	129
マルハナバチはシカに影響される？	田村　宜格	134
シカの増加で変わる森の鳥たちの顔ぶれ	奥田　圭	140
シカとノウサギの関係に迫る	木村　太一	145
シカの影響は高次捕食者にまで及ぶのか？	關　義和	153

第3章　動物が引き起こす問題を知る～野生動物管理

分布調査からみえる栃木県の野生動物問題	春山　明子	164
栃木県が行ってきたシカ対策	松田奈帆子	173
環境省が行ってきたシカ対策	千葉　康人	180

日光と尾瀬を行き来するシカを追う	淵脇（加藤）恵理子	185
センサーカメラでシカを数える	金子賢太郎	191
新たなシカ捕獲手法を求めて	丸山　哲也	199
●Topics わたしの"ケモノ道"	藤浪　千枝	208
●Topics サーモトレーサをシカの調査に活かす	岩本　千鶴	210
イノシシはどこへ向かうのか	橋本友里恵	211
イノシシが広がる背景と対策そして原発事故後の課題	小寺　祐二	217
●Topics 茂木町でみつけたイノシシ対策を成功させるための鍵	奥田（野元）加奈	228
クマ剝ぎ被害は解決できるのか？	中山　直紀	230
●Topics カメラの前でクマを立たせるために	米田　舜・丸山　哲也	238
サル問題の「解決」に向けた次の一手	江成　広斗	239
栃木県にもアライグマ出現！あなたの隣にもいるかもしれない？	安斎　春那	244
●Topics 栃木に出没したハリネズミ	佐藤　洋司	254
野生動物問題は人の問題!?	桜井　良	256

用語集	265
あとがき	272
事項索引	275
種名一覧	277

栃木県概略図および日光地域拡大図

栃木県、特に日光における野生動物研究の流れ

小金澤　正昭

栃木県における野生動物の研究は1970年代から本格的に行われてきたのではないだろうか。ここでは、1970年代から今日までの45年間を振り返り、野生動物にかかわる問題に対して、どのような研究や対策が行われてきたかを概観し、今後の課題を展望したい。

1. 1970年代

1970年代に日光で活躍されていたのは、東京農工大学のシカ研究グループと、日光市小倉山国有林内にあった宇都宮営林署有益獣増殖事業所に勤務されていた御厨正治さんである。御厨さんは、イタチの増殖場での研究のほか、日光産のコウモリ類の採集記録などを報告し、1972年には「栃木県の動物と植物」(1)に栃木県全体の哺乳類について執筆された。有益獣増殖事業所は、ネズミによる植栽木の食害を防止する目的で1959年6月に設置され、1979年12月の廃止までの20年間、イタチの増殖を行った。一方、東京農工大学の研究グループは、当時農学部林学科の丸山直樹(現、名誉教授)さんを中心とするグループで、研究室の学生、院生とともに、ニホンジカの生態と保護管理に関する研究が行われ、1984年まで継続した。調査地は、表日光の国有林内、女峰山の南斜面、荒沢流域であった。ここでは、シカの生態研究のほか、大学院生や学生によって同所的に生息するサル、クマ、ノイヌの研究が行われていた。また、ここでのシカの区画法による密度調査は、その後、栃木県の特定管理計画のモニタリング調査に引き継がれて現在に至っている。ここでの研究で特筆すべき点は、シカの季節移動様式をテレメトリ法によって明らかにしたことである。この研究の結果、これまで解明されていなかったシカの季節移動の実態を解明するとともに、冷温帯のシカの生態学的知見は飛躍的に増加し、その保護管理に大きく貢献することとなった。また、シカの食性において、当地域に広く生育するミヤコザサが重要な餌資源であることを指

摘した。

2. 1980年代

　この時代の最大のエポックは、栃木県立博物館の開館（1983年）と1984年3月の日光を襲った豪雪によるシカの大量死である。また、1986年には「日光の動植物」(2)が出版された。

　栃木県立博物館は、自然系、人文系からなる総合博物館として開設され、自然課の動物部門に昆虫、無脊椎動物、脊椎動物の3担当が置かれた。また、開設準備段階から日光地域の総合的な自然史研究が取り組まれ、その成果は、博物館の展示の目玉であるスロープ展示となって公開されている。また、地域ごとの総合調査は、その後も県内を五つのブロックに分けて、それぞれのブロックごとに行われ、これまで断片的であった自然史研究が総合的に解明されていくことに大きく貢献した。また、展示の基礎資料としての調査研究は、その後も継続し、哺乳類では、日光いろは坂を中心とした地域でのニホンザルの生態調査と足尾でのカモシカの生態調査に展開してゆくことになった。

　一方、博物館の基礎的資料としての標本の収集活動は、従来、採集が困難と考えられていた哺乳類、鳥類においても、関係機関の協力による斃死体の全県的な収集体制を構築することによって、決して多くはないが着実に収集されるようになった。そのようななかで、1984年3月1日にシカ（成獣メス）の死体が届けられた。その体は、毛に覆われていたために直ぐには気がつかなかったが、脇腹を触ったときに、洗濯板を撫でるような感触が伝わり、餓死であると直感した。まさに、話に聞いていた大雪による大量死の発生である。直ちに、気象台の積雪資料を取り寄せ、調べたところ、日光地方は例年にない大雪であった。その日から毎日のように搬入されるシカは、確実に大量死が発生したことを示していた。これは、新設された博物館にとって、またと無い、日光、足尾のシカ、大雪による大量死という特定の地域の、特定の時期の、特定の原因によって死亡した個体群の標本である。館長、副館長をはじめとする博物館全職員の理解と協力によって、可能な限りの餓死個体を集めることとなった。この収集活動は、4月15日の一斉回収によって一区切りをつけることになったが、実際には4月28日まで続き、総計250体を収集することができ、すべてが骨格標本として保存されている(3)（写真❶）。ま

写真❶　栃木県立博物館に収容されている59豪雪で大量死したシカの骨格標本

写真❷　いろは坂の明智平ドライブインに出没する餌付けされたニホンザル（2006年11月23日撮影）

た、この資料収集を基に、企画展「シカと人とのかかわりの歴史」を開催することができた。

　博物館のスロープ展示にかかる基礎資料として、いろは坂を中心とした地域でのニホンザルの生態調査を1982年12月から開始した。この調査は、日光地域の群れの分布を明らかにするために1982年12月から1984年4月まで続けられた。詳細は、「日光の動植物」に譲るが、この調査によって大谷川の流域、いろは坂から霧降有料道路までの東西12kmに8群が生息することを明らかにした。また、この当時、すでにA、B（本文中ではB1）の2群が観光客に餌付けされていたが、大きなトラブルは発生していなかった。しかし、その後、当地域のニホンザルの生活様式の解明が進むなか、いろは坂での観光客による餌付け問題が大きな社会問題となっていった（写真❷）。

　1980年代当時、日本でも有数のカモシカの高密度地域として知られていた足尾町（現在の日光市足尾）で1987年から生態調査が始まった。当初は、定点観察記録から個体識別し、生息数を知ろうとする調査とテレメトリ法による個体追跡調査が開始され、この調査は1995年まで9年間続いた（写真❸）。この研究のなかでは、シカの著しい増加とともに、1990年冬を境にカモシカの個体数が大きく減少する現象を観察し、シカが増えるとカモシカが減るという種間関係の存在を明らかにした[4]。

写真❸　ラジオテレメトリ法による方向探査の様子

また、シカの増加が森林生態系にどのような影響を及ぼすのか、その解明という新たなテーマが浮かび上がってきた。

3. 1990年代

この年代の最大のエポックは、1990年を境に始まった奥日光でのシカの爆発的増加である。そして、その結果、モニタリングと生態調査が始まった。また、野生鳥獣による農林業被害の増加もこの時期から始まり、大きな社会問題となった。

1990年に千手ヶ原のササ（ミヤコザサ—チマキザサ複合体）(5) が大面積に渡って強い採食圧によって消失した（写真❹）。この大面積にわたる消失は、この地域のササがシカの主要な餌であったことから、シカの爆発的な増加の一要因と考えられるが、同時に、急激な環境収容力の減少は、シカの更なる分布の拡大、すなわち、尾瀬へのシカの分布拡大を促す原因となったと推測されている。(6)

1991年に、日光白根山でシカによってシラネアオイの減少が著しくなる。1993年よりシラネアオイ群落保護のために栃木県は約1.6ha、740mの電気柵を設置した。この電気柵は当初は恒久的な柵を設置したが、積雪深3mを越えると推定される積雪と雪崩により倒壊したため、翌年からシカより早く白根山に登って電気柵を張り、シカが降りた後に柵を外す作業を毎年繰り返すこととなった。この保護活動によって、シラネアオイは電気柵の中に限られるが、保護され、今年で22年目を迎えた。

1994年に、栃木県シカ保護管理計画が全国に先駆けて策定される。この計画策定以降、生息状況モニタリングの調査項目として、区画法による密度調査が毎年県内30カ所で実施されるほか、捕獲モニタリングでは、捕獲個体の外部計測、年齢、栄養状態、妊娠率ほかが調査の対象となり、毎年、実施される（写真❺）。

筆者は1991年に宇都宮大学農学部へ移り、野生鳥獣管理学研究室を立ち上げた。この研究室では、多くの学生によって研究が支えられ、失敗も含め、

写真❹ ササの消失により裸地化した奥日光千手ヶ原の森林（2002年9月11日撮影）

写真❺ 日光足尾地区におけるシカ管理捕獲時のサンプリングの様子

さまざまな研究に従事することができた。

なかでも、1993年から1996年にかけての今木洋大(東京農工大学)による日光地域全体のサルの生態調査は特筆される。調査は、いろは坂から今市にかけての大谷川沿いの東西22km、南北10kmの広大な地域を対象に続いた。その成果はサルの保護管理計画におけるゾーニングの考えにまとめられ、1997年10月に栃木県が策定した日光・今市地域におけるニホンザル保護管理計画に反映された。しかし、サルによる農作物被害は、その後、全県に拡大し2003年4月には栃木県サル保護管理計画が策定された。

また、本間和敬(上越教育大学)によるVHFテレメトリ法による奥日光のシカの季節移動の実態の解明は、その後の当地域の季節移動様式の理解の基礎となった。[7]

このなかで、奥日光でのシカを中心とした生態学的研究が始まる。最初の成果は、佐竹千枝(千葉大学)による精力的なフィールド調査に基づく、奥日光の植生に及ぼすシカの影響と生態系の保護管理に関する研究であった。[8]

また、李玉春(東京農工大学)による奥日光のシカの分布拡大の要因の解明は、当地域のシカの保護管理の理論的バックボーンを構築するのに大きく貢献した。[9-10]

一方、ほぼ時を同じくして、イノシシやハクビシンなどのそれまで分布が限られていた種が、1990年に入るとまるで時を合わせたかのように、分布を拡大させた。それまでイノシシの分布は、県東部の八溝山地に限られていたが、県南地域で被害が発生しはじめたのである。1994年を境に、県南部での捕獲も加わり始めた。その後、瞬く間に、県北西部に分布を拡大させたが、1998年の段階では、県北部の高原山山系や那須地方には分布を拡大させていなかった。また、ハクビシンも1998年の春山明子(宇都宮大学)による分布調査によれば、特に集中した分布地域は見られないが、ほぼ全県に薄く生息していた。一方、アライグマの生息については、まだ情報は得られていなかった。

県内の哺乳類分布は、1978年（環境省）、1988年（小金澤）、1998年（春山）、2003年（環境省）と実施されてきた。分布調査は、定期的に実施されることによって初めて意味を持つと言える。その意味で、次回は2018年である。

　2002年には、1993年から2000年までの8年間をかけて、栃木県内の全域にわたる哺乳類相に関する調査が行われ、7目16科53種の生息を確認し、おおよその分布状況を把握することができた。[11]

　1998年に栃木県は奥日光戦場ヶ原の西側の小田代原の植生保護のために、全国に先駆けて小田代原の全域（22.5ha）を3.3kmの電気柵で囲った。この植生保護柵の効果は大きく、翌年には多くの植物の花を見ることができるようになり、シカによる自然植生の荒廃を防ぐ前例となった。

　さらに、2001年12月に環境省は戦場ヶ原全域（870ha）を囲うシカ侵入防止柵（14.9km）を設置した（写真❻）。この侵入防止柵の設置によって、広域の低密度地域が作られ、柵の外との対比による、植生の改変状況や、森林生態系への影響を知る絶好の機会となり、その後、多くの研究が取り組まれた。

写真❻　環境省が設置した戦場ヶ原のシカ侵入防止柵（2002年9月11日撮影）

4. 2000年代

　この年代のエポックは、尾瀬へのシカの分布拡大である。また、2000年3月には日光市ニホンザル餌付け禁止条例が制定された。しかし、観光客の餌付けは依然として止まることはなく、いろは坂の群れは、観光客の不定期な、高質、少量の餌によって、群れサイズを年々減少させていった。[12]さらに、調整地域に接した、いろは坂の群れは2000年に入ってから本格的な駆除が実施され、2013年までにA、B群は消失した。また、いろは坂から今市にかけての地域でも多くの群れが消失したが、現状の把握は不十分であることから、再度、現状を明らかにし、計画の検証を行う必要があると強く感じる。

　また、この年代は、全国的なシカの急激な個体数増加を受ける形で、1999年には鳥獣保護法が改正され、「特定

鳥獣保護管理計画」制度が創設され、2002年には「鳥獣の保護及び狩猟の適正化に関する法律」への改正によって法律自体が仮名交じり文になり読みやすくなったほか、用語の定義づけが行われた。さらに、2007年「鳥獣の保護及び狩猟の適正化に関する法律」の改正によって、休猟区における特定鳥獣（シカ、イノシシなど）の狩猟の特例措置が講じられるようになった。

尾瀬へのシカの分布の拡大は、これまでの調査方法の限界を露呈させた。自動車道路のない地域での密度調査と移動追跡の実施は、これまでの調査の弱点を突くものであった。尾瀬は、自動車道のない、広大な自然植生が保存された地域である。むしろ、尾瀬の自然保護運動の始まりは横断道路建設であったのだから、自動車道路を前提とした調査自体が成立しなかったのである。また、遺伝学的調査からは、日光と尾瀬を結ぶ、大変な長距離の季節移動が予想されたものの、VHFテレメトリ法では、奥日光と尾瀬を結ぶ個体の存在を確認することで精一杯であった。その通過経路の実態を知ることができたのは、GPSテレメトリが導入されたあとのことであった。

VHFテレメトリ法が中心であった時代からGPSテレメトリ法の時代に入った。しかし、これは、それまでの研究者個人あるいは研究グループによる調査から、大型予算と失敗のリスクを伴う調査であったことから、次第に、私たちの手を離れてしまった。使用するGPSテレメトリ位置データ記録装置の価格はおよそ30万円、データ受信装置が20万円、捕獲にかかる直接経費だけで10万円、人件費を含めると1頭の装着に100万円は下らないのである。

一方、奥日光のシカを中心とした生態学的研究は、森林生態系におけるシカの果たす役割に関する研究へと大きく発展していった。とりわけ、關義和（東京農工大学）と奥田圭（東京農工大学）の果たした役割は大きく、その成果は、単に本書で紹介された研究成果[13,14]だけでなく、研究室の運営、研究テーマの発展と学生の指導において大きく貢献した。

5. カメラトラップ法の開発

1999年の刈部博文（卒論）によるフィルムカメラと焦電型センサーカメラ（Trail Master 550）を組み合わせたカメラトラップによる調査を皮切りに、研究室では、カメラトラップ法の開発に取り組んできた。カメラトラップ法は、カメラの前を通過する動物が発す

る体温を熱センサーで感知し、撮影するものである。したがって、第一義的には、その地域に生息する動物の種類と出現頻度を記録する、数量的なインベントリ調査が実施できる点である。また、カメラの設置場所を計画的に選定するならば、動物がどのような環境を好むかといった生息地の選択性をも知ることができるのである。また、動物が本来から持っている体の模様を使って個体識別ができるならば、個体数推定法に発展することができる。すでにツキノワグマの個体数推定では、カメラトラップ法によって撮影した写真からクマの喉元の白い斑紋（いわゆる、月輪の形状）によって個体識別し、個体数を推定する方法が実用段階に入っている。同様の考えで研究室では、夏毛のシカの背中の斑紋（いわゆる鹿の子模様）によって個体識別し、個体数を推定しようとする研究が進められた。同じように模様を持つ動物としては、ノイヌやノネコ（飼い猫も写っている）の個体数推定も可能である。また、個体識別ができない場合でも、INTGEP法[15]を適用すれば、個体数推定が可能である。

　この研究でもっとも障害になったのは、カメラがフィルムカメラであったために、36枚撮りという撮影枚数に制限があったことで、そのために、いかに無駄な、動物が写っていない、通常、空撮りと呼ばれるコマを作らないようにすることに苦心させられた。この原因は、センサーに大きく依存することが明らかになった。つまり、感度よく撮影しようとすると、動物以外の熱、たとえば、太陽の直射光とその反射熱や自動車のマフラーから発散する熱などを感知して空撮りが起こる。逆に感度を下げると、動物が通過しても感知しないために、本来の目的を見失うことになる。現在は、デジタルカメラを内蔵した高感度のセンサーカメラが市販されており、感度の調整はほとんど必要がなくなっているが、一昔前は、システム自体が自作であったことから、感度の調整は重要なポイントであった。また、あわせて、夜間撮影用のフラッシュについても、センサーの感知範囲（角度と距離）、フラッシュの到達範囲の調整も重要であったが、これもいまはほとんど調整された製品となっているので意識することなく使用できる。逆に、いまは、記録媒体の大容量化が進み、空撮りを気にせずに、記録が取られるために、空撮りばかりのデータから、動物が撮影されたコマを探し出す作業が続けられているという、単に大量の情報のない空撮り画像

データを処理する作業が続けられているようである。

しかし、出来れば、種名だけのデータ整理に終わらせることなく、撮影された、一枚一枚の写真から送られてくる動物たちのメッセージをいかに読み取るかが問われているように思う。まだ、それができないでいるのが心許ない。

6. 2010年代

2010年に入ってから、今後を考える大きな問題が生じた。一つは外来種問題で、二つめが野生鳥獣による農林業被害対策問題、そして三つめが原発問題である。外来種問題は、すでに各地で大きな問題となり、さまざまな対策がとられているが、県内についてみると、これから問題が大きくなる段階にあると考えている。ハクビシンを外来種とするか問題であるが、ここでは外来種とみなす。在来種とするか外来種とするかは、単に法律上の取り扱いだけでなく、野生鳥獣管理学上は、保護管理のゴールをどこに置くかで大きな違いがある。端的に言えば、外来種は根絶を目指すが、在来種は根絶させてはならないのである。栃木県内でのアライグマの生息確認は、2010年以降とごく最近である(写真❼)。このことは、分布拡大の初期であるからこそ、有効な対策を実行できるのである。まずは、外来種問題の普及啓発を図る必要がある。また、根絶に向けた具体的なシナリオと体制作りが求められる。栃木県では、すでに2012年2月に防除実施計画を策定したが、まだ具体性に欠けている。たとえば、アライグマを発見したときに第一発見者は何をどこに通報するか、通報を受けた市町村、県は何をするか、具体的には誰が、どのように、何台の捕獲檻を使って、捕獲するか取り決めがない。また、その結果はどのように計画に反映されるかも記載されていない。

2009年度から「里山野生鳥獣管理技術者養成プログラム」が始まった。シカやイノシシなどの野生鳥獣による農林業被害は、全国的に深刻な社会問題となっている。この問題の背景には、農林業を基幹産業としてきた地方の衰

写真❼ 野木町の神社の床下に現れたアライグマ (2013年10月16日撮影)

退がある。鳥獣害は、農林業の衰退や過疎化が進展しつつある、いわゆる里山地域ほど生じやすく、被害を受けた農家の人たちの営農意欲を減退させ、地域のさらなる過疎化や高齢化を招くという悪循環を生じさせている。

そのようななかで、宇都宮大学では、地域における野生鳥獣の被害対策を担う技術者の育成を目的とした「里山野生鳥獣管理技術者養成プログラム」を開発し、2009年度には、文部科学省の科学技術振興調整費(現「社会システム改革と研究開発の一体的推進」)「地域再生人材創出拠点の形成」事業の一つとして本プログラムが採択され、2013年度までの5年間のプログラムとして、栃木県と連携して取り組むこととなった。具体的には、鳥獣管理を担う技術者(鳥獣管理士)を養成し、各地域へ配置するとともに、科学技術に基づく知識や技術を普及するための人的な対策ネットワークを形成しようとするものである(写真❽)。プログラム終了後の2014年度からは、一般社団法人鳥獣管理技術協会と宇都宮大学の連携による公開講座と、栃木県と大学の連携による地域リーダー育成研修を実施し、鳥獣管理士の養成を行っている。

この背景には、現場で被害問題と鳥獣保護に取り組んできた、県職員や市町村職員、そして研究者の率直な現状に対する思いがあった。すなわち、鳥獣害対策を地元で指導助言する人材が圧倒的に不足していること、鳥獣害の防除方法や野生鳥獣の生態についての知識がまったく蓄積されていない現状があり、この現状を変えないかぎり、鳥獣害を減少させることはできないという思いであった。(16)

2011年3月12日に起きた東京電力福島第一原子力発電所の原子炉爆発事故により、広範な範囲に放射性核種が降下した。(17)原発から約160km離れた奥日光・足尾地域にも、低線量(2011年11月5日時点の^{134}Csと^{137}Csの

写真❽ 野生鳥獣管理技術者養成プログラムの現地実習におけるサル侵入防止柵の設置作業の様子

合計沈着量は、奥日光：10k-30kBq/m²、足尾：30k-60kBq/m²[18]ではあるが、放射性セシウムの飛散が確認された。そこで、今後の、森林生態系における放射性セシウムの動態と野生動物への影響を明らかにするために、2012年2月から個体数調整によって捕獲されたシカの筋肉や臓器類と消化管内容物を調べることとし、2014年3月までに計278頭のシカの放射性セシウム濃度を調べた（写真❾）。

セシウム濃度は、両地域とも直腸内容物がもっとも高く、次いで第一胃内容物・筋肉・腎臓・肝臓・心臓・肺・胎児・羊水の順であった。このことから放射性セシウムは、シカの体内全体に蓄積していることが明らかになった。また、直腸内容物の濃度は、第一胃内容物や餌植物よりも高濃度であったこと[19]から、シカは採食・消化・吸収を通じて放射性セシウムを濃縮して排泄していることが明らかになった。

放射性セシウムの沈着量が多い足尾では、第一胃内容物の濃度は、沈着量を反映して高い値であったが、筋肉の濃度は、むしろ奥日光より低い値を示し、食物から筋肉への放射性セシウムの移行については、単純な高濃度食物＝高濃度体内移行という図式にはならないようである。

経年的には、筋肉中のセシウム濃度は、2012年よりは低下したものの、2013、14年とほぼ一定の値で推移している。これは、土壌に沈着した放射性セシウムが植物に経根吸収され、常に食物とともにシカが摂取しているためであり、体内被曝の危険性に晒されているといえる。

また、このような野生動物の放射性セシウムによる汚染の長期化は、ハンターの狩猟意欲を失わせ、狩猟そのものをやめることにつながり、ハンターの減少を加速させる。また、汚染地域への立ち入りが規制され、狩猟自体が実施されず、地域的な狩猟圧の低下につながり、シカやイノシシの増加を促進させることになる。このように、原子力発電所の爆発事故の影響は、地域住民の生活を破壊するだけでなく、自然自体を破壊し、さらに人と自然のつながりをも破壊するものであった。

写真❾　放射性セシウム測定のために、捕獲したシカの筋肉をミンチにする（2015年4月21日撮影）

7. 将来を展望する

　全国的に大きな問題となっているのは、シカ、イノシシなどの鳥獣の増加による農林業被害の増加と森林生態系への影響である。

　シカの個体数増加による森林生態系への影響については、これまでにも、さまざまな視点から解析が進められてきた。とりわけ、シカの増加は、多くの動物たちへも影響が及び、多様性を大きく減少させることが明らかとなった。

　しかし、振り返ってみると、基本的な課題が依然と残されたままであることに気がつく。もっとも手付かずのまま残された課題は、密度推定にかかる課題である。栃木県内に生息する野生鳥獣で、生息数（密度）調査法が確立されているのは、カメラトラップ法によって撮影された写真をもとに個体識別し、個体数を推定する、ツキノワグマだけである。シカ、カモシカについては、これまで区画法が用いられてきたが、低密度では過小になり、高密度では過大に推定されるため、新たな手法の開発が求められている。イノシシについては、ほとんど手付かずである。ニホンザルについても、これまで群れ数と群れサイズの推定は、もっぱら研究者の長期にわたる調査に委ねられてきたが、より簡便で、誰にでもできる群れ数の測定法や群れサイズの推定方法の開発は進んでいない。さらにはタヌキやキツネ、アナグマといった中型哺乳類や、アライグマ、ハクビシンといった外来種についても、個体数推定法は確立されていない。

　また、この手法の開発とともに、季節的変動が大きい冷温帯の鳥獣については季節ごとの密度分布図の作成も必要不可欠な情報であり、少なくとも冬季と夏季の密度分布図の作成は、その保全においても必要であり、今後の研究が待たれている。

　現在、栃木県レッドリストの改訂作業が進行中である。県内の哺乳類の分布と生息動向は、少なくとも10年単位で把握しておく必要があると考えている。調査は、始まったばかりであるが、いくつかの種で、分布動向に変化が起きているようである。もっとも顕著なのはコウモリ類である。県内のコウモリについては、安井さち子さんらの研究グループの活躍が顕著であるが、里山、低山帯でのコウモリ分布が各地で報告されてきている。また、中大型哺乳類では、イタチの生息状況に関する情報が、年々少なくなってきている感じがする。2002年の「とちぎの哺乳類」[11]

では、県内に広く分布していたが、全国的には狩猟数は大きく減少し、1970年代には2万頭の捕獲数であったものが、2009年度以降は300頭を下回っている。栃木県だけでなく、群馬、埼玉、東京、神奈川など関東一円で情報数が減少している傾向にある。もともと農耕地や水田地帯などの水辺環境に依存する種であることから、その動向をあらためて注意して見てゆく必要があると考えている。

〈引用文献〉
(1) 栃木県の動物と植物編纂委員会（編）. 1972. 栃木県の動物と植物. 下野新聞社, 栃木.
(2) 日光の動植物編集委員（編）. 1986. 日光の動植物. 栃の葉書房, 栃木.
(3) 栃木県立博物館. 1989. 栃木県立博物館自然部門収蔵目録（3）哺乳類（1）日光・足尾産ニホンジカ（1）. 栃木県立博物館, 栃木.
(4) Koganezawa, M. 1999. Biosphere Conservation: for nature, wildlife, and humans 2: 35-44.
(5) 小林幹夫・濱道寿幸. 2001. 宇都宮大学演習林報告 37: 187-198.
(6) 小金澤正昭・松田奈帆子・丸山哲也. 2013. 水利科学 334: 11-25.
(7) 本間和敬. 1995. 上越教育大学修士論文.
(8) 小金澤正昭・佐竹千枝. 1996. 第5期プロ・ナトゥーラ・ファンド助成成果報告書 57-66.
(9) Li, Y., Maruyama, N., Koganezawa, M. & Kanzaki, N. 1996. J Wildl Conserv 2: 23-35.
(10) Li, Y., Maruyama, N., & Koganezawa, M. 2001. Biosphere Conservation: for nature, wildlife, and humans 3: 55-69.
(11) 栃木県自然環境調査研究会哺乳類部会（編）. 2002. 栃木県自然環境基礎調査—とちぎの哺乳類, 栃木県.
(12) 小金澤正昭. 2002. ニホンザルの自然誌—その生態学的多様性と保全（大井徹・増井憲一, 編）, pp. 78-92. 東海大学出版会, 東京.
(13) 關 義和. 2011. 2010年度東京農工大学博士論文.
(14) 奥田 圭. 2013. 2012年度東京農工大学博士論文.
(15) 森林野生動物研究会（編）. 1997. 森林野生動物の調査—生息数推定法と環境解析. 共立出版株式会社, 東京.
(16) 小金澤正昭・高橋俊守. 2015. 森林科学 73: 36-39.
(17) Kinoshita, N., Sueki, K., Sasa, K., Kitagawa, J., Ikarashi, S., Nishimura, T., Wong, Y. S., Satou, Y., Handa, K., Takahashi, T., Sato, M., & Yamaga, T. 2011. PNAS 108: 19526-19529.
(18) 文部科学省. 2013. http://ramap.jmc.or.jp/map/mappdf/pdf/air/20121228/cstot/5539-B.pdf>. 2013.7.22参照.
(19) 小金澤正昭・田村宜格・奥田 圭・福井えみ子. 2013. 森林立地 55: 99-104.

第1章 動物の生き方を知る〜生態と保全

雪原に佇むアカギツネ

第1章　動物の生き方を知る～生態と保全

　栃木県の気候は湿潤温帯の太平洋型に属するが、内陸性を呈し気温較差は大きい。地形は三つに分けられ、北西部は1700mから2500mに至る高標高で、侵食度の大きい急峻な地形の日光・高原・那須火山群と堆積層で形成された足尾山地から成る。東部は標高600mから1000mの緩やかな山地帯と、ほぼ500m以下のなだらかな丘陵で構成される八溝山地が連なる。中央部は北部に標高400mから200mの那須野が原、200mからほぼ0mに至る那珂川、鬼怒川、渡良瀬川流域の平野部が広がる。また、県域の森林率は55％で全国平均からは平地が多め、人工林率は45％と平均に近い（林野庁HP、24年3月31日現在）。

　栃木県の動物相は、この気候や地形の厳しさ、森林の保全度などを反映し、種数は豊富で多様性を呈する。鳥類は293種が確認され、陸生哺乳類は53種（ノイヌ、ノネコを除くと51種）が目録に掲載されている。地形で分けられる3地域において、北西部にはツキノワグマやクマタカ、イヌワシなど生活域を多く必要とする種や、カグヤコウモリなどの希少種が生息している。東部はイノシシ以外に大型哺乳類は見られず、鳥類はホオジロやサシバなど低山性の種類が生息し、夏鳥の生息地としても重要である。中央部では南部にもキツネやタヌキなど中型哺乳類の生息環境が保たれているほか、平地林や農耕地に住む小鳥類や河川環境を好むチュウサギなどのサギ類、チョウゲンボウの生息地になっている。中央部の北部、那須野が原は全国有数のオオタカの生息地となっており、また、南部の渡良瀬遊水地は水鳥だけでなく、チュウヒ、ハイイロチュウヒなど猛禽類の越冬地にもなっている。

　こうした豊かな自然環境が野生動物の生態を垣間見せてくれる。数多くの研究者、研究者の卵たちが、栃木県に育てられた。その中核となったのが栃木県立博物館、宇都宮大学であり、小金澤正昭氏である。小金澤氏のもとに集まっ

眼前を通り行くツキノワグマ

た動物屋によって、多様な研究が展開された。哺乳類ではコウモリ類とツキノワグマを始めとする大型種のサル、シカ、カモシカについて、また、普通種のキツネやタヌキについても研究が進んだ。そして、オオタカの研究は那須野が原をメッカとして、常に先導的な地位にある。この本では紹介しきれない動物たちの姿であるが、ここでは11編、3トピックの研究を紹介し、栃木で繰り広げられる野生動物の現実をありのままに見ていこうと思う。

(竹内　正彦)

〈引用文献〉
(1) 栃木県自然環境調査研究会鳥類部会. 2002. 栃木県自然環境基礎調査　とちぎの鳥類, 栃木県.
(2) 栃木県自然環境調査研究会哺乳類部会. 2002. 栃木県自然環境基礎調査　とちぎの哺乳類, 栃木県.

栃木で出会えたキツネの世界

竹内　正彦

1. キツネの世界に足を踏み入れる

つい先ごろ、進学して野生動物を研究してみたいと言う高校生たちに、お話しをする機会をいただいた。自分もそんな時期があったことを思い出し、どんなことを考えていたか、考え違いをしていたかなど、自分がたどった道を紹介した。私は教師を目指して教育学部に進学し、そのなかで好きな動物学の研究室を志望した。人間の教育を考えるために、野生動物による育児を知りたいと思っていた。特に父親の役割を見てみたいと思ったのは、1978年に公開された竹田津実さんのキタキツネ物語が大きく影響している。哺乳類の研究を志す人の多くが、こうした映像や読み物からイメージを膨らませるのではないかと思う（写真❶）。そのため、拙文にも多少の道しるべ的要素があればよいと思って筆を進める。

私が志望した研究室の主宰は山根爽一さん（茨城大学名誉教授）で、昆虫の社会行動学者である。その師に臆面もなくキツネの生態研究をしたいと相談するあたりが若気の至りであるが、早めに研究室に出入りさせてもらったこともあって、猶予分を泳がせてもらったのだと思う。学部3年のときにはフィールド探しにあちこち出かけ、牧草地の丘に掘られた巣穴でキツネの観察を始めていた。それでも卒業研究としてまとめ上げるだけの観察はできず、切羽詰まって標本を使った卒研に切り替えた。材料がある栃木県立博物館を紹介してもらったのが、1986年の晩秋、卒論第1回締め切りの2カ月前であった。

時間はちょっと戻るが、文献などを読み始めた3年生の初めのころ、日本におけるキツネの研究は少なく、キタキツネ物語はまさしく物語であることに気づく。さらにホンドギツネについては、熊本県の阿蘇で中園敏之さん（九州自然環境研究所）たちのグループが調べている他には、断片的な研究しかなかった[1]。どうやら生け捕りの難しさがネックのようであった。キタキツ

写真❶　何かを見つめ凛と立つキツネ。キツネに孤高のイメージを抱くのはこんな写真からだろうか

ネについてはエキノコックス症の中間宿主であることなどから、捕獲個体を収集して病理や形態を調べる他、生息密度調査など個体群生態の研究が行われていた。そして、海外の文献にキツネのモノグラフを見つけた。Wildlife Monograph誌、1976年の巻で、アメリカ中西部でキツネを追った約10年の集大成であった。この82ページにわたる論文は圧巻で、キツネの研究とはこういうことをするのだと書いてあるようだった。研究者と野生動物管理者の協働の下、集まった死骸を用い、形態や死亡要因と死亡率の研究、野外での分散や生息密度の調査、発信器とセスナを使った追跡調査などが記されていた。結果的に私が博士論文でモノグラフを書いたのは、ここにひな形があったのだと思う。このように状況把握をするなかで、日本のキツネ研究は生態学の深部に斬りこむ段階にはなく、まずは彼らの生活全体を明らかにするべきだと思った。

2. バケツの蓋を開けると

栃木県立博物館を訪ね、話を聞いていただいたのが小金澤さんであった。当時から日光のニホンザルと足尾のカモシカに発信器を付けて調査していた。

キツネでできたらよいなと思いつつ、いまはとにかく卒論を仕上げなければならない。やるべきは骨洗いである。ここから先、すっかりお世話になる乾孝雄さん（元栃木県立博物館）に連れられ、館内の冷凍室からキツネの死骸を掘り出した。作業場の水槽室は車庫棟の片隅にあった。棟の脇にポリバケツやトスロンタンクが積まれていた。この後数年、これを開封するときの強烈なニオイと格闘することになる。

乾さんには哺乳類の標本作製と管理、形態の観察法、測定方法など、形態研究を一から教えてもらった。週に一回、おもに閉館日の月曜に宇都宮に通った。解凍のため前日に死骸を冷凍庫から出してもらっておき、外部形態を計測する。その後、腑分けをして内蔵の測定と観察、骨格標本にするために除肉し、各部位の骨を小判ラベルとともにストッキングに入れる。これらは湯煎のパパイン酵素液かトスロンタンクの水中に漬ける。タンクは10頭も入れるといっぱいになり、密封してバケツの列に並べていった。冷凍庫のキツネがあらかた片付いた後は、2年以上漬け込まれたバケツの中身に手を付けた。ストッキングを取り出し、歯や舌骨などを流してしまわないように注意しながら水洗する。骨端に付着した腱をメスで削ぎ落とし、ブラッシングして綺麗にしていく。必要に応じてアセトンで脱脂して天日乾燥すると、ようやく骨格標本になった。

3. キツネの顔つきが分かるようになる

私は骨格のうち頭蓋骨と下顎骨を計測し、これらの大きさに見られる性差を明らかにするという卒業研究のテーマを選んだ。じつはこれ、所属した研究室でおもに昆虫を材料に行う卒研の定番であった。形態分化の程度は、動物の社会行動、性による分業を理解するうえで重要な情報となる。これはキツネの親子関係を考える場合でも、アリやハチなど昆虫の社会行動の成り立ちを知るうえでも役に立つ。哺乳類の研究はダイナミックな印象があると思うが、用いる情報には昆虫の研究と同じ精度を望むべきである。サンプル数の確保という壁に阻まれるからこそ、緻密に観察する必要さえある。私は師の同窓の研究者の方々から教えられたこの姿勢を、ずっと大事に心に留めている。

頭蓋骨を測ると、長さの形質でオスの方が有意に大きかった(4)（表❶）。また、横幅が顕著にオスの方が広かった。頬骨が張っているためだが、キツネの

表❶　栃木県産アカギツネの頭蓋骨と下顎骨の平均値

計測部位	オス(n, mm)		メス(n, mm)		t-test
頭蓋骨　基底骨長	29	145.0	26	135.9	p<0.001
下顎骨　全長	34	112.4	29	105.0	p<0.001
頭蓋骨　頬弓骨幅	28	78.4	27	73.6	p<0.001

竹内[4]より引用．

場合この弓状の骨の内側に顎の筋肉が通る（写真❷）。この幅が広いとそれだけ多くの筋肉を付けることができ、強い顎の力が得られる。これは餌の獲得に有利であろう。それだけではなく、キツネはオス間の争いにおいて口を大きく開けるディスプレイを行うため、顎がしっかりしていることはなわばり争い、ひいては繁殖に有利となる。この性差により、オスの頭蓋骨は幅広でがっちりしており、メスは細面に見える（写真❷）。数をこなしていくうちに、メスの頭蓋骨を見てかわいらしい顔だと思うようになったが、これにはきちんとした理屈がある。オスより早く成長が止まるため、幼い顔つきで大人になるからである。

4. 足尾で追いかけたキツネの生活

標本を用いた研究を進めながらも、やはり野外調査はやってみたかった。修士の進学先が決まったころ、生態を調べたいと小金澤さんに相談した。キツネならテレメトリ調査が必要だと強く勧められた。発信器にはまだ自作のものも使われていたころで、資金的にも資材も、一から揃えるとしたら簡単な話ではなかった。小金澤さんの同意が得られたこと、サルやカモシカ調査の機材が共有できることは、私にとって幸運だった。

1頭目のキツネは東英生さん（山形の野生動物を考える会）が捕まえてくれた。1988年の11月に捕獲されたメスのキツネは幼く見えた（写真❸）。その

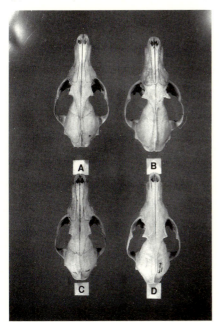

写真❷　キツネの頭蓋骨。各群の平均値に一番近い骨を選んで撮影したもの。上段オス、A：亜成獣、B：成獣、下段メス、C：亜成獣、D：成獣

後の追跡は順調であったが、直接姿を見ることはできなかった。運良く出産してくれたため、その時期の生活を詳細に追うことができた。(5-6) 一方、私が知りたかったオスの育児行動は直接観察できず、あまりそれに固執すると育児に悪影響を与えそうで出産巣には近づけなかった。

後から考えると無謀なのだが、同時期に捕獲は続けていた。巣穴から250mあまりのところで5月14日にオスを捕獲した（図❶）。このオスは大きな手足のパッドを持つ立派な成獣であったが、捕獲時に前脚を骨折させてしまった。東さんに添え木を支えるギプスを炭酸飲料のアルミ缶でこしらえてもらい、ビニールテープでぐるぐる巻きにして放獣した。本当に申しわけなかったが、体への負担は承知で発信

写真❸　捕獲されたメスギツネ。自作の発信器を装着された

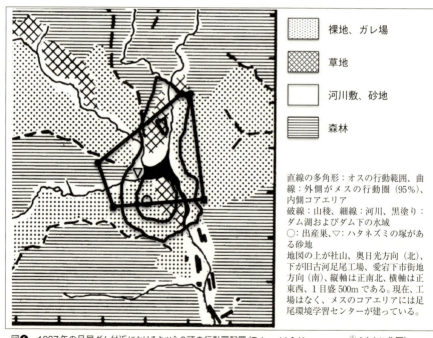

図❶　1987年の足尾ダム付近におけるキツネ2頭の行動圏配置（Takeuchi & Koganezawa[5]をもとに作図）

器も付けさせてもらった。

　このオスの初めの測位点は、メスギツネの出産巣の真上の崖であった。父親を骨折させたのかもしれないと思ったが、その後は1度も巣穴のあたりには近づかなかった。このため、それ以上の情報を得ることはできず、1カ月後に死体で発見することとなった。このオスは足尾ダムの堰堤に砂が堆積した平地とその周りの崖を利用し、29点のわずかな測位点のため行動圏とは言えないが、その外郭を囲った多角形の面積は84haほどであった。その範囲の中には、キツネの餌となるハタネズミが塚を作る砂地があった（図❶）。1カ月間だが、この小さな区域で生活できたのは餌資源環境が良かったからであろう。出産したメスも、このネズミ塚と巣の間を往復しているのが追跡から分かった。

5. 行動圏の大きさの違いが語るものは

　調査を行った7年間で、メス4頭、オス9頭、合計13頭のキツネをテレメトリ追跡した。年間の彼らの生活ステージを五つに分けて行動圏の大きさを比べた（表❷）。算出方法には追跡した測位点の最外郭を結ぶ古典的なものと、調和平均法という計算方法で確率的に推定するものを用いた。前者だと行動圏は多角形に、後者では利用頻度の高いところを山の頂点とする等高線で描かれる（図❶）。キツネの行動圏の大きさには、餌や休み場などの資源環境の量と配置が影響する。餌環境の質が悪ければ広い面積が必要な上、探索にエネルギーを使うため、より広い行動圏を使うことになる。

　オスは表❸の冬期・交尾期に周年でもっとも大きな面積を利用し、その後はその6割程度に面積が減り、分散期には4割まで減った(4)（表❸）。交尾期には多くのメスと出会えるように歩き回っていたと考えられる。個体の動きを詳しく見ると、期間中を一様に歩き回っているのではなく、あるメスと同居している期間はそこにとどまり、しばらくすると別のメスのいるところに移動していた。キツネはイヌ科の動物であり、その受精可能時間は約24時間と短い。このため、オスはメスの発情を逃さないように気を配っている。そして、メスの発情までオスどうしは競争しながらメスの囲い込みを目指す。交尾後は別の発情前のメスへ近づき、交尾の機会をうかがうことがある。

　メスも冬期・交尾期に大きな面積を利用しており、冬の餌環境の厳しさが影響しているものと考えられた（表❸）。

表❷ 足尾山地におけるキツネの生活史周期

生活史区分	期間	日数
冬期・交尾期	11月–1月下旬	約80日
ペア期（妊娠期）	1月下旬–3月中旬	約55日
メスケア期（授乳期）	3月中旬–4月	約45日
育児参加期（巣外育児期）	5月–7月	約90日
分散期	8月–10月	約90日

竹内[4]より引用。オスについてはペアを形成せず、周年もしくは一時期を単独で生活する場合もある。カッコ内はメスによる区分名。

表❸ 足尾山地におけるキツネの行動圏サイズ（ha, 調和平均95%）

生活史区分（表2参照）	オス				メス			
	n	平均	最小	最大	n	平均	最小	最大
冬期・交尾期	5	2599	2074	3450	2	1876	601	3151
ペア期（妊娠期）	6	1633	378	3247	2	304	230	377
メスケア期（授乳期）	7	1617	551	5551	2	929	108	1750
育児参加期（巣外育児期）	6	1707	548	3627	3	1550	171	2975
分散期	5	1034	722	2043	1	453	–	–

竹内[4]より引用

追跡できた個体数が少ないので個体ごとの状況でしか語れないが、授乳期に面積を減らした個体は巣を中心とした行動圏利用をしていたのに対し、他方はそういった集中利用を示すことがなく、出産に至っていないものと考えられた。メスは行動圏をどこに占めるのかを、餌や造巣可能な土地といった資源の配置で決めていると思われる。足尾山地においては、谷間の河川敷や傾斜の緩やかな草地が好まれた[5]。

オスからみれば、メスの配置は繁殖資源の配置である。オスは複数のメスと出会える、複数の谷を行動圏に含むように配置していた。しかし、すべてのオスがそうした配置を構えられているわけではなかった。こうした配置ができるオスは、同性間競争において優位なオスと考えられた。ペア期に入って、行動圏を1000ha以下に縮小させるオスがいる一方、2000や3000haの行動圏を持つものに分かれた。メスケア期では最大で5551haを示すオスもおり、こうした個体は足尾ダム下流の渡良瀬川沿いに形成された居住地も利用していた。街中でゴミを漁っていたのかもしれない。その方が楽に餌を得ることができたのか、山で得られないから仕方なくそうしていたのかは謎である。

6. 野生とは？ キツネへの人間の影響

私はいま、野生動物による農業被害

対策を考える仕事に就いている。鳥獣害とは人の行為を映す鏡だとつくづく思う。いまに至り、学生当時に追ったキツネの行動には、地域住民の生活や観察者としての私の存在が影響していたはずだと思う。分からなかったためとは言え、キツネには混乱を招く無茶な捕獲や追跡をしていた節がある。体の大きさについても、それを決める要因には食べ物が大きく影響するため、人為的な餌資源のことも考えないといけない。スペインでは農業地帯のキツネの頭蓋骨は大きいという興味深い論文がある。[7]

これから研究を始める人たちには、こうした側面も意識しておいてほしい。キタキツネでは観光ギツネの餌ねだり行動という、人間依存の顕著な現象が知られている。[8]こういったわかりやすい現象が見られない場所でも、日本のように人口密度の高い国では、人との関係は断ち切れない。自然の素晴らしい姿を映す各種の情報からあこがれを抱き、この世界を志す者が陥るワナがある。順応性の高い種であればなおさら、人間との関係を無視してはいけない。

人間の影響を十分考慮して調査を組むことが、結果として彼ら本来の姿を知る道なのだと思う。いつの時代も限界はあるが、それまでの経験や失敗を踏まえて、よりよいものを目指していきたいと思う。それが私を招き入れてくれた小金澤さんや多くの先達たちへの恩返しにもなるだろう。動物の世界は驚きに満ちていることは間違いない。それを追うことも素晴らしい体験である。多くの人に飛び込んできて欲しいと願っている。

〈引用文献〉
(1) 中園敏之. 1973. 阿蘇のキツネ. 小学館, 東京.
(2) 北海道生活環境部自然保護課. 1988. 野生動物分布調査報告書—キタキツネ生態等調査報告書—, 北海道.
(3) Storm, G.L., Andrews, R. D., Phillips, R. L., Bishop, R. A., Sniff, D. B. & Tester, J. R. 1976. Wildl Monogr 49: 1-82.
(4) 竹内正彦. 1995. 金沢大学博士論文.
(5) Takeuchi, M. & Koganezawa, M. 1992. J Mamm Soc Japan 17: 95-110.
(6) 竹内正彦. 1991. けものウォッチング (川道武男・川道美枝子, 編), pp. 189-190. 京都新聞社, 京都.
(7) Yom-Tov, Y., Yom-Tov, S., Barreiro, J. & Blanco, J. C. 2007. Biol J Linnean Soc 90: 729-734.
(8) 塚田英晴. 2000. 知床の哺乳類Ⅰ (知床市立知床博物館, 編), pp. 74-129. 北海道新聞社, 北海道.

タヌキは人里離れた山奥でどう生き抜いているのか？

關　義和

1. タヌキとはどんな動物か？

　日本で生活していると、実に多くの狸（または、たぬき）にであう。たとえば、信楽焼の狸の置物、「かちかち山」や「文福茶釜」、「平成狸合戦ぽんぽこ」などにでてくる化ける狸、また「狸寝入り」や「捕らぬ狸の皮算用」、「たぬきうどん」といった言葉としての狸である。このように、日本では狸と接する機会が多いため、多くの方にとって狸は馴染みの深い動物と言えるだろう。では、実際の動物としてのタヌキについてはどうだろうか。両者を比較すると動物としてのタヌキの知名度は少々下がるようである。たとえば、野生動物を専門としない大学生の講義のなかで、4種類の動物の写真（写真❶）を見せてそれぞれの動物名を書いてもらうと、毎年タヌキと他の動物を混同してしまう学生が1～3割程度いる。他にも、アライグマの調査で地元の方々に同じような写真を見せたときには、アライグマを指さして「この辺は、このタヌキは多いけど」と言う農家や狩猟者の方々もいた。このように高名な「狸」ほどには「タヌキ」は有名ではないようである。そういうことで、まず本題に入る前に野生動物としてのタヌキがどんな動物であるのかを簡単に紹介しておきたい。

　タヌキは、東アジアに自然分布している動物で、日本には北海道のエゾタヌキと本州・四国・九州のホンドタヌ

写真❶　混同されやすい食肉目4種。左からタヌキ、アライグマ、ハクビシン、ニホンアナグマ

キの2亜種が生息している。地域によっては、タヌキはムジナと呼ばれている。ただし、ややこしいのだが、アナグマのことをムジナやタヌキと呼ぶ地域もあったりする。実際、栃木県の一部の地域では、ムジナといえばタヌキを、タヌキといえばアナグマを指すそうである。聞き取り調査などをするときには、その地域特有の呼び名があったりするので注意する必要がある（P164〜参照）。タヌキは、分類学的には食肉目イヌ科に属するが、日本に生息する同じイヌ科のアカギツネ（以下、キツネ）やイヌに比べると、足が短く、ずんぐりとした体形をしているのが特徴である（写真❷）。そのため、走ってもそれほど速くはなく、すばしっこい動物を捕まえるのはあまり得意ではない。タヌキは森林だけではなく、市街地など周辺にまとまった森林がないような環境にも生息している。こうした環境では、人家の軒下などを巣穴や休息場所として利用しているようである。また、このような森林の少ない場所では、人間の出す残飯にかなり依存して生活していることがわかっている。タヌキは、「どじで間抜けでおっちょこちょい」というイメージを持たれることが多いが、それぞれの環境に合わせて柔軟に生活様式を変えて生活することのできる、じつはたくましい動物なのである。

もう一点、冒頭で述べた「狸寝入り」について述べておきたい。眠ったふりをすることを狸寝入りと呼ぶが、これはタヌキが死んだふりをして人を化かす、ということからきているようだ。しかし、実際にタヌキはびっくりすると、「ふり」ではなく本当に失神してしまう。私自身もタヌキに化かされたことがある。10年以上前にソフトキャッチというワナを森林内に設置して哺乳類の捕獲を行っていたときの話である。このワナは構造的にはトラバサミと同じであるが、動物の肢を挟み込む部分にゴムパットが貼ってある（ソフトと

写真❷　日本に生息するイヌ科の動物3種。左からタヌキ、アカギツネ、（ノ）イヌ

いう言葉を信じて自分の指で試したことがあるが、結果は……）。ある日、真っ暗闇という恐怖に震えながらワナの見回りをしていると、タヌキがワナにかかっていた。しかし、近づいても逃げる素振りをまったく見せず、何だかぐったりとしている。棒で突いてもうんともすんとも言わない。だが、呼吸はしている。ひとまず、箱ワナに移し毛布を掛け、暖房をつけた車内に置いておくことにした。数時間後に恐る恐る毛布をどけると、そこには先ほどの光景が嘘かのような元気なタヌキの姿があり、とても安心したのをいまでも覚えている。どうやら私も一杯食わされたようである。恐らく、前肢が挟まれたときに驚いて失神してしまったのではないかと推測している。

そんな掴みどころのないタヌキに私はいつしか恋をしたようだ。そして、その恋は日に日にエスカレートしていき、ついには麻酔で動かなくして発信器を装着したり、糞を勝手に持ち去ったりと、タヌキにとっては迷惑極まりない行為へと発展していった。そのせいなのだろうか、10年以上も私の一方的な片想いが続いているのは。さて冗談はさておき、そろそろ本題に移ることにしたい。ここでは、こうしたタヌキにとっての迷惑行為から明らかになった、タヌキの興味深い生態を紐解いていきたい。

2. タヌキ研究の始まり

私は、大学の学部時代を山梨県にある帝京科学大学で過ごした。卒業研究において、人里近くの森林地帯でタヌキが何を食べているのかについて取り組んだのが、タヌキ研究の始まりである。この研究を通して、タヌキの食性が季節により変化すること、つまり森の中に餌資源が多い春から秋にかけては自然由来の食物がよく利用されるが、餌資源が乏しくなる冬には人間由来の食物（残飯）の利用が多くなるということが明らかになった。ここでも、環境の変化（季節的な食物量の変化）に応じて、タヌキがうまく生き抜いていること、またそのなかで人間生活をうまく利用していることが明らかになったわけである。

こうした結果はごく当たり前のように思えるかもしれない。だが、私にとっては初めてタヌキの生態の一端に触れられたできごとであった。このことで、タヌキの生態にもっと迫ってみたいという思いを持つ大きなきっかけとなった。私は、この研究を通して、人里近くに生息するタヌキが、人間生活と密

接に関わり合いながら生きていることを実感したわけだが、そのなかで新たな疑問が浮かび上がった。それは、人里離れた場所、つまり人間生活に依存しにくいような環境で、タヌキが如何に生き抜いているのかという疑問である。驚かれるかもしれないが、タヌキの研究者は意外にも少なく、いまに至ってもその生態にはわからないことが多い。私は、こうした疑問を解くために、宇都宮大学大学院への進学を決意することとなる。

3. 栃木での調査地探し

2回目の試験でようやく大学院進学への切符を手に入れた私は、早速タヌキの研究に取り組むことにした。まずは調査地探しである。当時、栃木のタヌキに関する情報がほとんどなかったため、ひとまずいろいろな山に登ってタヌキの「ため糞場」を探してみることにした。ため糞場とは、タヌキの共同トイレのようなものであり、複数個体の糞がたまった状態となっている（写真❸）。早速手始めに宇都宮北部にある森林で調査を行ったのだが、すぐに違和感を覚える。山梨では300mも歩けば見つかったタヌキのため糞場がまったく見つからないのである。たまたま

だろうと思い、2日後に違う場所で調査を行ったのだが、やはりタヌキの糞は見つからず、見つかるのは山梨ではほとんど見つけることができなかったイノシシの糞ばかりであった。何かがおかしい。またタヌキに騙されているのだろうか。そんな不安を抱きながら5日後にまた違う場所で調査を行った結果、ようやくため糞場を見つけることができた。しかし、3日間で15km歩いて結局見つかった糞場は3カ所だけであった。しかも各糞場の糞量も非常に少なく、山梨と比べると非常に効率が悪い場所だと感じた。そこで、次の候補地として、研究室の先輩方の多くが研究を行ってきていた、奥日光が浮かび上がった。

善は急げと、早速奥日光に行き調査をしたのだが、発見されるのはシカの痕跡ばかりであった。それでも宇都宮に比べればタヌキの糞もそれなりに発見された。それに加え、ツキノワグマ

写真❸　タヌキのため糞

第1章　動物の生き方を知る〜生態と保全

やキツネ、ニホンテンなど他の食肉目の痕跡も多く発見され、何かとてもわくわくしたのはいまでも覚えている。このときの感覚が、奥日光という高標高域で調査を実施しようと思ったきっかけとなった。しかしその結果、この地に6年間居座ることになろうとは思いもしていなかった。

4. タヌキは何を食べているのか？

調査地とした奥日光の千手ヶ原とその周辺には、ほとんど人家がない。こうした環境で、まずタヌキが「何を食べているのか」という基礎生態を糞分析により調べることにした。

タヌキは、平たい場所に糞をすることが多いのだが、困ったことに千手ヶ原はどこも平たいのである。そのため、最初のため糞場探しはかなり難航した。それでも、ひたすら調査地を歩き続けた結果、最終的には56カ所でため糞場を発見することができた。その内の35カ所のため糞場を定期的に訪れ、タヌキの糞を採集した。糞は研究室に持ち帰り、分析まで冷凍庫に保存しておいた。分析の際には、ふるい上で糞を水洗し、その残渣からタヌキが何を食べているのかを判断した（ただし、この方法は、消化されやすい食物は過小評価し、消化されにくい食物は過大評価するという欠点があることには注意が必要である）。最終的には5年間で616個の糞を採集し、タヌキの食性を調べた。[2]

解析の結果、年間を通して昆虫類がタヌキの主要な餌資源になっていた。ただし、その種類は季節により大きく異なり、春から夏にかけてはオサムシ科やコガネムシ科の甲虫類、秋にはカマドウマ科、冬から春先にかけてはカメムシやセミの仲間がおもに利用されていた。また、春から秋にかけてはミミズ類もよく利用され、秋にはヤマブドウやサルナシ、ズミなどの果実の利用が多くなっていた。では、冬から春先の地表が雪に覆われ餌資源が乏しくなる時期には、タヌキは昆虫類以外にどんな食物を利用しているのだろうか。この時期の食性を見てみると、鳥類や両生類、モグラ類、さらにはニホンジカなどの脊椎動物の利用が多くなっていた。このように人間生活に依存しにくい環境では、自然のものを食べて生き抜いていた。この他に冬には、発泡スチロールやゴム製の物質、ビニール紐、プラスチックなどの人間由来の物質が出てきたが、これらは恐らく観光客が捨てたゴミに由来するものと思われた。餌資源が乏しいために、口にで

写真❹ 冬を越せずに死亡したタヌキ

きるものは何でも食べ、少しでも胃を満たそうとしていたのかもしれない。

　餌の乏しい時期に脊椎動物を食べているという結果から、山奥に生息するタヌキの生活は安泰と思われるかもしれないが、必ずしもそうとは言えない。じつはこの地域では、秋から春先にかけてタヌキの体重は半分近くまで減少する(3)。中には、冬を越せずに死んでしまう個体もおり（写真❹）、非常に厳しい環境であることがわかる。そのため、特に厳しい冬を如何に生き抜くかが、タヌキの生存にとっては重要な鍵となる。そこでつぎに、タヌキがどのように冬を越しているのかを、行動の面から調べてみた。

5. タヌキの越冬生活に迫る

　行動を追跡するためには、まずタヌキを捕獲して発信器を装着する必要がある。そこで箱ワナを山の何カ所かに仕掛けたところ、最初に捕獲されたのは他の地域では狙ってもまったく捕獲できなかったキツネであった。一方で、他の地域ではそれなりに捕獲されたタヌキは、かなり努力はしたものの2カ月間に2個体しか捕獲されなかった。しかし、若干諦めかけていた10月半ばに変化が起きた。いつも通りワナを見回っていると、1個体が捕獲されていた。喜びを抑えつつ先に見回りをすまそうと他のワナに行くと、そこでも1個体捕獲されていた。さすがに喜びを抑えきれなくなり飛び跳ねながらつぎのワナに向かうと、さらにもう1個体が捕獲されており、うれしさのあまりに踊りだしてしまうほどであった。しかしその結果、午後の大学院の講義には間に合わないという、若干の痛い思い出となった。その日以降も幸運は続き、11月中旬までに計11個体のタヌキが捕獲された。そして、捕獲された個体には首輪型の発信器を装着し（写真❺）、テレメトリ法による行動追跡調査を実施した。ただし、幼獣の分散や個体の死亡、発信器の脱落などにより、冬のデータが得られたのは計6個体であった。

　調査に行ける日数が限られていたため、可能な限り1回の調査で多くの

写真❺　発信器を装着したタヌキ

データを取る必要があった。そこで私は、1時間ごとに24時間連続で個体の位置データを取得した。しかし、これでは1回の調査で1個体分しかデータが取れないため、1個体の追跡の合間に他の個体も追跡することが多かった。つまり、30分ごとに24時間連続での追跡を行っていた。ときには、それが48時間続くこともあり、大変な調査であった。真夜中に−20℃近くまで下がった日には、寒さのあまり体に痛みを覚えつつも、こんなに厳しい環境で生き抜いている生き物たちに対して畏敬の念を抱いたことはいまでも覚えている。こうした24時間連続での調査を秋から春にかけて計35回行った結果、タヌキの越冬生活について興味深いことが分かった。[4]

厳しい冬を乗り切るためには、エネルギー消費を抑える必要がある。奥日光のタヌキはどのようにしてそれを成し遂げているのだろうか。これを知るために、まず1時間ごとの位置間の距離を積算し、そのデータから1日の移動距離を推定した。また、各時間帯に移動している個体と移動していない個体もわかるため、その割合から活動パターンを推定した。タヌキの1日の移

動距離と気温、積雪量との関係を解析してみたところ、寒い日や積雪の多い日にはタヌキはあまり移動せず、巣穴の中で休むことが多くなるという面白い結果が得られた。気温が低下すると基礎代謝量は高くなるため、寒い日に少ない餌を探して動くより、じっとしている方がエネルギー消費は少なく済むのだろう。また、タヌキは地表付近で得られる食物資源を利用するため、積雪の増加は採餌効率を低下させる(5)。そのため、積雪が多い日にも動かないことを選択した方が、エネルギー効率上は有利なのだろう。さらに興味深いことに、1日の平均気温が低い日ほど日中に移動する割合が増加する（夜間に移動しなくなる）ということ、また冬には秋や春に比べ、日中に活動する割合が増加するということが明らかになった。つまり、奥日光のタヌキは、寒い夜間の活動を少なくし、暖かい日中の活動を多くすることで、エネルギー消費を抑えていると考えられた。このようにタヌキは、厳しい環境に対し、柔軟に生活様式を変えて生き抜いているということがわかってきた。

日本のタヌキは温暖な気候に適応したために、大陸の寒冷地のタヌキと比較して寒さに対する耐性や脂肪蓄積能力が低いことが指摘されている(6)。しかし、これらの指摘は、おもに大陸の寒冷地と日本の温暖な地域で行われた研究の比較に基づいたものである。日本でも奥日光や北海道などの寒い地域では、春から秋にかけてのタヌキの体重の増加率が大陸の寒冷地のタヌキと同程度であることがわかってきている(3,7)。温暖な気候に適応したと考えられている日本のタヌキが、寒い地域においてどのような生態的または形態的な特徴を示すのか、これらについて明らかにすることは、生態学的にも日本のタヌキの進化について議論するうえでも重要な課題となるだろう。

〈引用文献〉
(1) 山本祐冶・木下あけみ. 1994. 川崎市青少年科学館紀要 5: 29-34.
(2) 關　義和. 2011. 2010年度東京農工大学博士論文, pp. 19-34.
(3) Seki, Y. 2013. Pakistan J Zool 45: 1172-1177.
(4) Seki, Y. & Koganezawa, M. 2011. Acta Theriol 56: 171-177.
(5) Ikeda, H., Eguchi, K. & Ono, Y. 1979. Jpn J Ecol 29: 35-48.
(6) Kauhala, K. & Saeki, M. 2004. In (Macdonald, D. W. & Sillero-Zubiri, C., eds.) Biology and Conservation of Wild Canids, pp. 217-226. Oxford University Press, Oxford.
(7) Kitao, N., Fukui, D., Hashimoto, M. & Osborne, P. G. 2009. Int J Biometeorol 53: 159-165.

Topics
栃木で覚えたことを

　突然「○○で、タヌキが死んでいる」という連絡が、博物館に入る。

　まずは電話で話しながら道路地図を見て、詳しく場所を聞いたら丈夫なビニール袋をもって公用車で出発。現場についたら安全なところに車を停めて、遺骸に直接触らないように気を付けながらビニール袋に入れ、ダニやノミなどの寄生虫が這い出してこないようにしっかりと封をする（写真❶）。博物館に帰ってきたら仮の個体番号を付けて台帳に種名、拾得場所、拾得日、拾得者を記録、あわせてパソコンにも情報入力。その後、個体識別用のタグとともに冷凍庫に入れて保管。-20℃で48時間以上凍結することで外部寄生虫を凍死させ、あわせて腐敗などの進行を遅らせる。数個体が集まったところで、自然解凍、外部計測、研究用サンプル採集、除肉、乾燥、クリーニング、漂白、乾燥、登録番号を付けて、自作の紙箱に入れ、標本データベースに情報入力、ラベルを印刷し標本箱に添付、燻蒸して収蔵庫に保管。

　これらの作業、何をやっているかわかるだろうか？これは、栃木県立博物館で行われている哺乳類の骨格標本をつくる作業工程で、私は平成10年4月1日より平成12年3月31日まで、学芸嘱託員として携わった。扱った種は、ツキノワグマやニホンジカなどの大型種から、タヌキ、ニホンイタチやニホンリス等の中小型種までにわたり、栃木県に生息する多くの中大型種の標本をつくる機会を得た。この体制がつくられているために、栃木県立博物館には日本でも有数の「哺乳類全身骨格標本のコレクション」が収蔵されている。作製、保管された標本は形態学的研究

写真❶　遺骸情報をもらって回収

や生息情報の証拠標本としておもに利用されている（写真❷）。

　私は、平成13年4月より高知県に移住した。四国には大きな自然史博物館は愛媛県総合科学博物館と徳島県立博物館があるが、高知県には動物を扱う博物館自体がほとんどなく、哺乳類を専門の研究対象とした学芸員や大学研究者もいない。そのため、私が移ってきた当時、高知県には哺乳類の骨格標本は皆無といってもよい状態であった。そこで、高知県をはじめとした四国産の哺乳類標本を作製蓄積する活動を、平成15年4月より立ち上げた四国自然史科学研究センターで開始した。情報の収集体制、必要な機材と設備、消耗品の整備、協力者の確保など、栃木県で学ばせていただいたことを基本に進めてきた。とは言っても、栃木県立博物館のような施設のない高知県では、初めのころはなかなかうまくいかず、体制と必要な設備の整備に数年間かかってしまった。現在では四国内の多くの博物館（自然系だけでなく人文系も含む）や大学、また高等学校、市町村自治体、民間企業や個人と協力して、四国産哺乳類全身骨格標本が進んできている。これまでに四国に生息するほとんどの種を確保することができ、登録点数も750点をこえた。数と種が蓄積されることで、更なる協力体制や利用の多様度が広がってきている（写真❸）。

　栃木で覚えたことを、四国に生かして進めている。いまでは、「四万十市の〇〇で、タヌキが死んでいる。」という情報をいただきながら。

（谷地森　秀二）

写真❷　作製したタヌキの全身骨格標本

写真❸　骨格標本の保管状況（廃校の図書室を利用している）

足尾・日光地域での12年間の調査から見えてきたクマの姿

小池　伸介

1. クマという生き物

　乳幼児用品の売り場に行くと、多くの商品に動物のマスコットが描かれ、その多くがクマかウサギである。おそらくクマは多くの人にとって、もっとも親しみのある動物の一つなのだろう。しかし、クマは猛獣としての顔も持つ。残念ながら、日本では毎年100名を越える方がツキノワグマ（以下、クマ）との遭遇により怪我を負い、運悪く亡くなられる方もいる。こういった、両極端の顔を持つクマであるが、意外とその生態はよく知られていない。

　ここでは、簡単にクマの生態を紹介する(1)。クマの食べ物では、肉食というイメージをもたれることが多いが、じつは基本的には植物食である（図❶）。関東周辺のクマの一般的なメニューをみると、春は開葉直後のやわらかい葉や花などを食べ、さらに季節が進むとキイチゴ類やサクラ類の果実を食べるようになる。また、夏にはアリやハチもまとまった量が一度に入手できることから、よく利用する。さらに、秋を迎えると森には多くの果実が実り始める。秋の主食はミズナラ、コナラ、クリなどの果実（いわゆる、ドングリ）で

図❶　クマの1年間のおもな食事メニュー

ある。ドングリ以外にも、ミズキやヤマブドウといったさまざまな果実を食べる。しかし、これらのメニューは毎年一定ではない。それは、果実にはいわゆる「なり年」と「不なり年」が存在し、毎年同じ量の果実が木には実らないからである。よく知られるのがドングリである。ドングリは年によって豊作、並作、凶作を繰り返し、さらに広範囲で同調する。この現象にはさまざまな要因が知られるが、いずれも自然が本来持つリズムである。そのため、果実に食べ物を大きく依存しているクマは、年によって食べ物を変化させざるをえないのである。

クマの生活のなかで、冬眠はもっとも特殊な現象であろう。クマはあの大きな体で、冬の3カ月から6カ月もの間を飲まず食わずの状態ですごす。おもに冬眠を行う場所は、樹洞や岩穴の他、木の根の下の空間（根上り）（写真❶）や倒木の下などである。さらに、妊娠したメスは冬眠中の1月から2月にかけて、1、2頭の子どもを出産する。一方、クマの繁殖期は5月から7月にかけてであるため、妊娠期間が7、8カ月におよぶと思われることも多いが、じつは本当の妊娠期間は数カ月である。クマは交尾直後には受精卵が着床せず、着床遅延という現象によって、交尾から時間を経てから、クマの場合は晩秋になってようやく着床する。さらに、クマの受精卵が着床するかどうかを決める要因は、母親の秋の間の栄養の蓄積の有無であると言われる。その理由としては、ドングリが凶作の年には母親は秋の間に十分に栄養が摂取できないまま冬眠を始めることになり、冬眠中に栄養不足により育児を失敗するだけでなく、母体の健康にまでも影響がおよぶ可能性がある。そういった危険な状況を防ぐためにも、秋の間に十分に栄養が蓄えられた場合にのみ、受精卵を着床させ、出産を迎えられるように進化したと言われている。

このように冬眠中に生まれた子どもは、生後約1年半の間は母親と一緒に行動するが、それ以外の時期は単独で行動する。クマの行動に関する情報は限られるが、一般的には数haから数百haもの行動圏を持ち、森林をおもな生息地とすること、オスのほうがメスよ

写真❶　足尾でのクマの冬眠穴

りも行動圏が大きいこと、同性・異性に関わらず排他的な行動圏は持たないこと、などが知られるが科学的な裏付けは少ない。その理由として、これまでクマの行動調査に使われてきた電波発信器は、動物から発信される電波を調査者が地上で探索するため、行動圏の大きいクマを完全に追跡することが難しい点、近年のクマの行動追跡に使われる、衛星を用いて動物の位置を測位する追跡装置（以下、GPS受信機）は高額なため、多くの個体に装置を装着できない点、などがあげられる。

2. 足尾・日光地域でのクマ調査の始まり

著者は2003年から日光市足尾・日光地域でのクマの野外調査を開始した。それまでは1999年から山梨県で、2001年から東京都奥多摩でクマの生態調査に関わってきた。奥多摩では茨城県自然博物館の山﨑晃司氏（現：東京農業大学）による調査に参加していた。当時は日本でも大型哺乳類の行動調査にGPS受信機が導入され始めた時期で、我々もいくつかのメーカーのGPS受信機をクマに装着し、衛星との測位状態やGPS受信機に内蔵された各種センサー類の精度試験を行っていた。しかし、奥多摩ではクマの捕獲頻度はそれほど高くなく、なかなかGPS受信機を搭載する首輪のサイズに適したクマが捕まらなかった。また、各種センサーの中にはアクティビティセンサーと言われる動物の活動量を測定するセンサーがある。アクティビティセンサーの精度試験を行うためには、GPS受信機を装着した個体の活動状態を目視で確認しながら、アクティビティセンサーの測定値との整合性を評価する必要があった。しかし、森の中ではクマを目視で長時間観察することはほぼ不可能である。そのため、奥多摩でのGPS受信機の導入に向けた精度試験は壁にぶつかった。そこで、新たな調査地として選ばれたのが足尾・日光地域である。特に、渡良瀬川源流部に位置する足尾地域は、かつての足尾銅山の煙害や山火事の影響で現在でも荒れ地、草地と緑化事業によって回復途中の森林がモザイク状に存在し、山中には砂防事業のための林道も整備されていることから、動物の直接観察を行うには適した環境であった。さらに、この足尾地域は山崎氏が過去にシカの調査を行っていたことから土地勘もあり、当時この地域で取材を行っていたテレビ局からのクマの情報提供もあったことから、この地でクマの生態調査を開始することとなった。

足尾で最初のクマを捕獲したのは2003年7月であった。初めて捕獲した個体はFB74という立派な成獣メスであった。この個体にはGPS受信機を装着し、23日間の追跡を行い、翌年も3頭のクマを捕獲し、無事に精度試験を行うことができた。この2年間とも、捕獲用のトラップの設置直後にクマが捕獲されたことから、我々は足尾のクマの密度の高さに驚かされた。

3. ドングリとクマの関係

　2005年からは森林総合研究所を中心とした新しい研究プロジェクトが始まった。このプロジェクトは、2000年以降に日本各地で多発した秋のクマの人里への出没の要因を科学的に解明するものであった。一般的には、前述したようにクマの秋の主食であるドングリが凶作になることで、クマの行動が変わることが原因とされていた。しかし、当時それを裏付けるだけの調査事例は限られていた。そこで、プロジェクトでは同じ調査地において我々が多数のクマにGPS受信機を装着しクマの生態調査を行うとともに、植物の専門家が複数種の樹木の結実調査を広域に行うことで、動物の側面と植物の側面からクマとドングリの関係を明らかにすることとなった。ちなみに、結実調査の範囲はクマが移動するであろう範囲とその外側もカバーするため、約600km^{2}近くにおよび、結実調査の対象とする木の数は600本を超えた。また、プロジェクトでは他地域での駆除個体を用いた生理的な解析やクマが出没する景観の解析も行われ、秋のクマの人里への出没の背景を複数のアプローチで明らかにしようとするものであった。このプロジェクトは2010年まで続けられ、多くの興味深い成果が得られた[4]。

　プロジェクトでは筆者と山崎氏のほか、東京農工大学大学院博士課程に在籍していた小坂井千夏氏（現：神奈川県立生命の星・地球博物館）、中島亜美氏（現：多摩動物公園）、根本唯氏が中心となりクマを徹底的に捕獲し、GPS受信機を装着して追跡を行うとともに、植物の専門家である正木隆氏（森林総合研究所）が中心となり果実の結実調査を行った。調査を始めて2年目の2006年、この年は後から分かったのだが5年に1度あるかないかのミズナラの凶作年であった。じつは本州中部の栃木県や群馬県では、ブナがそれほど多く生育していないため、ミズナラの結実状況が秋のクマの生態には大きな影響を与える。そのため、ミズナラの凶作年は、クマの行動の変化を明らか

にするには絶好のチャンスなのである。

　2006年には調査も軌道にのり、秋には5頭のクマにGPS受信機が装着されていた。しかし、8月中旬になるとこれらのクマの動きに変化がみられ、それまで利用していた場所から姿を消し始めた。ちなみに、当時クマに装着していたGPS受信機は現在の機材とは異なり、即時には動物の位置が分からない仕様であった。動物の位置情報は動物に装着したGPS受信機に蓄積されるため、一定の時間が経ってから動物に装着したGPS受信機を回収することで、ようやくそれまでの動物の行動情報が得られるのである。さらに、GPS受信機を搭載した首輪を回収するには、その動物を再捕獲するか、首輪に装着した脱落装置を作動させて、動物から首輪を外さなくてはいけない。しかし、同じ個体を再捕獲するのは極めて難しいため、基本的には脱落装置を用いる。この脱落装置の作動方法には2種類あり、一つは事前に脱落日時を設定しておき、その日時に装置を作動させるタイマー方式。もう一つはリモコンを用いて遠隔操作で信号を送り、装置を作動させるリモコン方式であるが、どちらの方法にも欠点がある。タイマー方式には設定した日時に動物がどこにいるか分からないため、もし動物が崖の中にいたりすると、首輪の回収は不可能に近い。一方のリモコン方式には動物に近づかなければならず、特に地形が急峻な環境では、動物まで数百m以上近づかないといけなかった。しかし、確実に首輪を回収するためには、後者のほうが可能性は高いであろうということで、我々はリモコン方式を採用した。余談になるが、この脱落装置に我々は延々と悩まされてきた。じつは一番の問題はそもそもこの脱落装置が故障などにより作動しない事態が多発したからである。そのため、クマに装着したGPS受信機のうち、回収できなかった受信機は数知れない……。

　このように、我々はGPS受信機により以前よりは多くの動物の行動情報を得ることができるようになったが、そもそもクマを見失ってしまっては、首輪も回収できず、せっかくのクマの行動情報も入手できない。そのため、2006年の夏の終わりには、我々はどこに消えたかまったく見当もつかないクマの探索に明け暮れた。その結果、ようやく1頭をなんとか見つけることができた。この個体は前述したFB74である。FB74はこの年も再捕獲され、追跡することができていた。この個体はその年に生まれたばかりの子どもを連れていたが、夏の間に滞在した足尾から北

西に約20km離れた群馬県丸沼高原付近にまで、この距離をわずか数日で、標高2000mを超える日光白根山付近の稜線を超えて一直線に移動していた。さらに、ほかの個体もこの秋は10kmを超える移動を繰り返していたことから、それまでの秋のクマの行動に対する認識を大きく変えることとなった。ただ、残念なのは2006年の10月前半のさまざまな情報が欠損していることである。もちろん、クマの行動情報は衛星が測位していてくれたが、クマの食性情報などは欠けている。その理由は、2006年10月に長野県軽井沢において第17回国際クマ会議が開催され、我々の多くが運営スタッフとしてそちらにいたためである。貴重な情報が得られなかったのは残念だが、こういった国際会議にかかわれた非常にいい経験になった。

プロジェクトはその後も続き、ミズナラの結実状況は2007年から2009年は並作―豊作の状態が続き、2010年には再び凶作をむかえた。一方、クマの捕獲も順調に進み、2003年から2010年にかけて51頭（捕獲回数は109回）を捕獲し、延べ54頭のクマにGPS受信機を装着することができた。これらの調査でみえてきたクマとドングリの関係について簡単にまとめてみたい。まず、

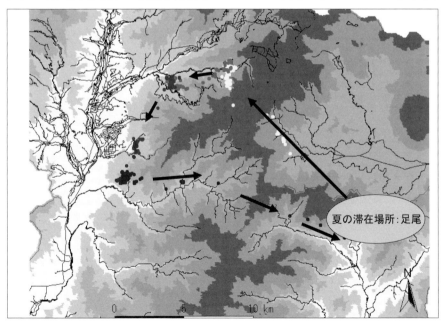

図❷　2006年8月24日から10月26日にかけてのFB74の移動の軌跡（Kozakai[6]を改変）

クマの行動圏は確かに先行研究と同じように凶作年には並作年に比べて大きくなり、凶作年には夏とは異なった場所を利用する個体が増えた。しかし、行動圏が大きくなっても、クマは行動圏の中のすべての場所を使うわけではなく、実際に利用する場所は行動圏の中に島状に点々と位置し、それらの場所での滞在と移動を繰り返していた(図❷)。また、ミズナラの凶作をむかえると、オスよりもメスの方が行動の変化は大きく、メスのほうがドングリの凶作の影響を強く受けていた。また、この地域では標高1000m以上にミズナラの多くが生育しているが、クマはミズナラのドングリが並作年にはそれらを利用しているが、凶作になると多くの個体が、低標高地に生育しているコナラなどのドングリを求めて山を下りていた。さらに、ドングリの凶作年には早く冬眠を始めるようでもあった。[5-8]

このように、冬眠という一大イベントを控えたクマにとって、秋のドングリは重要な栄養源となるわけだが、それらが通常の行動する範囲では十分に得られないときには、クマは行動を大きく変えてでも、代わりの食べ物を得ようとしていた。そのようなクマの姿を、多くの個体の追跡から科学的に示すことができたのは、このプロジェクトの大きな成果であった。

4. 春から夏のクマの姿

プロジェクトを通じて、秋のクマの姿はうっすらとみえてきた。しかし、春から夏にかけてのクマの姿は依然としてよくわからないままであった。しかし、この時期はクマの繁殖期にあたり、クマの生活史を考えるうえでは重要な時期である。そこで、まずはクマの食性の視点から春から夏のクマの姿に迫ることとした。これまでのクマの食性調査の多くは、野外で採取した糞を分析する糞分析法を用いることが多かったが、消化されやすい食べ物が過小評価されるといった問題点があった。そこで、我々は足尾の特徴をいかし、直接観察によるクマの食性調査を試みた(写真❷)。

まずは春である。調査では古坂志乃さん(東京農工大学)が三脚とカメラを担いで、山の中でクマを探すところから始まった。そして、クマを見つけたらすかさずクマを録画するといったことを繰り返した。3月から調査を開始したが、春のクマの姿を観察することは難しく、280時間以上もクマを探したが、何かを食べているクマの姿を観

察できたのは7時間半ほどであった。それでも、この観察からは非常に興味深い結果が得られた。冬眠を終えたクマはススキの枯れた部分などを食べていたが、5月になりいっせいに山の木々が芽吹き始めると、クマはこれらの木々の葉や花を食べ始めた。さらに、6月になるとクマは草地に現れ、石を一つ一つひっくり返し、石の下にあるアリの巣の中のアリを舐め始めた。

そこで、まずは5月のクマに注目したところ、確かにクマはさまざまな樹種の葉を食べるのだが、明らかにクマが葉を食べる樹種と食べない樹種があるようで、また一つの樹種でもクマが木に登り、葉を食べているのは非常に限られた期間であった。これらの理由は、じつは葉の栄養成分に隠されていた。古坂さんの分析によると、クマによって採食が確認された樹種の葉は、採食が確認されなかった樹種の葉に比べて、タンパク質の含量が高いものの、クマが消化することができない繊維質の含量は低かったのである。また、クマが葉を採食した樹種の葉を毎週のように採取し栄養成分を調べてみると、いずれの樹種も開葉からの時間経過とともに、葉に含まれるタンパク質の含量は減少し、繊維質の含量が増加していた。そのなかでもクマは、葉のタンパク質が多く、繊維質が低いときにのみ、それぞれの樹種の葉を食べていたのである。このように、春のクマにとって、樹木の葉は大切な食べ物である

写真❷　ズミの花を食べるクマ（撮影：梅村佳寛氏）

第1章　動物の生き方を知る〜生態と保全

が、実際にクマがどの樹種の葉を、いつ食べるのかを決める要因には、葉の栄養成分が影響していたのである。

　では、6月からよく観察されたアリの場合はどうであろうか。こちらの調査は藤原紗菜さん（東京農工大学、現：パシフィックコンサルタンツ）が同じように三脚とカメラを担ぎ、山の中で草地に現れてアリを食べるクマを撮影する調査を行った。この調査で得られた169時間もの映像（その中には約300回のクマによるアリの採食が含まれる）からみえてきたのは、クマのアリへの強い執着であった。クマのアリ食は6月中旬から8月中旬まで観察されたが、この期間の多くの時間をクマはアリの巣の探索に割いていた。もちろん、草地に現れるクマは観察しやすいということもあるが、同時に行った糞分析の結果からも、この時期の糞の半分程度にはアリが占められていた。そのため、この時期の足尾のクマにとって、アリは重要な食べ物のようである。さらに、藤原さんが映像を詳細に分析したところ、クマがアリの巣一つ（つまり石一つ）あたりの採食に割く時間を計算したところ、6月下旬から7月下旬にかけての期間は他の時期よりもその時間が短かったのである。さらに、他の調査からその要因にはアリの巣の中でのある変化が影響していることが分かってきた。じつは6月のアリの巣の中には働きアリと卵が多く存在しているのだが、7月になるとアリの巣の中には蛹が現れ始めるのである。しかし、8月になると、再びアリの巣の中からは蛹は姿を消し、成虫が多くを占めるようになった。つまり、アリの巣の中のアリの構成要員はつぎつぎと変化していたのである。これらの結果から、アリの巣の中に成虫が多い状況では、クマは一つ一つのアリの巣の採食に時間をかけて、地中に逃げてしまうアリの成虫を丹念に食べているのである。しかし、アリの巣の中に自らは動くことができない蛹が増えてくると、クマは一つ一つのアリの巣にはあまり時間をかけないで、逃げない蛹をさっさと食べきり、すぐに次のアリの巣に移動していたのである。つまり、クマは限られた時間のなかで、採食効率を上げるためにアリの巣の中の変化に合わせて、一つのアリの巣の採食にかける時間を変えていたのである。このように、春から夏のクマの直接観察を通じて見えてきたクマの姿は、いずれの時期もいかに効率よく栄養を摂取するのかを追求する姿であった。

　このように12年間の足尾・日光地域

での調査を通じて、よくわからなかった野生のクマの姿が少しずつみえてきた。しかし、調査を続ければ続けるほどクマの謎は深まるばかりである。たとえば、依然として春から夏にかけてのクマの行動や繁殖活動には不明な点が多い。また、冬眠中の様子も野生での情報は非常に限られる。これらを明らかにするには、フィールドでの生態調査だけでは限界がある。飼育個体を用いた実証実験や生理的な側面からの野生個体へのアプローチなど（写真❸）、多角的に野生のクマに接していかないと、解決はできない。そのためにも、これまで作り上げてきた足尾・日光地域での研究システムをもとに、長期的な野外研究体制を発展させていく必要がある。

写真❸　最近の捕獲作業。生理的なアプローチからもクマの姿に迫る（撮影：二神慎之介氏）

〈引用文献〉
(1) 坪田敏男・山﨑晃司（編）. 2011. 日本のクマ. 東京大学出版会, 東京.
(2) 中静 透. 2004. 森のスケッチ. 東海大学出版会, 神奈川.
(3) 羽澄俊裕. 2000. 冬眠する哺乳類（川道武男・近藤宣昭・森田哲夫, 編）, pp. 187-212. 東京大学出版会, 東京.
(4) 森林総合研究所. 2010. ツキノワグマ大量出没の原因を探り、出没を予測する. 森林総合研究所, 茨城.
(5) Koike, S., Kozakai, C., Nemoto, Y., Masaki, T., Yamazaki, K., Abe, S., Nakajima, A., Umemura, Y. & Kaji, K. 2012. Mamm study 37: 21-28.
(6) Kozakai, C., Yamazaki, K., Nemoto, Y., Nakajima, A., Koike, S., Abe, S., Masaki, T. & Kaji, K. 2011. J Wildl Manage 75: 867-875.
(7) Kozakai, C., Yamazaki, K., Nemoto, Y., Nakajima, A., Umemura, Y., Koike, S., Goto, Y., Kasai, S., Abe, S., Masaki, T. & Kaji, K. 2013. J Mammal 94: 351-360.
(8) Nakajima, A., Koike, S., Masaki, T., Shimada, T., Kozakai, C., Nemoto, Y., Yamazaki, K. & Kaji, K. 2012. Ecol Res 27: 529-538.
(9) Fujiwara, S., Koike, S., Yamazaki, K., Kozakai, C. & Kaji, K. 2013. Mamm Biol 78: 34-40.

Topicss
クマを見、思う

　1989年から1993年、私は野生動物保護管理事務所の一員として、栃木県鳥獣保護管理事業基礎調査に関わり、5年間のプロジェクトで6頭のツキノワグマ（以下、クマ）に発信器を付け行動の追跡を行っていた。

　ある日のこと、個体を探索して赤倉山の尾根を歩いていたとき、見晴らしのよいところで一服しようと腰を下ろすと、1mほどの足元の藪で何かが動いているのに気づいた。シカでもいるのだと思い煙草に火をつけると、途端にクマが飛びだしてきた。クマは30mほど走った後、一度振り向きこちらを注視したが、私が動かないのを確認してか、そのまま去っていった。アリを食べていたようだ。また、日光の千手ヶ原で方探していたときは、ミズキの大木で採食している個体を見つけた。林道から10mも離れていない木であった。この林道は林間学校の学生なども利用する観光客の多い林道である。そのときも、学生の団体がちょうど脇を通り過ぎるところであった。私が学生に気づいたと同じくらいのときだったと思うが、クマは木から下り笹やぶの中に見えなくなった。声をかけた方がよいかと思ったが、学生は気づいた様子もなく通り過ぎていった。少し経ち、クマはまたそのミズキに登り、何事もなかったように採食を再開していた。同様の事例をヒグマでも観察したことがある。2頭の子連れのヒグマが高山帯のお花畑で採食していたときのこと、登山者が登ってきた。ヒグマは登山者に気づきハイマツの茂みに小熊を誘導し、母熊もそこに隠れた。登山道はすぐ脇を通っている。登山者は通り過ぎるや否や声を出した。たぶん唸られたものと思う。登山者が通り過ぎると、親子は再度お花畑で採食していた。私も調査中、唸られたことがあるが、緊張して思わず"森のくまさん"を口ずさんだことがある。また、捕獲したクマがどのように覚醒するかビデオ撮影を行ったこともあった。覚醒は頭から始まり前足と上半身から徐々に進むようで、最初

クマは私たちと反対側の斜面上部に逃げるような行動を繰り返した。体に力が入らず斜面を登れない状況は、なかなかユーモラスであったが、しばらくして全身覚醒したときは、一瞬体を低くした直後、まっすぐこちらへ向かって来たのである。20mほどの距離をとって撮影していたが、身構えてスプレーを放ったときは目の前に鼻が見えたのを記憶している。

　調査をするなかでクマが、事前に人を察知し、人知れず逃避、やぶ等に隠れながら、人を避け生活していることを知った。また、人間が接近したときは威嚇し、さらに窮地に陥ると攻撃することも知った。

　最近、クマの危険性だけがクローズアップされているのを感じる。力は人間よりもはるかに強い動物なので、もちろん注意はしなくてはならないが、過度の恐怖心は適正な判断を鈍らせる。危険性だけを伝えることは、かえって危険なのではと感じてしまう。また最近、林道近くの沢などでシカの死体を見ることが多くなり、こういう場でのクマの危険性を感じる。クマの攻撃の要因としては、窮地に追い込まれる他に餌の防衛があるからだ。クマが残飯などに執着することが知られているが、人間の対応が危険性を高めている場合も多いのである。"クマ出没"の意識でなく、"クマ生息地"の意識で対応できればと思う。

　調査していた当時、千手ヶ原には一面2mほどのササが生え、追跡個体の一頭は千手ヶ原を中心に10km²ほどの範囲で生活していた。20年という歳月のなかで、日光の環境もずいぶん変化した。ササが退行した現在、クマたちはどんな生活をしているのだろうか。

（手塚　牧人）

クマの命育むブナの大樹

奥日光と足尾のシカは冬の間、何を食べているのか？

瀬戸　隆之

1. シカとはどんな動物か？

　大型哺乳類のなかでシカ類はもっとも生態の研究が進んだ生物群の一つだろう。特に狩猟が盛んな国々では、シカ類は魚のように再生産可能な自然資源として位置づけられ、科学的見地に基づく個体群管理が行われている。シカ類は世界中の森林に生息、あるいは人為的に導入されて定着し、まるで狩猟や肉食動物による捕食に晒されることを前提にしたような増えかたをするたくましい生物群であるが、その秘訣は彼らの餌利用にあると筆者は考えている。シカ類は言わずと知れた草食動物であり、ウシと同じく機能的に分化した四つの胃をもって植物の細胞壁（セルロース）までも消化吸収してしまう。時折「シカが食べない植物は何か？」と尋ねられるが、これに答えるのは難しい。シカ類の研究者の間で不嗜好性だと認知されている植物種でさえ、季節や部位、地域によっては採食されているという報告は後を絶たない（たとえば、枯れた部分や、根の部分など）。ようするに、シカ類は膨大な自然界の植物の多くを食べ物にできる可能性を持っ

写真❶　シカのメスと子ども（左）、オス（右）撮影：梅村佳寛氏

写真❷　越冬中の群れ

ているため、その増殖にはなかなか歯止めがかからない。たとえある植物種を食べ尽くしてしまったとしても、他の植物種に利用を切り替えて生きながらえる。シカ類はこの特性により、餌となる多種多様な植物に対してしばしば壊滅的かつ不可逆的なダメージを与える可能性を持っている。我が国に生息するニホンジカ(以下、シカ；写真❶❷)も個体数の増加と植生に与えるダメージが著しく、栃木県もまた例外ではない。

2. 日光鳥獣保護区のシカとその捕獲作業

　日光鳥獣保護区は、栃木県と群馬県にまたがって分布するシカ個体群の中心的な生息地域である。この保護区は、北半分が日光国立公園の豊かな湿原や森林(以下、奥日光)、南半分が緑化事業によってモザイク状に森林と草原が創出された足尾山地(以下、足尾)という構成である。草原で餌を食べ、森林内で身を隠しつつ反芻するという基本的な生態を持つシカにとっては、どちらの地域も生息好適地である。両地域では1980年代後半からシカが急増し、1990年に入ると希少植物の食害や樹皮剥ぎが激化したため、1995年から行政の監督のもとシカの間引きが行われている。方法は巻狩りという、猟銃を用いたグループ猟だ。私も猟銃を持つ者として、何度か捕獲作業に参加させていただいたことがあるため、まずはその概要について紹介したい。

　巻狩りでは、およそ10～30人の狩猟者がシカのいる地域を囲い込み、一方のセコという追い出し役が声や猟犬でシカを追い払い、もう一方のタツと呼ばれる待ち受け役が逃げてきたシカを迎え撃つ(ただし、当該地域の巻狩りでは猟犬を使っていない)。狩猟者はトランシーバーによって随時情報を共有し、状況に応じて陣形を変えたり、獲物に先回りしたりする。奥日光や足尾の越冬地にはシカが高密度に生息しているので、巻狩りが始まると花火大会のように銃声が鳴り響き、一度に数十頭を捕獲することもできる。この地域のシカは、1年間のうち間引き事業が行われる僅かな期間しか捕獲の

対象にされないので、人間に対する警戒心が少ない。頻繁に巻狩りを行っている地域では、一般的にシカの警戒心が強く、狩猟者の気配を敏感に察知してそれを避けつつ逃走するので、捕獲はこれほど簡単ではない。

こうして撃たれたシカは、山のあちこちで絶命しているので、車が入れる道までは人力で降ろしてこなければならない。しかし、日光のシカは本州に生息するシカのなかではもっとも体が大きい部類なので、運び出しは容易でない。特に、大きなオスになると体重は80kgを超えるうえ、立派な角が生えているため、あちこちの木や岩に引っ掛かり始末に負えない。そのような過酷な現場であるが、平均年齢60歳を超える狩猟者たちは急斜面をものともせずに歩き回り、運びだしをやってのけるのだから、驚くべきことだ。

シカを道まで運び出したらトラックで作業場まで運搬し、体重や体長を計測したり、メスについては解剖して妊娠しているか確認したりする（写真❸）。そうした調査項目の一つに、シカの第一胃内容物の採取がある。胃袋の中身を調査すれば、シカが食べているものが分かるという単純な発想だが、これがなかなか面白い可能性を持っている。なぜならシカの餌利用は、シカ目線で見たときの生息地の環境の変化を素直に表していると同時に、利用される植物の種類によってシカの栄養状態や個体数が変化する可能性があるからだ。

3. シカの胃内容物分析

私が東京農工大学の野生動物保護学研究室に入室した際、シカの研究がしたいと梶教授に相談したところ、栃木県の出先機関である県民の森管理事務所（鳥獣関係の試験研究機能は2013年度より栃木県林業センターに統合）を紹介していただいた。こちらは栃木県

写真❸ 捕獲後のサンプリングの光景。捕獲したシカは巻尺で体長を計測したり（左）、仰向けにして解剖したり（右）する

の自然環境行政を科学的な側面からサポートする研究機関であり、県内のシカに関するさまざまなデータを集積している。私はここで蓄積されていた、日光鳥獣保護区のシカの胃内容物およそ10年分を提供していただき、その分析方法も指導していただいた。

シカの第一胃の中身は、通常、複数種類の餌が細切れになった状態で混ざっている。そこで、胃袋の中でどの餌がどのくらいの割合を占めているかを調べるため、ポイント枠法という分析方法を用いた。方法を簡単に紹介すると、まずふるいを用いて胃内容物をよく水洗し、識別困難なほど細かく噛み砕かれた餌を洗い流す。次に、ふるいに残った胃内容物を、格子状に線の引いてある平らな皿の上に薄く広げる（写真❹）。分析者は格子線の交点（ポイント）上に乗った餌を識別しながらカウントし、累計ポイント数が一定数（300ポイントなど）以上になるまでカウントを続ける。こうして得られた餌項目ごとのポイント数の比率は、皿の上の各餌項目の面積比をあらわしている。シカの餌はおもに平たい植物の葉なので、面積比はそのまま食物構成比として扱われる場合がほとんどである。もし、重量比を知りたい場合には、それぞれの餌項目が1ポイントあたり何グラムなのか計っておけば、換算もできる。

消化器官の中の断片からもとの餌を判別するのは困難だと思われるかもしれないが、必ずしもそうではない。どの餌も野外にある状態と同じ色合いをしており、たとえば常緑植物であるササは冬季であっても鮮やかな緑色を保っている。また、葉っぱ一枚が丸飲みされた状態で出てくることもあり、その色や葉脈の走り方、厚さなどから、他の細かな断片も同種の葉であるか見比べて同定することもできる。私は今回の分析にあたっては、先行研究に[3]

写真❹　胃内容物分析の様子。洗う前の胃内容物（左）、分析に用いる道具（中）、洗い済みの胃内容物（右）

第1章　動物の生き方を知る〜生態と保全

倣って8種類の餌項目に分類した。すなわち、ササ、ササ以外のグラミノイド（ススキなどの平行な葉脈をもつ草本類）、稈・鞘、広葉、針葉、枝・樹皮、枯葉、その他、である。このぐらい大まかな分類であれば、判別ミスはほとんど生じないため、誰が分析しても同様の結果が得られるだろう。

4. 日光鳥獣保護区のシカは何を食べているのか？

　私は卒業論文と修士論文を通して、奥日光と足尾で1997年から2011年に捕獲された362頭分のシカの胃内容物を分析した。はじめに気づいたのは、二つの地域では食物構成が大きく異なるということだ。奥日光の森林内には、シカの好物であるササが生育しているので、胃内容物の半分程度がササで占められていた。一方、足尾のシカが捕獲された地域では、ササがほとんど生育しておらず、おもにススキなどのグラミノイドが繁茂している。胃内容物もそれを受けて、なんと8割方がグラミノイドであり、ササはほとんど見当たらなかった。もっとも、シカが生息地の植生を反映した餌利用をすることは先行研究ですでに明らかにされていたため、これだけでは研究成果としては弱い。そこで次に私は、同一地域内の、異なる捕獲年度間で食物構成を比較した。すると奥日光では、1996年ころは胃内容物に占めるササの割合が1割程度と低かったものが、次第に増加してゆく傾向がありつつも、2005年や2011年といった特定の年には前後の年に比べて著しくササの割合が低下するという不思議な結果が得られた（図❶上）。同じ地域かつ同じ季節に捕獲されたシカの食物構成がこれほど大きく年変動するとは予想外で、はじめは分析や集計のミスを疑ったほどである。しかし、足尾の分析結果を見ると、グラミノイドの割合も年次変動しており、それは日光のササの変動とよく似ていた（図❶下）。梶教授に相談したところ、シカの生態には積雪などの気象要因と、個体群密度の変動が大きく影響するので、両地域のシカ密度の変遷と照らし合わせて考察してみるよう助言をいただいた。栃木県では毎年奥日光や足尾のシカの個体群密度を調査しており、その結果は報告書にて公開されている。また、奥日光には積雪深を記録する測候所があり、そのデータもウェブ上で公開されているため、シカを捕獲した日の積雪深も簡単に調べることができた。

　まず、両地域では前述の通りシカの間引きを継続しているので、これまで

まったく間引きを行っていなかった1995年当時と比べれば、ゆるやかに密度は低下している[4]。奥日光のシカの胃内容物中におけるササの割合や、足尾のグラミノイドの割合が長期的に見ると増加傾向にあるのは、シカが減った

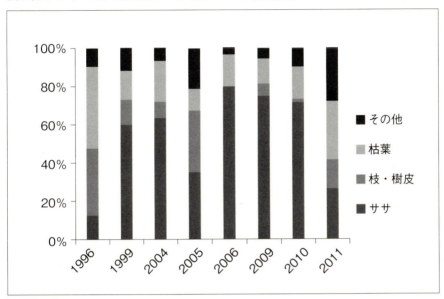

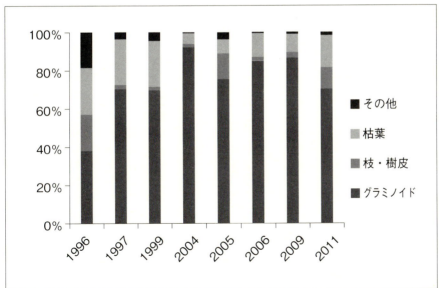

図❶　1996～2011年における、奥日光（上）および足尾（下）のシカの食物構成。1996年は、Takatsuki and Ueda[3]より作成

ことでそれらの植物の資源量が増加したか、一頭あたりが食べられる量が増えたことを表しているのだろう。これは見方を変えると、ササやグラミノイドは、シカにとって状況が許すのならば高い割合で食べていたい餌であることを表している。また、積雪深の年次的な変動を調べると、2005年や2011年は平年に比べて多雪であった。雪はあまりに深くなると、ササやススキなどの下層植生を埋めてしまうので、シカにとって採食が困難になる。2005年や2011年の食物構成が前後の年と大きく異なるのは、おもな餌であるササやススキが積雪に埋まって利用しにくくなってしまったためだと考えられた。[5]

5. 個体数管理は被害軽減に有効なのか？

ササやススキがあまり食べられない年には、シカは木の枝や樹皮を例年より多く食べていた（図❶）。木の枝や樹皮であれば森に大量にあり、雪にも埋まらないので、代わりの餌としては好都合なのだろう。しかし、樹皮は葉と違い再生産ができない部位なので、剥皮された木は栄養の運搬が困難になったり、腐朽菌に侵入されたりして将来的には枯れてしまう。実際に両地域では多くの木がシカの餌食になったため、残存する木にはネットが巻かれているが、シカはその隙間を狙って樹皮剥ぎを行っているという過酷な状況である。私の研究結果が正しければ、シカの密度を低下させることは、単に樹皮剥ぎする頭数を減らすだけでなく、一頭ずつが食べる樹皮の量も同時に減少させるので、相乗効果が期待できる。日光国立公園の豊かな森林を守るためにも、足尾山地の緑化事業を成功させるためにも、森に負担がかかりすぎない水準までシカの密度を調節することは非常に重要だと考えられる。

〈引用文献〉
(1) Mysterud, A. 2006. Wildlife Biol 12:129-141.
(2) 辻岡幹夫. 1999. シカの食害から日光の森を守れるか―野生動物との共生を考える. 随想舎, 栃木.
(3) Takatsuki, S. & Ueda, H. 2007. Mamm Study 32:115-120.
(4) 栃木県. 2011. 平成22年度栃木県ニホンジカ保護管理モニタリング結果報告書. 栃木県自然環境課, 栃木.
(5) Seto, T., Matsuda, N., Okahisa, Y. & Kaji, K. 2015. J Wildl Manage 79:243-253.

奥日光の夏をシカはどう過ごしていたか？

李　玉春・本間　和敬

1. 奥日光を舞台としたシカ調査のはじまり

ニホンジカ（以下、シカ）は生態系や農林業に影響を及ぼす大型草食動物であり、その土地利用の解明は生態学研究と野生動物管理にとって重要なテーマである。1990年以前の日光国立公園、特に奥日光地域では、シカはほとんど観察されなかったが、それ以降に個体数が増加し、冬でも多くのシカが確認されるようになる。これと同時期に、越冬地の拡大が確認され(1-2)、現在は春から秋にかけて奥日光にシカが高密度で生息している。

戦場ヶ原や小田代原、千手ヶ原は日光国立公園の中核を成し、特別地域として湿原環境や独特の植生を呈する。古木の自然枯死も含むと思われるが、シカの個体数増加に伴い、自然林や植林木が大量に剥皮され枯死した。また過度の採食圧によってスズタケや灌木も減少し、林床植生がキオンのようなシカに忌避される有毒な植物に置き換わった。さらに、戦場ヶ原農場では(3)、毎年、農作物被害が発生し、地元の農家は大きな損害を受けている。

私たちは、こうした自然生態系の変容と農林業被害を防ぐためには、シカの土地利用に関する研究が欠かせないと考え、奥日光での研究を志した。小金澤先生の指導の下、1993年にシカのテレメトリ調査を行うことになったが、その一片をここに記したい。なお、これらの調査は、大仲幸作氏（林野庁、現JICAマラウィ森林保全アドバイザー）と共同で実施したものである。

2. 奥日光の環境を3万のグリッドに分けて解析する

調査区域は中禅寺湖（標高1269m）の北岸から男体山（2482m）の南斜面と戦場ヶ原、小田代原、千手ヶ原を含み、その広さは東西11.2km、南北6.15kmの72.8km^{2}である。奥日光の年平均降雨量は約1800mmで、おもに8～9月に集中する（図❶）。11月下旬から12月にかけて降雪が始まり、翌年の春先まで1m程度の積雪がある。夏

第1章　動物の生き方を知る～生態と保全

に奥日光に生息するシカは、晩秋や初冬に標高の低い表日光や足尾の越冬地へ季節移動を行う(4)。積雪量によっては男体山の南斜面や高山の新越冬地に留まるシカもいる。春の融雪によってシカは越冬地から奥日光に戻る(李玉春ほか　未発表)(4-5)。

調査地はおもに落葉広葉樹林で覆われるが、戦場ヶ原は湿原、小田代原は半湿原で、植生は低木と草地によって構成されている。千手ヶ原を加えたこの一帯には、クリ―ミズナラ林、ハルニレ林、ブナ林と少量のカラマツ林が成立し、当時の林床植生はミヤコザサが優占種(写真❶)で、チシマザサ、クマイザサ、スズタケも散在する(6)。男体山の南斜面や西側の平らな地域は、常緑針葉樹林のウラジロモミと落葉広葉樹林のブナ、ミズナラ、ダケカンバの天然混交林で、一部カラマツ林も見られた。林床植生はミヤコザサの群落で、標高1600m以上はコメツガに覆われ、林床植生は欠けていた。

土地利用の解析には、シカがおもに奥日光で生活する6月から11月のテレメトリデータを使用した。シカの土地利用を詳細に記録するために、発信器を装着したシカを、昼夜問わず2時間間隔で連続追跡した。そして、三角測量により推定したシカの位置(測位点)を地図に記録し、それらをスキャナーで読み取り、Idrisi 15(Clark University, USA)というソフトウエアを用いて解析した。野外でのシカの追跡は大変であったが、集めたデータを紙からパソコンに取り込む作業も、非常に手間がかかるものであった。

私たちの研究では、土地の特性を50×50mのグリッドで見ることとした。調査地を約3万のグリッドに分け、6種類の環境要素、すなわち、植生タイプ、標高、道路との距離、水

写真❶　林床がミヤコザサに覆われた、奥日光の代表的な景観

表❶ 奥日光におけるニホンジカの植生利用度と選択性

植生タイプ	面積 (km^2)	測位点数 (N)	N/km^2	利用度 (%)	選択性
湿原	0.32	50	155.04	28.4	+
カラマツ	7.26	773	106.55	19.5	+
ハルニレ	2.52	227	90.26	16.5	+
ミヤコザサ	0.39	27	69.23	12.7	+
ブナ	9.14	414	45.30	8.3	+
クリ―ミズナラ	6.80	295	43.37	7.9	+
ブナ―ミヤコザサ	9.07	194	21.38	3.9	−
湿地	1.21	12	9.96	1.8	−
ニッコウウラジロモミ	1.60	4	2.50	0.5	−
低木林	4.80	9	1.88	0.3	−
コメツガ	14.24	13	0.91	0.12	−
アスナロ	1.22	0	0	0	−
皆伐地	0.13	0	0	0	−
ヤナギ	0.14	0	0	0	−
不明タイプ	1.94	0	0	0	−

*: Bonferroni-test, $\chi^2 = 14497.255$, df = 14, $P < 0.001$
"＋" 選択、"−" は忌避を示す.

辺との距離、斜度、方位を調べた。シカが測位された地点を含むグリッドにおける環境要素を読みとり、その利用頻度を求めた。環境要素内におけるカテゴリー別の選択性を統計解析し、選択と忌避を判定した。また、主成分分析によりシカの土地利用に影響する環境要素を抽出した。

3. シカに好かれる土地、避けられる土地

追跡したシカは、成獣メス7頭、成獣オス4頭と亜成獣オス2頭の合計13頭であった。今回はこの13頭の位置データを統合して土地利用の解析を行った。

植生タイプごとのシカの利用度を表❶に示す。湿原の利用度が28.4％ともっとも高く、カラマツ林からクリ―ミズナラ林までの6種類の植生タイプが選択されていた。一方、ブナ―ミヤコザサ群落からヤナギ林の8種類の植生タイプは忌避され、このうち、アスナロ、皆伐地、ヤナギは利用が観察されなかった。シカが選択した植生タイプは、林冠から多くの光が透過するため、林床にはシカの好む草類であるイネ科やカヤツリグサ科の種数や現存量が豊富であったと考えられた。忌避された植生タイプは木の密度が高く、あ

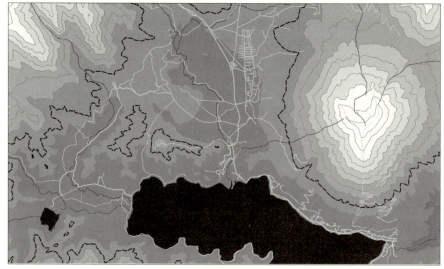

図❶ 調査地域における標高、水域と道路の分布位置図。等高線100mおきにグラディエーションし、高標高ほど灰色が薄い。波線は標高1500m、黒は湖、河川などの水域、白線は道路。

るいは林冠が密であり、林床の草類は種類も現存量も少ないと考えられた。シカの植生タイプ利用は、餌植物の多様性と現存量に依存しているということが推測された。

利用された標高域については、測位点の94％が標高1500m以下で確認され、シカは調査地域の最低標高1265mから1500mまでを選択して利用し、1500m以上は忌避していた（図❶）。1600m以上の植生はコメツガ林とウラジロモミ林で、木の密度は高く、林床に餌植物はほとんどない。また、過密な林内は行動にも不便であり、この標高域は危険回避のために一時的に利用するに過ぎないと考えられた。

シカは道路から300m以内の区域を選択し、500m以上はほとんど利用しなかった。この結果はこれまでの報告[7-9]や我々の夜間スポットライト調査の結果[10-11]にも一致した。これは道路による林縁効果で、道路脇にシカの餌となる草類が豊富であったものと考えられた。

表❷ 環境要素の主成分に対するスコア

環境要素	主成分				
	1	2	3	4	5
標高	0.8	-0.1	-0.3	-0.1	-0.5
道路距離	0.7	-0.3	-0.3	0.3	0.4
水辺距離	0.3	0.8	0.1	0.5	-0.1
斜度	0.4	-0.3	0.8	0.2	-0.1
方位	0.6	0.4	0.2	-0.6	0.2

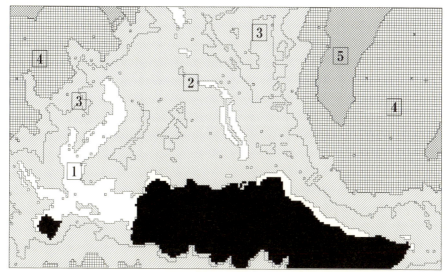

図❷ 統合利用度によるニホンジカの土地利用適合度。黒は湖、河川などの水域。数字は適合度（表❸参照）で、1: 最適、2: 高適、3: 中適、4: 低適、5: 不適。

表❸ 土地利用適合度による奥日光地域のシカ生息適地評価

利用度（％）	利用度ランク	面積（km²）	面積比（％）
0 – 4.9	不適	14.90	25.0
5 – 9.9	低適	12.47	20.8
10 – 14.9	中適	12.75	21.3
15 – 19.9	高適	15.23	25.5
20 – 24.03	最適	4.38	7.3

また、水辺から300m以内を選択し、500m以上は忌避した。シカは水源にあまり依存しない動物であることが指摘されているため、飲水のためではなく、道路距離と同じ林縁効果であると考えられた。

斜度については、0-9.9°と20-29.9°の斜面を選択的に利用し、10-19.9°と30°以上は忌避した。この結果については、10°以下の斜面には林道や川が多く分布しており、林縁効果が生じたためと考えられた。また、20-29.9°の斜面は林道や川からの距離が遠く、反芻や休息に利用されたためと推測された。それに対して10-19.9°の斜面は、採食・反芻・休息のいずれにも中途半端であるため忌避し、30°以上の斜面は餌植物が少なく、かつ歩きにくいため忌避したものと考えられた。方位については、シカはおおむね南向きの方位

(90-134.9°と225-270°)を選択し、北向きの方位(0-90°と270-360°)を忌避した。南向きの方位を選択した理由は、太陽の光がより強く、高山では林床にシカの餌植物が多く、気温も高く、シカの採食や反芻あるいは休息によいためと考えられた。

こうしたシカの土地利用は、さまざまな環境要素の影響を受けた結果である。これらの環境要素は相互に影響しあう。そこで主成分分析を用いて、土地利用に影響する主要な要素を抽出した。なお、植生タイプは類型データであり主成分分析には適さないため、これを除いた五つの要素で分析した。その結果、第一主成分のスコアが高い要素は標高と道路距離であった(表❷)。これは、シカが反芻や休息場に適した標高を選択し、採食場を林道沿い(道路距離)に求めているためと考えられた。水辺距離と斜度はそれぞれ第2と第3主成分に高いスコアを持ち、シカの土地利用に上記とは異なる影響を及ぼしていると思われた。

シカの追跡結果から6種類の環境要素に対する平均利用度を求めた。これを用いてシカの土地利用に対する適合度(=統合利用度)を予測した。図❷は各グリッドの統合利用度を示しており、表❸は適度を5%の幅で五つのランクに分け、その面積を求めたものである。この解析により適度の高い(最適と高適)土地は全体の3割程度であることが分かった。

4. 奥日光での研究を振り返って

本調査地の戦場ヶ原や小田代原は、奥日光のもっとも平坦な地域である。この地域はおもな越夏地でありシカの密度が高い。この周辺は観光客の多い地域であるが、シカの林縁利用に大きな影響は確認できなかった。これはシカがおもに夜行性の動物で、昼間の観光活動に影響を受けないこと、かつ、昼間でも観光客は林道からあまり離れないため、シカに対する影響はほとんどないためと考えられた。夜間と昼間に分けて比較して分析すれば、この点はもっと明確になり、シカの保護管理に対し示唆を与えるかもしれない。

調査地域にはシカと競合する中・大型草食動物がいない。また、かつての捕食者オオカミも、日本ではおおよそ百年前に絶滅したので強力な天敵がない状態である。奥日光にはノイヌが生息するが、個体数が少なくシカの土地利用に与える影響は大きくないと考えられる。一方、シカたち自体は日光の自然生態系に影響を与え、植物だけで[11]

はなくチョウやネズミなどの動物相も変わり続けており、地域の自然生態系が変容している(12)。この視点から、私たちの後にシカを中心とした相互作用についての多くの研究が行われた(第2章を参照)。

日光のシカ個体群には、地球温暖化による個体群イラプション(急増)が生じている(2,13)。日光のシカ密度は高過ぎると言えるので、保護管理のための密度調整は不可欠である。一方で、私(李)がいま携わっている中国などの地域においては、保護動物としてシカ類など草食獣の個体群密度を上げる努力が必要である。そのために、奥日光で学んだ林縁効果を応用したいと考えている。

〈引用文献〉
(1) Li, Y., Maruyama, N., Koganezawa, M. & Kanzaki, N. 1996. Wildl Cons Japan 2: 23-35.
(2) 李　玉春. 1998. 東京農工大学博士学位論文.
(3) 長谷川順一. 2008. 栃木県の自然の変貌〜自然の保全はこれでよいのか〜, 自費出版, 栃木.
(4) 本間和敬. 1995. 上越教育大学修士論文.
(5) Li, Y., Homma, K., Ohnaka, K. & Koganezawa, M. 2006. Acta Zool Sinica 52: 235-241.
(6) 薄井　宏. 1986. 日光の動植物(日光の動植物編集委員, 編), pp. 46-57. 栃の葉書房, 栃木.
(7) 丸山直樹・関山和敏. 1976. 哺乳動物学雑誌 7: 9-15.
(8) 丸山直樹. 1981. 東京農工大学農学部学術報告 23: 1-85.
(9) Takatsuki, S. 1989. Ecol Res 4: 287-295.
(10) Koganezawa, M. & Li, Y. 2002. Mamm Study 27: 95-99.
(11) 小金澤正昭・佐竹千枝. 1996. プロ・ナトゥーラ・ファンド助成成果報告書 5: 57-66.
(12) 岡田拓也・須田知樹. 2012. 地球環境研究 14: 1-6.
(13) Li, Y. & Koganezawa, M. 2004. Acta Zool Sinica 50: 27-31.

Topics
奥日光のシカはいつ出産しているのか？

　子ジカはいつ生まれているのだろうか。出産時期は、シカの個体数管理の基礎情報となるため、4月から8月の夜間に奥日光の千手ヶ原で子ジカのカウント調査（写真❶）を行った。

　4月は1頭も子ジカに出会うことがなく、今日こそはと思いながら調査にでる日が続いた。5月下旬になると、地元の方から、子ジカを見かけたという情報が得られた。そして、6月の上旬、ついに1頭で草の中に伏せている子ジカに出会った。大きな目でじっとこちらを覗っていた。その日以降、8月上旬までに、1頭で伏せている子ジカを11頭発見することができた。8月中旬以降は、母ジカとともに連れだって行動している子ジカのみを見かけるようになった（写真❷）。子ジカは、生れてから1週間程度経つと母ジカと行動を共にすることが報告されているため、初めて子ジカを観察した6月上旬と、1頭でいた子ジカの頭数が頭打ちになった8月上旬の中間である7月上旬が出産のピークであると推定された（図❶）。

　また、踏査以外にも、栃木県で毎年行われている有害駆除で得られた胎児の体重から出産時期を推定してみたところ、出産時期は5月上旬から8月下旬であり、特に5月下旬から6月上旬に集中していることが明らかとなった。

　踏査の結果と胎児の体重の解析結果を併せて考えると、奥日光のシカの出産時期は5月

写真❶　子ジカのカウント調査の様子

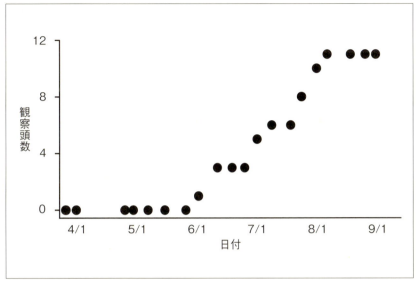

図❶　1頭でいた子ジカの累積頭数

写真❷　シカの親子

から8月で、そのなかでも5月下旬から7月上旬の出産が多いと考えられた。

（岩本　千鶴）

〈引用文献〉
(1) 飯村　武. 1980. シカの生態とその管理—丹沢の森林被害を中心として—. 大日本山林会, 東京.
(2) 岩本千鶴・松田奈帆子・丸山哲也・小金澤正昭. 2009. 野生鳥獣研究紀要 36: 18-20.

カモシカの日周行動と採食物

松城　康夫

1. カモシカ研究のはじまり

　私は1993年4月から1994年5月にかけてニホンカモシカ（以下、カモシカ；写真❶）を直接観察し、日中の行動記録を行った。調査地は足尾町赤倉の周辺地域で、観察対象は電波発信器によって識別された17歳（ハリオ：成獣）と3歳（ステキチ：亜成獣）の2頭のオスであった。観察時間の合計は、ハリオが約350時間、ステキチが約99時間となった。

2. 行動の種類

　直接観察により確認された24種類の行動を、四つのカテゴリーに分類した（表❶）。また、観察時間が長かったハリオについて、各季節における行動の観察時間割合を示した（表❷）。

　各カテゴリーの観察時間の割合は、非活動がもっとも多く、なかでも休息が大半を占めていて、秋から春にかけて多くなる傾向がみられた。次いで多かった活動は、採食や移動採食で、その頻度は夏に高く秋から冬は著しく低くなった。しかし、1回の持続時間は夏に短く、秋から冬に長くなる傾向があった。社会行動は1％以下で、行動としては眼下腺のこすりつけ（ニオイのある分泌物を木の枝などにつけるマーキング）が大半であった。この行動は成獣のハリオがより多く行い、その頻度は交尾期に高くなり、採食の合間などに行うのではなく、眼下腺のこすりつけのための移動が高い割合となっていたことが特徴的であった。

　ステキチは、冬の間だけハリオと行動圏を重複して過ごし、春になると約1.5km北側へ移り冬まで過ごすといった、季節で行動圏を変えた個体である[1]。また、ステキチとハリオの間には、角合わせや追いかけ合いといった行動も観察されたが、お互いに数mの距離で採食や休息をするなど、同性他個体を排除する本種としては珍しい行動が見られた例である[2]。

写真❶　森林内で遭遇したニホンカモシカ

表❶　観察された行動カテゴリーと観察時間割合

区分	行動内容	ハリオ	ステキチ
非活動	・位置の移動が伴わない行動 休息、反芻(座位)、立ち上がり、静止、反芻(立位)	83.0%	83.0%
活動	・多少とも位置が変化する行動 移動、移動採食、採食、飲水、岩なめ、排泄	15.0%	17.0%
社会行動	・同種他個体に対して、直接、間接的に働きかける行動 直接的：警戒(同種)、見合い、角合わせ、角付き、角合わせ姿勢、追いかけ、逃避、接触 間接的：眼下腺こすりつけ、角こすり、尻こすり、フレーメン	0.8%	0.4%
その他	・異種、人に対する警戒 警戒(他種)	0.4%	0.1%

表❷　各季節における行動の観察時間割合(ハリオ)

区分	春 (4月下旬～6月)	夏 (7月～9月)	秋 (10月～12月)	冬 (1月～4月中旬)
非活動	74.4%	79.6%	92.1%	90.4%
活動	24.3%	19.2%	7.2%	8.1%
社会行動	0.9%	0.8%	0.6%	0.9%
その他	0.4%	0.4%	0.1%	0.6%

観察時間：春(5990分)、夏(5536分)、秋(4811分)、冬(4691分)

3. 食物

調査地で観察できた食物は、春から夏が8種、秋から冬が13種であった。表❸には観察時間が長かったハリオのデータを示した。その採食時間割合を見ると、ヘビノネゴザが春から秋にかけて多く、次いでイタドリが占めていたが、冬には人為的な食べ物が半分を占める結果となった。

　ヘビノネゴザは「重金属植生(3)」と言われる当該地域に特徴的な植物で、別名は金山シダである。広く生育しているため、木本がほとんどない場所を利用している本種にとっては重要な資源であった。また、上述した行動との関係で、秋には食物の消化に関わる反芻の時間割合がもっとも高かったが、採食時間割合、回数はもっとも下がっていた。このような差がでる理由としては、食物の繊維成分や水分などの栄養組成と関係していることが考えられ、その関係が明らかになれば、行動のリズムがより明らかになってくるものと考えられた。

〈引用文献〉
(1) 栃木県教育委員会. 1996. 足尾のカモシカ. 宇都宮大学付属演習林, 栃木.
(2) 阿部　永. 2005. 日本の哺乳類【改訂版】. 東海大学出版会, 神奈川.
(3) 佐々木寧. 1986. 日本植生誌 関東(宮脇昭, 編), pp. 388-394. 至文堂, 東京.

表❸　採食が確認された各植物に対するカモシカの採食時間割合

食物名	春	夏	秋	冬
ヘビノネゴザ	53%	90%	48%	-
イタドリ	41%	9%	8%	-
ヨモギ	1%	-	13%	-
ヤシャブシ	2%	-	4%	-
ススキ	-	-	10%	-
人為的な食べ物(キャベツ等)	-	-	-	53%
ハコベ	-	-	-	46%
その他	3%	1%	17%	1%

日光におけるサル研究のアプローチ

今木 洋大

1. 人里を徘徊するサルたちの生態

　人里を徘徊し、お年寄りが丹精込めて作った野菜を食べ、収穫時期を迎え金色に輝く稲穂を頬張り、たまに人家に入り込み仏壇からお供えを盗む。そんなサルたちの生活が実際はどんなものなのだろう？なぜサルたちは人里付近を利用するようになったのだろう？こんなサルたちの将来はどんなものになるのだろう？こんな単純な疑問を持って、旧日光市と今市市で1991年から10年近くもサルを追いかける調査生活が始まった。そしてデータを収集、解析する必要性から、テレメトリ、リモートセンシング、そして地理情報システム（GIS）等のテクノロジーを野生動物の研究に取り入れていくことになっていったが、1990年代のほとんどを日光でサルを始めとする野生動物を追いかけていたので、ここで振り返って、宇都宮大学の小金澤正昭先生のもとでサルの調査を行っていた私たちが何をしていたのか、そして何が分かったのか紹介する（写真❶）。

2. ニホンザルの研究アプローチ

　私が調査を始めた1991年の終わりご

写真❶　人家の屋根で休む親子のニホンザル

第1章　動物の生き方を知る～生態と保全

ろは、小金澤先生が、日光市のいろは坂付近に生息していたA群、B群と呼んでいた群れをすでに10年近く追跡しており、サルのテレメトリ調査方法(1)、捕獲方法(2)が確立されていた。また、その当時金沢大学の博士課程に在籍していた竹内正彦さんが、小金澤先生とともにテレメトリ追跡データをその当時の最新の方法で解析するために、調和平均法（harmonic mean method）による行動圏推定(3)、追跡データの誤差推定(4)、個体数推定、などを研究に積極的に取り入れていた。さらにその当時は、野生動物保護管理事務所で働いていた東英夫さんを始めとする皆さんが、旧足尾町でシカとカモシカに発信器を積極的に取り付け、個体群動態、環境利用、季節移動、そして種間関係などをテーマに調査を行っていた。そのため、私もサルの調査にテレメトリを使うのが当然という雰囲気だった。そのなかで私の調査は、その当時小金澤先生が一時的に追跡をしていた、国立公園内であるいろは坂周辺より標高が低く、環境的にもスギやヒノキの植林地が優占する地域のサルの群が対象となり、それまで手薄であった低標高地のサルのテレメトリ追跡がおもな内容になった。その後、修士、博士課程へと進むことになったのだが、その間、一貫して行っていたのが、このテレメトリ調査である。

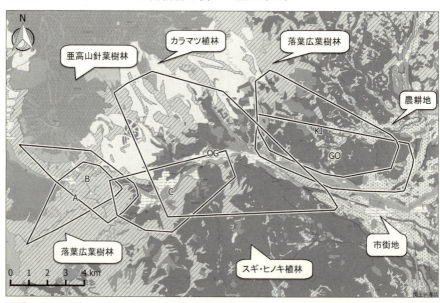

図❶　日光で追跡した6群の行動圏。国土地理院の地理院地図および環境省の現存植生図を基に背景図を作成

複数の群れをほぼ同時に追跡できるのは、テレメトリ法の特徴である。当時のサル研究の多くは、個体識別を行い、一つの群れを徹底して追跡するというのがスタンダードであったが、私たちは、ひたすら発信器をサルに装着し、追跡する個体数を増やしていった。サルのテレメトリ調査の最盛期には、当時宇都宮大学の修士課程に在籍した奥村忠誠さんが追跡した奥日光のSy群と、日光、今市周辺で私が追跡した合計6群（A, B, C, OG, KI, GO）（図❶）、宇都宮大学の学部生であった亀田政宏さんが追跡した、単独オスやオスグループを含め、多数の個体を追跡していた。その結果、日光国立公園の自然林から、旧今市市の農耕地とスギ・ヒノキ植林地がモザイク状に分布する地域にかけ、多様な環境に生息するサルを追跡することができ、環境勾配に応じたサルの環境利用と個体群動態の解明がテーマとなった。

　自然林内のサルの生態だけではなく、保護管理の視点から、農作物被害を出している群れの生態を明らかにすることが私たちの大きな研究目的であった。日光、今市の標高の低いところでサルの調査をする、ということは、おのずとサルによる農耕地、スギやヒノキ植林地、人家周辺の環境の利用がテーマになる。私が大学で研究をしていたころは、ちょうど1970年代からの「猿害問題」に関わる一連の野外調査が収束し、一方、立花隆の「サル学の現在」に代表されるように、サルの研究はむしろ海外のサルの生態学的もしくは社会学的な研究が華やかなころであった。もちろん、そのころもサルによる農作物被害は全国各地で起きており、行政的には大きな課題ではあったが、効果的な防除策の提言や科学的モニタリングに基づく保護管理はまだ始まりかけのころで、研究的にはあまり魅力のない動物と映っていた。「そんなショボくれたサルを追いかけて何が面白いの？」と言われたこともある。被害対策といえば、地元猟友会に行政が依頼して行う有害鳥獣駆除がほとんどで、その被害対策効果も、有害駆除が個体群に及ぼす影響の評価もなく、地元任せの被害対策と農家の諦めがサルの保護管理を取り巻く環境であった。このようにほとんどの野生動物の研究者がサルの保護管理に興味を示さないような時代だったが、私たちサルグループのテーマは、保護管理の基本となるデータの収集、特に私に限っては、農耕地周辺を利用するサルの行動圏、環境選択、季節移動、食性、個体群動態などについて、テレメトリ法を切り口として明

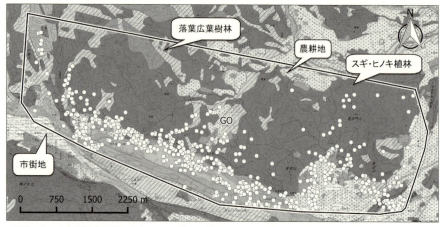

図❷ もっとも低標高地域に生息するGO群の行動圏と土地被覆タイプの利用。点は群れを観測した地点を表す

らかにすることであった。[5]

3. 環境選択と各土地被覆タイプの利用パターン

6群の追跡データを解析して明らかになったことは、サルたちの環境選択性には季節性が見られ、その選択傾向も利用可能な生息環境によって変化するということである。まず低標高地で大きな割合を占めるスギ・ヒノキ植林地は、その利用可能量に応じてある程度サルたちに利用されていた。[6]その一方で、農耕地は、畑に作物がある時期には積極的に利用され、その他の時期では利用可能量に応じた利用が見られた。落葉広葉樹林に対しては、どの群れでも通年統計的に有意な選択性が見られた。スギ・ヒノキ植林地は忌避され、農耕地は、有意な選択性が見られるのではないか、と単純に予測していたが、食物の利用可能量が少ないものの、移動やカバーとしては利用できる植林地と、特定の時期に食物が豊富になる農耕地を組み合わせて巧みに環境に適応していた。一方、ブナ、ミズナラ、コナラなどを主とする落葉広葉樹林は、季節ごとにさまざまな食物をサルに提供し、[7]カバーも提供できる安定した生息環境であるため、サルたちに通年選択されていた。生息環境が落葉林、植林地、農耕地など、さまざまな土地被覆タイプがモザイクに混ざる環境のなかで環境選択の研究を行うことで、サルがどのように環境を利用するか、明らかになっていったのである。

環境選択性の解析は、それだけでも

面白い研究テーマだったが、データの解析は、土地被覆タイプや斜面傾斜、方位などの環境情報をサルの位置情報に紐付けし、面積から計算した各環境タイプの利用可能量と、実際にサルが利用した頻度を比較するという、比較的単純な解析である。サルの植生タイプに対する大まかな選択性は見られるが、実際にそれらの環境をどのように使っているのか、ということは不明のままである。すなわち、サルたちの環境選択性を、ランダムに環境を利用した場合と比較することによって統計的に結論を導き出す手法である。

そこで私が着目したのは、サルが各土地被覆タイプを利用する際、その選択性には空間的な独立性は保証されないという点であった。たとえば、サルは植林地内の一部に偏った利用をしており、その偏りは植林地以外の資源の分布で決まってくるだろうと考えたわけである。そこでその解析をするためにGISが活躍することになった。土地被覆のGISポリゴンデータを作成し、ポリゴンの境界からの距離を示すラスタデータを発生させることで、各土地被覆タイプの境界からの距離とサルの利用頻度の関係を調べたのである（図❸）。すると面白いことがわかってきた。スギやヒノキの植林地では、林縁付近が積極的に利用される一方、林縁から離れると利用頻度が大きく落ちたのである。(6-7) 一方、落葉広葉樹林では、そのような林縁からの距離に依存した利用パターンは不

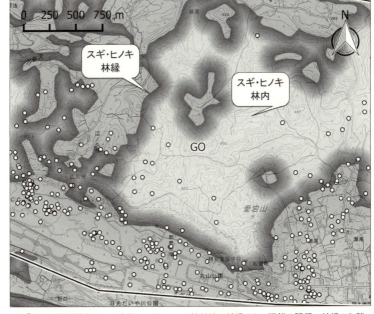

図❸　GO群が観察された地点とスギ・ヒノキ植林地の林縁からの距離の関係。林縁から離れるほど色が薄くなる。図中の直線は、GO群の行動圏の外郭を示す

第1章　動物の生き方を知る～生態と保全

明瞭で、林縁から離れた場所も利用していた。そして予想通り、農耕地は、その周縁部だけをサルは利用していた。これらをさらに推し進めて考えると、サルは、農耕地を利用する際、カバーとしては隣接する植林を活用するという、組み合わせて使う環境利用の姿が浮き彫りになってきたのである。もちろん、植林地の林縁から50m付近までには、林内に比べ下層植生やマント群落により、サルが利用できる資源が多いことも(7)、サルの植林地の林縁利用を促進すると考えられた。

4. 行動圏と季節的移動

日光では、1970年代に東京農工大の丸山直樹先生が中心となって行っていたニホンジカの季節移動の研究から(8)、この地域の野生動物の生息には積雪が一つの鍵を握ることが明らかとなっていた。そこで、6群の追跡から、サルにも季節移動パターンがあるか、あるとしたら何が引鉄になり移動が起きているのか調べた。その結果、積雪を代表とする気象条件と食物のフェノロジーによって、サルにも小規模な季節移動が見られることが明らかとなった(9)。具体的には、高標高のいろは坂から女峰山の麓、東照宮周辺までに生息する群れでは、春から夏にかけてより標高の高い地域を利用し、冬にはその逆に標高の低い地域を利用するというパターンを示したのである。その一方で、旧今市市の一番標高の低い地域を利用する群れは、利用する地域に標高の変化が見られない、定住型と呼べるような移動パターンを示した。季節的な行動圏の配置は、落葉樹の葉が開いている季節（着葉期）と落葉期に分けると、季節移動型では着葉期には高標高、落葉期には低標高に分離し、定住型では両季節とも大きく重なる配置になった(7,9)。

それではなぜ、季節移動が起きるのだろうか？その原因の一つとして着目したのが春から初夏にかけて一斉に伸びるミヤコザサのシュート（未展開葉）である。サルたちが高標高域に移動し始める時期に群れにくっついて山の中を歩いていると、おのずと目にするのが、一日中熱心にササのシュートを引き抜いて食べているサルたちの姿である。表日光と呼ばれる女峰山の麓のOG群を追跡していると、シュートを引き抜くときの音がそこら辺から聞こえてくる。サルたちが高標高域へ移動する時期は、ちょうど落葉樹の葉の展開が終わりかけ、比較的利用できる食物の種類が減る夏場との端境期でもあるため、ミヤコザサに着目するのは面

目そうだと考えたわけである。具体的には、いくつかの標高帯ごとに調査区を設けてミヤコザサにマーキングをし、ミヤコザサの利用可能量を定期的に計測して、どの時期にどの標高帯でミヤコザサのシュートが一番手に入りやすいか調べた。その結果、季節移動を行うサルたちは、各標高帯のミヤコザサの利用可能量が多くなるタイミングに合わるように、より高標高域へ移動していくことが見えてきたのである。(7)

一方で、低標高域にサルたちを押し下げる直接の原因は、積雪であると考えた。これは、前述した丸山先生たちが行っていたシカの季節移動の研究からも明らかなように、日光地域に生息する動物たちの冬の行動を規定する大きな要因である。ただし、サルたちの場合はそれほど明確に積雪と移動の時期が重なっていたわけではなく、秋の食べ物を追いかけながら行動圏内のさまざまな場所を利用しているうちに、雪により高標高域へ移動できなくなってくる、というイメージであった。

5. 野生動物の保護管理と地理情報システム

地理情報システム（GIS）は、位置によって関連付けられたさまざまな情報を集積、保存、解析、表示するためのツールである。サルに関しては、テレメトリ追跡で集めた位置情報を基に、土地被覆、地形、標高、気象等の環境情報を重ねあわせ、サルの生息環境を解析する研究に利用できる。また、保護管理計画の策定、実施、モニタリング調査といった、実際の保護管理に関連する情報の多くは位置情報を含んでいるため、GISを利用することで効率的な情報の収集、蓄積、解析、表示、共有ができるようになる。サルと同時にパソコンが好きであった私たちサルグループは、1993年ころからGISを研究に積極的に取り入れていた。当時は基本的なGISデータすら整備されておらず、すべての情報は紙の地図から地理情報を読み取り、パソコンで入力していたが、野外で苦労して集めてきた位置情報をパソコン上で解析できる魅力にはすっかり取りつかれてしまったのである。現在もGISを専門としている私にとっては、小金澤先生と始めたGISの取り組みがすべての始まりである。基本的なサルの環境選択性と行動圏推定(9)、林縁の利用パターン(6)、広域のサル分布、保護管理のためのゾーニング(10)等の研究にGISを最大限に活用するとともに、小金澤先生のもとに集まった学生とともに、データの解析ツールとしてGISを学んでいったのである。(11)

テレメトリ、GPS、リモートセンシング、そしてGIS等のテクノロジーを積極的に野生動物の研究に取り入れることは、調査やデータの解析を効率的に行えるだけではなく、研究に新しい局面を開かせる。最近では、統計ソフトウェアのRやGISソフトのQGISに代表されるオープンソースソフトウェアの充実で、だれでも高度な空間および非空間情報のデータ解析が行えるようになった。ネットワーク技術とスマートフォンの普及は、野外データ収集の効率と精度をさらに高めている。クラウドGISを活用すれば、野生動物の保護管理に関連する空間情報をリアルタイムで全世界と共有することもできるのである。GISに取り組み始めたころには夢でしか考えられなかったことが、いま現実となっている。振り返ってみると、日光の野生動物の調査は、いつも新しいテクノロジーを野外調査とデータ解析に活かすことが大きな共通の目標となっていた。そのため、これから野生動物の研究を日光で行っていく若い皆さんには、最新のテクノロジーを野生動物の研究に積極的に取り入れる、という日光の野生動物研究者の伝統を受け継いでいただきたいと思う次第である。

〈引用文献〉

(1) Koganezawa, M. 1991. In (Maruyama, N., Bobek, B., Ono, Y., Regelin, W., Bartos, L. &Ratcliffe, P. R., eds.) Wildlife Conservation Present Trends and Perspectives for the 21st Century, pp. 220-223, Japan Wildlife Research Center, Tokyo.
(2) 小金沢正昭. 1987. 霊長類研究 3: 29-32.
(3) Dixon, K. R. & Chapman J. A. 1980. Ecology: 1040-1044.
(4) Takeuchi, M. & Koganezawa, M. 1992. J Mamm Soc Japan 17: 95-110.
(5) Koganezawa, M. & Imaki, H. 1999. Primates 40: 177-185.
(6) Imaki, H. Koganezawa, M. & Maruyama, N. 2006. Biosphere conservation: for nature, wildlife, and humans 7: 87-96.
(7) Imaki, H. 2000. 東京農工大学学位論文.
(8) 丸山直樹. 1981. 東京農工大学農学部学術報告 23: 1-85.
(9) Imaki, H. Koganezawa, M. Okumura, T. & Maruyama, N. 2000. Biosphere conservation: for nature, wildlife, and humans 3: 1-16.
(10) 今木洋大, 泉山茂之, 岩丸大作, 岡田充弘, 岡野美佐夫, 蒲谷 肇, 小金澤正昭, 白井 啓, 森光由樹. 1998. ワイルドライフ・フォーラム 4: 35-52.
(11) 今木洋大・小金澤正昭. 1997. 哺乳類科学 36: 187-197.
(12) 今木洋大. 2013. Quantum GIS入門. 古今書院, 東京.

奥日光のサルに起きた群れの分裂を追って

奥村　忠誠

1. 奥日光にサルが現れる

奥日光地域では例年2月になると、山地帯の上部は最低でも20cm以上の雪に見舞われ、ニホンザル（以下、サル）は地表にある餌を食べることはできなくなる。そのため、積雪の少ない地域を求めて標高1300m以下に降りると考えられていた。しかし、1996年の冬に地元の人が奥日光地域でサルが越冬していることを確認し、その後の調査により1993年から1996年の間に奥日光地域に分布を拡大させたことが明らかとなった。サルは冬の栄養不足を秋の脂肪蓄積だけでは賄えないと言われており[1]、冬の間は1日の移動距離を短くすることで低温と積雪により奪われる消費エネルギーを減らすと考えられている[2]。それにしても、多いときには積雪が150cmに達し、最低気温が－20℃にもなる奥日光でどんな生活をしているのだろうか？

そこで、群れの追跡ができるように発信器の装着を行うことにした。箱ワナや麻酔銃を使って捕獲を試みたが、あまり人前に現れない群れであったために悪戦苦闘が続いた。なんとか最初の1頭が捕獲できたのは、修士1年の3月。1年かけてようやく調査ができる準備が整ったことになる。この個体の捕獲場所が男体山の南西にある菖蒲ヶ浜に近かったことから、この群れをSy群と呼ぶことにした（写真❶）。

2. 高標高に生息するサルは何を食べている？

まず手始めに食べているものを調べることにした。食べ物を調べるには直接観察により把握する方法と、糞から食べ物を調べる方法がある。直接観察による方法は群れに近づけないとデータが集まらないことから、糞を集めて食べ物を調べる方法を採用し、直接観察のデータは補足的に使うこととした。

集めてきた糞はポイント枠法という方法でその内容物を調べた。内容物からは年間を通して、ササを利用していることが分かった。特に、冬の12-3月

写真❶　奥日光に生息するSy群

と春先の5-7月は50％以上の高い割合で出現した。直接観察では、5-7月はほとんどが軟らかいササ類のシュート（未展開葉）を採食し、12-3月は成熟した葉を採食するなど、時期により採食する部位を分けていることが分かった。それ以外では、4月には広葉樹の新葉が利用され、5-7月にはサクラ類やモミジイチゴなどの果実が利用されていた。7月にはサルナシが利用され始め、8月にはヤマブドウ、その後12月くらいまではブナやミズナラの堅果類が多く利用されていた。

サルが高標高域に分布拡大を行うためには、冬季の気象や生息環境がもっとも重要となってくるが、そのなかでも冬季に安定的に得られる餌が重要であり(3)、それがこの地域ではササであるようだ。ササは冬季の餌のなかでは消化効率が高く(4)、かつ対象群の行動圏内には比較的一様に分布していることから安定的に得られる餌である。これが、高標高域で越冬できる要因の一つになったと考えられる。

3. 群れが分裂した！

Sy群は夏には太郎山と男体山に囲まれた地域を使い、秋には男体山の南西側を利用するような季節移動を行っ

ていた(図❶)。春先はヤナギの新芽、秋はサルナシ、ヤマブドウ、ブナを求めて、季節移動をしているようだ。これまでの研究でも、冷温帯地域に生息するサルの土地利用は、植物のフェノロジーに大きく影響を受けることが報告されている[6-9]。本研究で調査したSy群も明瞭な往復型の季節移動を行なっている点で先行研究と一致していた。

3月の追跡開始以降は順調に調査ができ、発信器の装着個体も9月には2頭増え、合計3頭の追跡を行っていた。そんな中、10月に入ると装着した個体が二つの集団に別れて行動することが多くなり、群れが分裂する気配がみられた。群れの分裂を観察することは稀なことであるため、貴重な経験であると感じた。その後も二つの集団はほとんど合流することなく、11月に入った時点で群れが分裂したと判断をした(図❶)。分裂前の8月に群れの頭数を数えたときには61頭であった。11月下旬にそれぞれの群れの頭数を数えると21頭と36頭となっていた。これまでと同じ場所を使っている21頭の群れをSy-1群、場所を変えた36頭の群れをSy-2群と呼ぶこととし、これ以降は2群を追跡することになった。

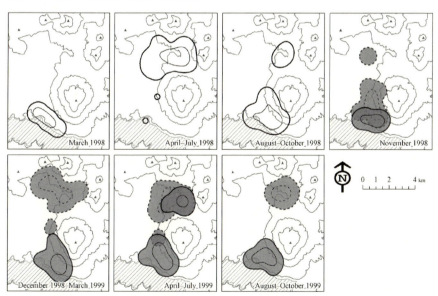

図❶ 奥日光に生息する群れの分裂過程における行動圏配置。白抜き実線がSy群、黒塗り実線がSy-1群、黒塗り破線がSy-2群を示す。内側の円はコアエリア(固定カーネル法の50%)を示し、外側の円は行動圏(固定カーネル法の95%)を示す。奥村ほか[5]より引用

4. 群れの分裂はなぜ起こったのか？

　分裂前後の違いから、分裂の要因を検討しようと思う。まず大きな違いは、分裂後の二つの群れでは周期的な季節移動が行われなくなったことである。季節移動が消失したことは、分裂後の行動圏で群れの維持に必要な食物資源を、季節移動をしないでも摂取できるようになったためだと考えられた。それを確かめるために、1頭あたりの行動圏面積を比較してみることとした（表❶）。群れの個体数が多いときは、一つのパッチで採食する量が減少し、1日の移動距離が長くなり、採食にかかるエネルギーが多くなる。(10)したがって、1頭あたりの行動圏面積が小さいことや移動距離が短いことは、狭い範囲で効率よく採食できることの反映であると考えられる。

　1頭あたりの行動圏面積が分裂後に小さくなっていた時期は、新芽を採食していた4月と堅果や果実のような集中分布している食物を採食する8-10月であった。逆に、分裂後に大きくなっていた時期は、おもにササ類のシュートを採食している5-7月であった（表❶）。

　また、分裂前後の群れの1日の移動距離は、4-7月の新芽やササを採食している時期では変わらず、果実を採食している8-10月では分裂後の移動距離が短くなっていた（図❷）。分裂後の2群の比較では、すべての時期において差はなかった。このことから、分裂は果実などの集中した餌を利用するときにメリットがあるのではないかと考えられた。

　さらに、分裂のメリットが大きい時期によく採食されていた堅果類について、糞に含まれていた量を見てみると、分裂の前後でほぼ同じ地域に行動圏を形成していたSy群の10月とSy-1群の11月では、その量が分裂後に増加していた（図❸）。すなわち、群れのサルの数が減ったことによって、集中している餌を効率よく食べられるようになったと考えられる。

表❶　奥日光において1998-1999年に生息した群れの1頭あたりの行動圏面積(ha)

群れ		4月	5-7月	8-10月	11月	12-3月	頭数
分裂前(Sy)		12	8	15			61
分裂後	(Sy-1)	5	38	7	4	10	21
	(Sy-2)	6	13	4	11	13	36
おもな食性		新芽	ササ類	果実・堅果	堅果	単子葉植物	

行動圏は最外郭法による。
季節は食性と分裂の時期により区分した。

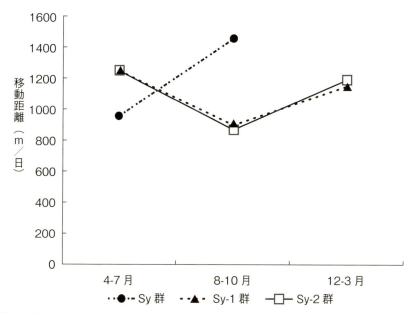

図❷　Sy群・Sy-1群・Sy-2群の季節ごとの日移動距離

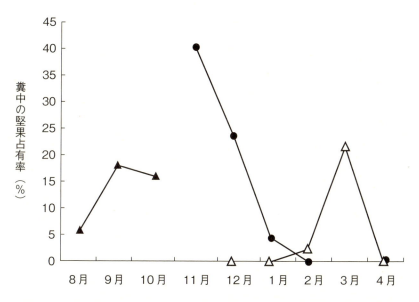

図❸　奥日光におけるSy群・Sy-1群・Sy-2群の糞の中に堅果が占める割合。期間は1998年8月から1999年4月までを示す。▲：Sy群；●：Sy-1群；△：Sy-2群を示す。Sy-2群の11月とSy-1群の3月は未調査

この時期に群れが分裂したことには、堅果や果実への依存度が関係しているのではないかと考えている。分裂が起こった年はブナが豊作であった。ヤクザルではヤマモモの豊作のときは採食時間の大半をその採食に費やし、行動圏もヤマモモの分布と一致していたが、凶作のときはヤマモモの採食時間はほとんどなく、執着性もみられない[11]。すなわち、豊作時にはその食物への依存度が高くなり、他の食物を採食しなくなり、凶作であればその食物に依存せずに、違う食物を探すと考えられる。堅果類の豊凶についても同じと考えられ、豊作のときは依存度が高くなり、その食物に執着するが、凶作であれば他の食物を多く採食するようになる。さらに、群れの個体数が多いときには群れ内での食物に対する競争が増える[12,13]。今回の分裂は堅果類の量の減少が影響して起こったのではないかと考えられた。

〈引用文献〉

(1) 綿貫　豊・中山裕理. 1997. ワイルドライフ・フォーラム 3: 51-55.
(2) Watanuki, Y. & Nakayama, Y. 1993. Primates 34: 419-430.
(3) Agetsuma, N. 1995. Int J Primatol 16: 611-627.
(4) Agetsuma, N. & Nakagawa, N. 1998. Primates 39: 275-289.
(5) 奥村忠誠・小金澤正明・平野公一. 2012. 野生生物保護 13: 1-7.
(6) Wada, K. & Ichiki, Y. 1980. Primates 21: 468-483.
(7) 泉山茂之. 1994. 日本林学会論文集 105: 473-476.
(8) 小金澤正昭. 1997. 宇都宮大学農学部演習林報告 33: 1-53.
(9) Imaki, H., Koganezawa, M. Okumura, T. & Maruyama, N. 2000. Biosphere conservation: for nature, wildlife, and humans 3: 1-16.
(10) van Schaik, C. P. 1983. Behaviour 87: 120-144.
(11) Hill, D. A. & Agetsuma, N. 1995. Am J Primatol 35: 241-250.
(12) Boccia, M. L., Laudenslanger, M. & Reite, M. 1988. Am J Primatol 16: 123-130.
(13) Whitten, P. L. 1983. Am J Primatol 5: 139-159.

栃木県のコウモリ事情

安井　さち子

1. コウモリ類とは

　コウモリ類は、唯一飛翔することができる哺乳類であり、南極や北極を除く世界中に分布する。1300種以上が確認されており、特に熱帯地方で種数が多い。体の大きさは1.5g-1.5kgといろいろで、また食べ物も果実や花の蜜、昆虫、カエル、ネズミ、魚などさまざまある。コウモリ類は、種の多様さや分布の広さなどから生物指標として注目されている。(1)また、生息地の破壊や分断化などにより、世界的におよそ4分の1の種で絶滅が危惧されている。(1)

　日本に生息するコウモリ類は35種で、沖縄や小笠原などに生息するオオコウモリ科の2種を除くと、すべて食虫性コウモリである。(2)食虫性といっても、なかには鳥も食べるヤマコウモリやクモも食べるノレンコウモリのような種もいる。(2-3)これらのコウモリ類が超音波を出すことはよく知られているが、この声を使って、採餌したり周囲の環境を把握している。つまり、音声（パルス）を発し、その反響音を聞き取って、エコーロケーション（反響定位）を行い、餌の大きさや位置などを知るのである。コウモリは基本的に夜間に採餌のために出かける。一方、昼間はねぐらで休息する。ねぐらは種により好みがあるが、洞穴や樹洞や建物などの中である。ねぐらでは休息するだけでなく、初夏には子どもを産み育てて、冬には冬眠するという生活を送っている。

　栃木県に生息するコウモリ類は、キクガシラコウモリ、コキクガシラコウモリ、クビワコウモリ、ヤマコウモリ、コヤマコウモリ、アブラコウモリ、モリアブラコウモリ、ニホンウサギコウモリ、ヒナコウモリ、カグヤコウモリ、ヒメホオヒゲコウモリ、モモジロコウモリ、ノレンコウモリ、クロホオヒゲコウモリ、ユビナガコウモリ、テングコウモリ、コテングコウモリの17種である。(4-6)比較的知られているのは、街に住むアブラコウモリや、洞穴に住むキ

クガシラコウモリくらいだろうか。ここでは、これまで私が関わった森林性コウモリ類の調査や、栃木県のコウモリ類の保全に関する問題について紹介する。

2. 栃木県のコウモリ相を調べる

私が栃木県のコウモリを調べるようになったのは、1994年に栃木県立博物館に勤め始めたとき、もう20年も前のことである。大学の修士課程を終えるにあたり仕事を探していたとき、栃木県立博物館で学芸嘱託員の募集があることがわかり、運よく働くことになった。そして、タイミングよく栃木県自然環境基礎調査が始まり、新人の私も調査員として参加させていただけることになった。学生時代にアブラコウモリを研究対象としていた関係で、コウモリ類の調査を任されることになったのである。当時、栃木県のコウモリ類の記録については御厨[7]にまとめられていたが、記録はおもに日光や塩原に限られ、記録も少なかった。そこで、まずは県内全域を対象として、どこにどんなコウモリがいるかを調べることにした。学生時代は東京都府中市の街中で調査していたが、今度は一転して、山のコウモリ、すなわち森林性コウモリを中心に調査をすることになったのである。

最初に苦労したのは、街のコウモリと森林性コウモリの調査方法がだいぶ違う点であった。街のコウモリであるアブラコウモリは、建物にねぐらをもち、開けた場所を飛翔する。ねぐらは、建物の下に糞が落ちているので見つけやすく、明け方に、コウモリがねぐらへ帰るところを走って追いかければ見つけることもできる。また、比較的平坦で開けた場所を飛んでいるので見通しがよく観察しやすい。一方、森林性コウモリはねぐら、もしくは採餌場所として、あるいはその両方として森林を利用する。夜の森は見通しがきかず、コウモリが飛んでいるところを肉眼で観察するのは困難である。そこで、かすみ網を使って捕獲するのである。かすみ網はもともと鳥を捕獲するための網であり、使うことも持っていることも法律で禁止されているため、環境省の許可を受けて使う。林道や沢などコウモリが飛びそうなところに、飛ぶ空間を塞ぐようにかすみ網を張るのだが、そんなに簡単には捕まらない。エコーロケーション能力により網を識別し、巧みに避けていく。網にかかったとしても、鋭い歯で網をかみきり逃げてしまい、丸く穴があいているだけのとき

もある。また、林冠上や高空を飛ぶコウモリもおり、そのような種をかすみ網で捕獲するのは困難である。このような難しさがあるものの、それでもこの方法はコウモリ相を調べるのにとても有効な手段であった。

3. 自然林とコウモリ

　栃木県の北西の山岳部には、自然林（老齢林）が広がっている。これらの地域を中心として、1995年〜1998年にかけて県内各地の森林計34地点で前述の捕獲調査をした。森林性コウモリにとって「原生林」が重要ということは経験的に多くの研究者により指摘されていた。実際のところ自然林やその近くで調査をするとコウモリが飛んでいて、人工林がおもな地域で調査をすると、コウモリがあまりあるいはまったく飛んでいなかった。この傾向が非常に顕著だったのが、ヒメホオヒゲコウモリ（写真❶）で、自然林では比較的多く捕獲されるのに、それ以外の地域ではまったく捕獲できなかった。ヒメホオヒゲコウモリの捕獲された地点と捕獲されなかった地点の周辺環境（半径0.5km、1km、2.5km、5km）を、生息標高680m以上の範囲で植生図から比較してみたところ、いずれも捕獲された地点の自然林面積の割合が有意に高かった。[8]

　ヒメホオヒゲコウモリはなぜ自然林のある地域でないと生息できないのだろうか。その理由を知るには、自然林をどのように利用しているのかを知る必要がある。そこで、私たちの研究グループでは、2001年と2002年に、ヒメホオヒゲコウモリに発信器をつけて、ねぐらの調査を行った。その当時、ヒメホオヒゲコウモリはねぐらとして樹洞を使うと考えられていたものの、日本では実際に森林のどこにねぐらがあるのか調べた例はなかったのである。一方、海外の研究で、ヒメホオヒゲコウモリと同属のある種では立ち枯れ木の樹皮下を使うと書かれており、ねぐらの予想がつかなかった。

写真❶　ヒメホオヒゲコウモリ

写真❷　ヒメホオヒゲコウモリのねぐら木（撮影：水野昌彦氏）

　調査地は、自然林が多い地域の一つであり、また地形がなだらかで調査のしやすい奥日光を選んだ。夜に捕獲したヒメホオヒゲコウモリ9個体の背中に発信器を装着して放獣し、日中に電波の発信場所からねぐらを探索した。この調査の結果、見つかったねぐら木16本中9本は立枯れ木であった。たとえば、5個体が利用していたハルニレの立ち枯れ木（写真❷）は胸高直径約24cmで、ヒメホオヒゲコウモリが利用していたのは、はがれおちそうな樹皮の下であった。よく観察すると、樹皮の隙間から空が見え、その中でコウモリが動いているのが分かった。巨木の樹洞をイメージしていた私は、簡易テントのようなねぐらに驚いたのだった。この調査の結果から、自然林のある地域でヒメホオヒゲコウモリがみられる理由の一つは、自然林には本種のねぐらとなるような立ち枯れ木が多いためと考えられた。奥日光でのその後のねぐら調査やコウモリ群集の研究についてはP95〜を参照していただきたい。

　現時点までの調査で（未発表データも含めると）、栃木県で種数が多いのは、奥日光、奥鬼怒、那須といった北

西の山岳部であり、それぞれの地域で10種以上が確認されている。栃木県の平野部ではおもにアブラコウモリが生息し、丘陵部ではおもに洞穴にすむ（洞穴性）コウモリが生息し、山岳部では洞穴性コウモリに、樹木にねぐらをもつコウモリが加わる。北西の山岳部で種数が多いのは、栃木県では標高が高くなるほど自然林があることと関係していると考えられる。

写真❸　クロホオヒゲコウモリ

4. 森林性コウモリの保全

栃木県に生息するコウモリ類のうち、環境省の第4次レッドリストで絶滅危惧種に指定されているのは、絶滅危惧IB類（EN）のコヤマコウモリ、絶滅危惧Ⅱ類（VU）のクロホオヒゲコウモリ、ノレンコウモリ、クビワコウモリ、モリアブラコウモリ、ヤマコウモリの6種である。コヤマコウモリを除き栃木県北西の山岳部で確認されている。前節で述べたように、栃木県北西の山岳部は種数が多く多様性の保全という観点から重要な地域であるが、絶滅危惧種の保全という意味でも重要な地域となっている。

しかし残念ながら、6種のうちクロホオヒゲコウモリを除く5種は県内での確認が数例以下であり、県内の分布さえ把握できていない。クロホオヒゲコウモリは、ヒメホオヒゲコウモリと同じ属であり、体が黒く体重が3-4gと非常に小さいコウモリである（写真❸）。本種は、南方系のホオヒゲコウモリの仲間を祖先に持つと考えられている[2]。クロホオヒゲコウモリの県内での分布は、これまでの捕獲結果からすると、湯西川や箒川上流部の一部地域に限定されている[10-11]。環境としては、たとえば、周囲にトチノキ・サワグルミ林やミズナラ二次林のある、湯西川の沢沿いの林道で捕獲されている。また、生息地は、山岳部であるが標高が低く（標高570m-850mくらい）、環境改変されやすい地域であるため、クロホオ

ヒゲコウモリの保全を進めるためにも定期的に生息状況を把握していく必要がある。

絶滅危惧種をはじめ、森林性コウモリ類の分布を把握するのは簡単ではない。なぜなら、捕獲調査は多くの場合1晩に1地点しかできないからである。そこで、栃木県及び茨城県において、分布データと周辺環境の関係をモデル化し、生息適地図を作成する試みが行われている（渡邉眞澄　未発表、家根橋圭佑　未発表）。また奥日光において、捕獲よりも効率的な音声調査が、声の判別にまだ課題はあるものの、試みられている（宮野晃寿　未発表）。今後は、捕獲調査に生息適地図の作成や音声調査も組み合わせ、保全のために必要な情報を提供していくことが必要と考えている。

5. 洞穴性コウモリの保全

コウモリ類の特徴の一つとして、大集団をつくることがあげられる。少数のねぐらに多数が集まる種は、ねぐらの重要性は非常に高くなる。洞穴性コウモリは、ヒメホオヒゲコウモリのような樹木にねぐらを持つコウモリと比較して、ねぐらでの集団が大きい傾向がある。栃木県でもっとも大きな集団をつくる洞穴性コウモリはモモジロコウモリで、県内では1000頭規模の出産哺育集団が確認されている[4]。キクガシラコウモリはモモジロコウモリよりも集団の規模が小さいが、ねぐらの数は多く、栃木県の洞穴で一番観察される種であり、県内では100頭規模の出産哺育集団も確認されている。洞穴性コウモリの保全のためには、このような出産哺育洞穴や冬眠洞穴、利用個体数の多い洞穴について、利用状況を定期的にモニタリングすることが必要である。県内の生息数は少ないもののユビナガコウモリのような移動能力が高い種もおり、近隣県の集団との交流についても把握する必要がある。

栃木県には地質的に鍾乳洞のような自然洞穴は少なく、コウモリが利用する洞穴の大部分は人工的な洞穴である。人工的な洞穴には、農業用水を流すのに使われていたトンネルや、鉱物をとるために掘られた穴、戦争中に掘られた防空壕などがあり、現在使われていないものが多い。洞穴探しをしていると、開発により洞穴のあった場所がなくなったり、入口が崩れていることもあった。危険防止のため穴の入口が閉鎖される場合もある。重要なコウモリ類の生息洞穴が消失しそうな場合には、生息場所の保全のための対策も

必要である。入口の閉鎖の際に、コウモリは通れるが人は通れない柵（バットゲート）をつける方法もある。

6. 最近のコウモリ事情

街中のコウモリと言えばアブラコウモリであったが、最近全国的に新幹線の高架橋がヒナコウモリのねぐらとして使われており、アブラコウモリほどではないものの、街中でも観察されるようになっている。群馬県などでは7200個体という集団も確認されている(12)。栃木県でも那須塩原市などの新幹線高架橋のスリットで哺育場所が確認されている（写真❹❺、安井さち子ほか　未発表）。ヒナコウモリのねぐらがある場所に近づくと、「キチッ、キチッ」と辺りに響き渡るような声がするのでコウモリがいることがわかる。新幹線の高架橋をコウモリが使うとは、私が栃木県で調査を始めた20年前には思いもよらないことであった。

またクビワコウモリとコヤマコウモリは、比較的最近（それぞれ2005年と2009年）になって栃木県での新分布が確認された(5-6)。なかでも大変希少なコヤマコウモリが、山岳部ではなく、真岡市の里山で捕獲されたことは意外で、先入観にとらわれず調査をする必要を感じた。本州に生息するコウモリは21種なので、まだ新分布が確認される可能性もある。

これからもコウモリのくらしを明ら

写真❹　新幹線高架橋のねぐらと周辺環境

写真❺　ヒナコウモリ

かにしつつ、栃木県のコウモリたちの今後を見守っていきたいと考えている。

〈引用文献〉
(1) Altringham, J. D. 2011. Bats: from evolution to conservation. Second edition. Oxford University Press, Oxford.
(2) コウモリの会. 2011. コウモリ識別ハンドブック　改訂版. 文一総合出版, 東京.
(3) Fukui, D., Dewa, H., Katsuta, S. & Sato, A. 2013. J Mamm 94: 657-661.
(4) 栃木県自然環境調査研究会哺乳類部会. 2002. 栃木県自然環境基礎調査とちぎの哺乳類. 栃木県林務部自然環境課, 栃木.
(5) 小柳恭二・安井さち子・小金澤正昭・小宮秀樹. 2007. 栃木県立博物館研究紀要―自然―24: 1-4.
(6) 吉倉智子・渡邊真澄・安井さち子. 2011. 栃木県立博物館研究紀要―自然―28: 45-49.
(7) 御厨正治. 1972. 栃木県の動物と植物（栃木県の動物と植物編纂委員会, 編）, pp. 174-233. 下野新聞社, 栃木.
(8) 安井さち子・上條隆志・繁田真由美・佐藤洋司. 2000. 哺乳類科学 40: 155-165.
(9) Yasui, S., Kamijo, T., Mikasa, A., Shigeta, M. & Tsuyama, I. 2004. Mamm Study 29: 155-161.
(10) 安井さち子・上條隆志. 1999. 栃木県立博物館研究紀要―自然―16: 77-80.
(11) 小柳恭二・安井さち子・小金澤正昭・神達和明. 2011. 栃木県立博物館研究紀要―自然― 28: 35-43.
(12) 重昆達也・大沢夕志・大沢啓子・峰下　耕・清水孝頼・向山　満. 2013. 群馬県立自然史博物館研究報告 17: 131-146.

奥日光の森に棲む
コウモリの多様なくらし

吉倉　智子

1. 森林に棲むコウモリ

　日本には北海道から沖縄まで、35種もの多様なコウモリがくらしている。基本的にコウモリは、昼間は休息し、夜になると夜空を飛び回って食事をしたり、仲間とコミュニケーションをとったりする。しかし、35種もいるので、からだの大きさや食べ物、すみかとなる場所もバラエティーに富んでおり、そのくらしぶりもさまざまである。

　そんなコウモリのくらしを気にかけている人はいったいどのくらいいるだろう。もっとも身近なアブラコウモリは民家に棲んでいるため、街中でも簡単にみることができるが、ほとんどの人は夕方コウモリが飛んでいても気づかず、コウモリといういきものの認知度はとても低い。一般の人に「私はコウモリの研究している」と言うと、「洞窟に入ってどんなことを研究しているの？」と聞かれる。確かにコウモリは洞窟の中でぶら下がって寝ているが、それ以外に何をしているのかは謎めいた生き物である。

　私が研究をしてきたのは、洞窟の中でも住宅地でもなく、私たちの生活から遠く離れた森の中である。実際、日本に生息するコウモリの多くは、ねぐら場所や飛翔・採餌場所として、生活の大部分を少なからず森林で過ごす「森林性コウモリ」なのである。なかでも昼間のねぐらとして樹木を使うコウモリは「樹木性コウモリ」と呼ばれ、森林と密接な関係にある。では、具体的にコウモリは森の中でどのようにくらしているのだろうか。ここでは、多様な森林性コウモリのほんの一部にすぎないが、コウモリと森林の関係を「昼間のねぐら場所」と「夜間の飛翔・採餌場」の両方からアプローチした研究について紹介する。

2. 奥日光地域のコウモリ相

　2007年春、私はコウモリと森林の関係についての研究を志し、P87～の執筆者であるコウモリ研究者の安井さち

子氏と、植生学を専門とする筑波大学の上條隆志教授に指導を仰ぐため、筑波大学大学院の門をたたいた。そして、大学のあるつくば市内から車でおよそ3時間、豊かな自然林が残る栃木県の奥日光地域を調査地とした。この調査地では、以前から安井氏をはじめとするコウモリ研究チームが捕獲調査や生態研究を行っていたため研究基盤があり、また、平坦な地形に自然林と人工林がほどよく配置されているため、私が知りたいコウモリと森林の関係を調査するのに最高に適した場所であった。

コウモリの捕獲調査は彼らが活動する夜間に行うことがほとんどである。真っ暗闇の森の中でヘッドライトの明かりを頼りに、深夜になるほど襲ってくる眠気と闘いながら作業を行う。また、自由に夜空を飛翔するコウモリを捕獲するのは至難の業である。夕方からかすみ網やハープトラップという捕獲ワナを設置し、通りかかったコウモリを捕獲するのだが、コウモリはエコーロケーション(反響定位)を巧みに使い障害物をよけるので、もちろんこのようなワナは見破られて回避されてしまう。しかし、人間の方も知恵をしぼり、コウモリが油断しそうな場所を選び、回避できないように網を張りめぐらせてコウモリを捕獲するのだ。このようにして2007～2009年の夏、我々は延べ約50晩を費やして、6属10種409個体のコウモリを捕獲した[3]。捕獲した種は、モモジロコウモリ、ヒメホオヒゲコウモリ、カグヤコウモリ、ノレンコウモリ、テングコウモリ、コテングコウモリ、ニホンウサギコウモリ(以下、ウサギコウモリ)、モリアブラコウモリ、ヒナコウモリ、ヤマコウモリという10種の森林性コウモリであった。なかでも、モモジロコウモリ、ヒメホオヒゲコウモリ、コテングコウモリ、ウサギコウモリの4種は捕獲個体数が50個体以上と多く、この地域を代表する優占種であることが分かった。この基礎データをもとに、3年間の調査のなかで、私は昼間のねぐら場所と夜間の飛翔・採餌場所を解明するために、二つの調査・実験を行った。

3. 昼間のねぐら場所

まず、森林性コウモリはどのような場所を昼間のねぐらとしているのだろうか？夜間に捕獲したコウモリの背中に小型発信器(およそ0.3g、電池寿命約10日)を張り付け、昼間にその発信音を頼りにねぐら場所を探した。コウモリは飛ぶことができるのであっという間に遠くへ飛んでゆき、森林空間を

三次元的に使いこなすのに対し、私たち人間は、重たい受信機とアンテナを担いで男体山麓の崖を登り、谷を越え、ひたすら歩き回ってねぐらに近づいた。さらに、ねぐら場所を細かく特定するために、双眼鏡で発信器の一部やコウモリそのものの姿が見えないか隈なく探し、ときには木登りをして隙間という隙間をのぞいた。それでも見つからないときは日が暮れてねぐらから出てくる時間まで待ち、赤外線カメラでターゲットを撮影した（ここまでやると、まるで探偵のよう）。この調査では、私はウサギコウモリを担当し、コテングコウモリについては同時期に調査した渡邉眞澄氏の結果（未発表）を、また、ヒメホオヒゲコウモリについては2001～2002年に安井氏、2004年に福田大介氏が調査した結果(4,5)を引用して解析を行った。

　優占種の4種のうち、洞穴を昼間のねぐらとするモモジロコウモリを除く3種は、樹木をねぐらとする樹木性コウモリであった(3-5)（未発表を含む）。コウモリたちは気に入ったねぐらは何度も使うこともあれば、毎日変えることもあった。その日の天候や気温、仲間とのコミュニケーションなども関係しているのだろう。また、ウサギコウモリだけが、樹木以外にも家屋や洞穴も使っていた。ある日、ウサギコウモリのねぐらを探していると、なんと私たちが寝泊まりしている大学宿舎から発信音が聞こえてくるではないか。よく調べると、数日おきに私たちが棲んでいる部屋のちょうど上の屋根裏をねぐらとしていたようで、夜になると換気口から出かけて行った。調査者とそのターゲットが同じ場所をねぐらとしていたとは、大変面白い経験をした。

　さて、3種が使った樹木のねぐらについてさらに詳しく調べてみた。すると、それぞれの樹木性コウモリが好む樹種や樹木の枯死具合、ねぐらの場所に特徴があることがわかってきた。まず、ヒメホオヒゲコウモリは、枯れかけている木やすでに枯死した木を好み、樹洞やはがれ落ちそうな樹皮の下をねぐらとする例がみられた(4,5)（写真❶）。樹種では、針葉樹のウラジロモミや広葉樹のミズナラがよく使われていた。い

写真❶　ヒメホオヒゲコウモリが昼間のねぐらにしていたウラジロモミの樹皮めくれ。矢印の部分がねぐら（福田(5)より改変）

ずれも大径木が多く、P87～のヒメホオヒゲコウモリの分布の話と同様に、ねぐらという視点からも老齢な針広混交林に依存している、真の樹木性コウモリといえる。(4-5)次に、コテングコウモリは樹洞や葉をねぐらとしていた(渡邉　未発表)。樹洞のねぐらは、ミズナラやズミなどの広葉樹が好まれ、キツツキが開けた穴も使われていたが、いずれも浅く小さなものだった。葉のねぐらには、ミズナラの折れた枝先の枯葉や、木に巻きついたヤマブドウの枯葉を使っていた(写真❷)。樹洞のねぐらの場合は、すべて生きている木であったが、広葉樹の葉のねぐらは、木は生きていても枯葉の部分が使われていた。このように小さな樹洞や枯葉を使うため、お尻や背中、発信器の一部が見えていることも多く、雨の日でもおかまいなしにねぐらからはみだして休息していた。あるときはハルニレの幹の少し窪んだところに張り付いて休んでいるものもいた。また、広葉樹の葉に限らず、針葉樹のカラマツの葉群に約20個体が集まり休息していた例もあり、発信器をつけていた個体は授乳痕跡のあるメスであったため、この集団は哺育集団の可能性もある。トゲトゲの針葉樹の葉の中で、ママ友たちが身を寄せ合って情報交換していたのかもしれない。最後に、ウサギコウモリは枯死しかけた木を好み、典型的な樹洞をねぐらとしていた。(3)コテングコウモリとは違い、からだをすっぽりと隠せる深い樹洞を好んでいるようだった。樹種は広葉樹が多く、特にナツツバキという木が好まれていた(写真❸)。この木が気になったので、奥日光のナツツバキと樹洞の有無について調べたところ、ランダムに調査したナツツバキの7割以上に樹洞があり、この木はどうやら樹洞ができやすい木であること

写真❷　コテングコウモリが昼間のねぐらにしていたヤマブドウの枯葉

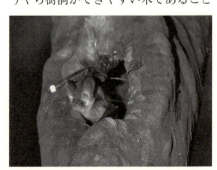

写真❸　ナツツバキの樹洞から出るウサギコウモリ(中川雄三氏 撮影)。コウモリの右手には個体識別用バンドと反射テープが付けてある

も分かった。樹洞は、枝折れや腐朽菌の侵入、寒冷地では凍裂など、いろいろな要因で形成されるが、いずれも木の枯死具合と関連し、健全な木よりも枯れはじめ、または枯死した木に多い（吉倉　未発表）。ウサギコウモリの好んだ樹木も、少し枯れはじめたような木が多かった。

　3種の樹木性コウモリのねぐらの好みをまとめると、ヒメホオヒゲコウモリでは枯死大径木の樹皮下、コテングコウモリでは小さな樹洞や枯葉、そしてウサギコウモリでは樹洞がねぐら選びの重要な鍵となっているようであった。樹木の視点からみると、生きている健全な木では小さな浅い樹洞や枯葉をコテングコウモリが使い、枯死しはじめると樹洞は拡大してゆき、立派な深い樹洞となってウサギコウモリが使うようになる。さらに樹木の枯死がすすみ、樹皮がめくれてくるとヒメホオヒゲコウモリが使うようになる。どうやら彼らは、森林内の樹木という資源をうまく使い分けてくらしているようである。

4. 夜間の飛翔・採餌場所

　次に、森林性コウモリはどのような森を好んで夜間に活動しているのだろうか？この疑問を解くため、自然林とカラマツ人工林という二つの森林タイプの調査地点を10地点ずつ（1晩1地点、計20地点）選び、かすみ網の枚数や設置の仕方などの捕獲条件をできるだけそろえて種数と捕獲個体数の比較実験を行った。もし自然林が好きならば、人工林よりも自然林で種数や個体数が多くなるはずである。また、それぞれ10地点のうちの5地点は水辺のある場所を選び、水辺がコウモリに好まれるのかも調べた。結果を楽しみに、夏の間じゅう昼夜逆転の生活をし、日の入りから日の出まで一晩中かすみ網を見回っていたため、私は当時8キロも痩せた。また、調査中は夜中にツキノワグマと遭遇したり、ニホンジカにかすみ網を破壊されそうになったり、フクロウやムササビが網にかかって大きな穴を開けられたりと多くのハプニングにも見舞われたが、奥日光の夜の森は生きものの気配であふれており、生きもの好きにはたまらない経験となった。

　夏の調査がおわり、調査結果を統計処理すると、仮説通りの結果となった。まず、自然林はカラマツ人工林に比べて森林性コウモリの種数が多かった。調査回数と種数の増加を表す種数累積曲線を描くと、カラマツ人工林では8

晩調査をおこなって最大の5種に達したが、自然林ではたったの2晩で5種に達し、最大8種のコウモリが捕獲された(図❶)。捕獲個体数については種で違いがみられた。ヒメホオヒゲコウモリとコテングコウモリはカラマツ人工林よりも自然林で多かったが、モモジロコウモリとウサギコウモリでは違いはなかった。また、森林内における水辺の存在も森林性コウモリ類の種数・個体数へプラスの影響を与えており、モモジロコウモリ、ヒメホオヒゲコウモリ、そしてコテングコウモリは水辺の森を好んでいた。水辺は餌となる昆虫の発生源であることや、線状に続くオープンな空間がコウモリにとって飛翔しやすい空間となっているためとも考えられている[7]。一方、ウサギコウモリは水辺のあるなしで捕獲個体数に違いはなかった。耳を使って餌を探すと言われるウサギコウモリにとって、川の流水の音は邪魔になるという説もあり[8]、他の種ほど水辺の環境にこだわりはないようである。

5. 森林内に多様なコウモリが棲める理由

森の中で多くの森林性コウモリが共にくらしている理由の一つとして、ねぐら資源の使い分けが考えられる。樹木という同じねぐら資源を使ってはいるものの、樹洞、樹皮の下、葉の中と

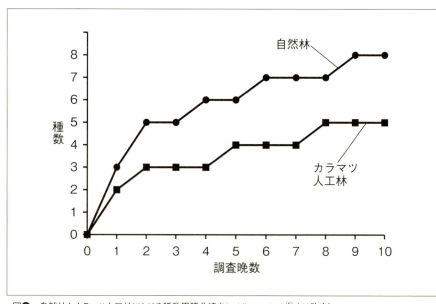

図❶　自然林とカラマツ人工林における種数累積曲線 (Yoshikura et al.[6] より改変)

いった樹木のさまざまな資源を使い分けていた。生態的な用語で言うならば、「ねぐらニッチの分割」と言えよう。さらに、夜間の飛翔・採餌場所での捕獲個体数を比較した結果を合わせてみてみると、森林性コウモリの自然林への依存の程度は、ねぐら場所と深く関わっていることがわかってきた（図❷）。自然林にしかみられないような枯死大径木の樹洞や樹皮下をねぐらとするヒメホオヒゲコウモリは、統計的にももっとも自然林に依存している種であることが分かった。次いで広葉樹の樹洞や葉を使うコテングコウモリも自然林に依存している種であったが、葉というどこにでもある資源を使うため、ヒメホオヒゲコウモリよりもねぐら選びの幅が広いようであった。この2種のコウモリは、いずれも樹木のみをねぐらとする真の樹木性コウモリである。一方で、樹木以外にも家屋や洞穴を使う"半"樹木性のウサギコウモリや、樹木は一切使わずに洞穴をねぐらとするモモジロコウモリでは、カラマツ人工林を嫌うことはなかったものの、樹木のみを使う2種ほどは自然林に依存していないようであった。海外の研究でも、森林性コウモリの森林における利用環境の違いは、ねぐら場所を反映していると言われており、私の研究でもその通りの結果となった。

自然林への依存の程度はねぐら場所と関連性があることが分かったが、一つ言えることは、自然林はどの種からも嫌われることはない森林タイプであり、森林性コウモリが生息するうえでなくてはならない環境であるということだ。

図❷　ねぐら場所と飛翔・採餌場所の関係。夜の飛翔・採餌場所については、バーの幅が種数または捕獲個体数の多さを示している（Yoshikura[3]より改変）

人工林に比べて自然林は、樹種が豊富で、広葉樹や枯死木、大径木といった樹木のねぐら資源が豊富にあり、多くの樹木性コウモリを惹きつけている。また、自然林が持つ複雑な樹木構造は、昆虫類の多様性を高め、森林性コウモリに多くの採餌のチャンスを与えているとも言われている。(10)つまり、自然林を含むような多様な森林構造が多種のコウモリの同所的なくらしを支え、森林性コウモリの多様性を生み出しているといっても過言ではない。

日本の大部分は均質化された人工林や人の手の入った二次林であり、奥日光のような自然林が残されている森は少ない。コウモリの多様性を維持するためにもいまある自然林を残し、本来は自然林にあるような資源や構造を人工林にも取り入れるなど、森林性コウモリの保全に配慮した森林管理が必要である。奥日光の森での研究では、延べ10種類の森林性コウモリが確認されているが、実際はもっと多くの種類の森林性コウモリが、森の中で互いにうまく資源を使い分けてくらしているのかもしれない。

〈引用文献〉
(1) Sano, A., Kawai, K., Fukui, D. & Maeda, K. 2009. In (Ohdachi, S. D., Ishibashi, Y., Iwasa, M. A. & Saito, T., eds.) The Wild Mammals of Japan, pp. 47-126. Shoukadoh Books Sellers, Kyoto.
(2) Brigham, R. M. 2007. In (Lacki, M. J., Hayes, J. P. & Kurta, A. eds.) Bats in Forests: Conservation and Management, pp. 1-15. The Johns Hopkins University Press, Baltimore, Maryland.
(3) Yoshikura, S. 2011. A Dissertation Submitted to the Graduate School of Life and Environmental Sciences, the University of Tsukuba.
(4) Yasui, S., Kamijo, T., Mikasa, A., Shigeta, M. & Tsuyama, I. 2004. Mamm study 29: 155-161.
(5) 福田大介・上條隆志・安井さち子. 2006. 哺乳類科学 46: 177-180.
(6) Yoshikura, S., Yasui, S. & Kamijo, T. 2011. Mamm Study 36: 189-198.
(7) Fukui, D., Murakami, M., Nakano, S. & Aoi. T. 2006. J Anim Ecol 75: 1252-1258.
(8) Anderson, M. E. & Racey, P. A. 1991. Anim Behav 42: 489-493.
(9) Crampton, L. H. & Barclay, R. M. R. 1998. Conserv Biol 12: 1347-1358.
(10) Menzel, J. M., Menzel, M. A., Kilgo, J. C., Ford, W. M., Edwards, J. W. & McCracken, G. F. 2005. J Wildl Manage 69: 235-235.

那須野ヶ原における オオタカの保護と研究

遠藤　孝一・江口（堀江）　玲子

1. オオタカとは

　オオタカというと、読者の皆さんは巨大なタカを思い浮かべるのではないだろうか。ところが実際は、カラスくらいの大きさの中型のタカである。全長の平均は、オス成鳥で47.5cm、メス成鳥で54.2cmで(1)、メスの方がやや大きい。

　大きくないのになぜオオタカなのか。オオタカの成鳥は上面が青味を帯びた黒色あるいは灰色をしており、下面は白色の地に細かい横斑がある（写真❶）。そのため、昔は蒼鷹（アオタカ）と呼ばれていた。それがオオタカに転訛したと考えられている。一方、幼鳥は成鳥とは大きく異なり、上面が暗褐色で、下面は黄褐色の地に黒色の縦斑がある（写真❷）。

　オオタカの分布はユーラシアから北アメリカの北部にかけてと広く、世界で9亜種に分けられている。そのうち、日本で繁殖する亜種はオオタカ *Accipiter gentilis fujiyamae* である(2)。本種は北海道から九州にかけて繁殖が確認されているが、四国や九州での繁殖例は少なく、北海道と本州が主である。生息環境はさまざまで、おもに平地や低地の森林を伴う農耕地帯に生息するが、山地の森林地帯から河川敷や緑の多い公園などの都市近郊地帯でも見られる。基本的には周年同じ地域に生息する留

写真❶　オオタカの成鳥

写真❷　オオタカの幼鳥

鳥であるが、北方や標高の高い地域に生息する個体は冬期に移動をする。(3)

2. 那須野ヶ原におけるオオタカの密猟

那須野ヶ原は、栃木県北部、那須岳の麓に広がる4万ヘクタールにもおよぶ台地（扇状地）である。ここには、アカマツ林や雑木林の中に牧草地が点在しており、オオタカなどの森林性の猛禽類の絶好の生息地となっている（写真❸）。

ところが、1970年代後半から、当地域において猛禽類の密猟が目立つようになった。特にオオタカの被害は顕著で、複数の巣から雛が持ち去られる事態が生じた。(4)猛禽類の密猟は、成鳥の場合は剥製を、雛の場合は飼育を目的としたものが多いようだが、オオタカは、古来より鷹狩りに用いられ、日本においては鷹狩り用の種として最高位に位置づけられ珍重されてきたことから、マニアの間で人気が高く、特に密猟の標的となるのだ。

このような事態に日本野鳥の会栃木県支部（当時；現在は日本野鳥の会栃木）は、栃木県や栃木県警に対して、密猟の取締りや捜査を依頼したが、「証拠がない」などの理由から、黙殺されてしまった。そこで栃木県支部では、オオタカの巣1巣をふ化後間もなくから巣立ちまで約1カ月に渡り、メンバーが交代で車やテントに寝泊りしながら、昼夜監視を行うなどの活動を開始した。ちょうど同じころ、東京都と埼玉県の県境に位置する狭山丘陵でも、日本野鳥の会東京支部（当時；現在は日本野鳥の会東京）の有志によって密猟監視活動が始まったことからマスコミにも大きく取り上げられ、猛禽類保護への関心が社会に広がった。

そしてその甲斐もあり、1983年にオオタカは「特殊鳥類の譲渡等の規制に関する法律」（種の保存法制定により、現在は廃止）において「特殊鳥類」に指定され、飼養や譲渡、輸出入に関して厳しく制限されるようになった。さらに1992年には「絶滅のおそれのある野生動植物の種の保存に関する法律」（以後、種の保存法）が制定され、罰則が強化された。このような法律の整備に加え、行政や警察による取締りの強

写真❸　那須野ヶ原の景観

化、保護団体による普及啓発活動やパトロールの実施などによって、猛禽類の密猟は沈静化へ向かった。

3. オオタカの保護気運の高まり

　猛禽類の密猟が沈静化する一方で、1980年代後半になるとオオタカに新たな危機が生じ始めた。内需拡大を目的とした「総合保養地域整備法」の施行（1987年）やバブル経済の後押しを受け、オオタカの主要な生息地である里山が開発され、ゴルフ場などへと変わっていったのだ。那須野ヶ原においても、多くのオオタカの営巣地に開発計画が持ち上がった。そこで、筆者の一人である遠藤が中心となり、生息地の保護の取り組みが始まった。(5)

　最初に取り組んだのは、1987年、栃木県西那須野町（現在那須塩原市）のゴルフ場開発問題であった。この計画はオオタカの営巣地を完全に取り囲むように開発が計画されており、オオタカの生息維持に対する懸念が生じた。そこで事業者に対して、計画の変更を要望した。その結果、コースのレイアウトが変更され、営巣地の一部とそれに隣接する営巣可能な森林約10haが残されるに至った。その後、オオタカは保全された森林で数年間繁殖を継続した。25年以上たった現在においても、営巣地はゴルフ場の敷地外に移ったが、また個体も入れ替わっていると考えられるが、オオタカが毎年繁殖している。

　このような開発に対するオオタカの保護活動は、この時期に各地で始まった。この活動の原動力になったのは、オオタカ保護ネットワークである。オオタカ保護ネットワークは、1989年に日本野鳥の会栃木県支部を母体に、各地のオオタカの保護活動家や支援者、研究者によって設立された。また、1990年には「第1回オオタカ保護シンポジウム」が東京・立教大学で開催された。同シンポジウムは、その後も関東を中心に各地で継続的に開催され、オオタカ保護に関わる人々の情報交換や研究発表の場となった。なお、同ネットワークは、1995年に全国的な活動を行う日本オオタカネットワークと那須野ヶ原を中心に地域活動を行うオオタカ保護基金に分離され、現在に至っている。

　さて、1980年代後半においては、オオタカの生息環境の保全に関する仕組みや法律は不十分なものであった。オオタカはその当時「特殊鳥類」に指定されてはいたが、この法律は、「絶滅のおそれのある野生動植物の種の国際取引に関する条約」の国内法として制定さ

れているため、生息地の保全についての条項は含まれていない。また、「鳥獣保護及狩猟ニ関スル法律（現在では、「鳥獣の保護及び管理並びに狩猟の適正化に関する法律」に全面改正）」においてオオタカの生息地が鳥獣保護区に指定されていても、特別保護地区に指定されていない限り、開発に対する抑制力はなかった。

しかし、このような状況は1990年代になると変容し始めた。1991年には、環境庁（当時；現在は環境省）により緊急に保護を要する動植物の種の選定調査に基づく「日本の絶滅のおそれのある野生生物（レッドデータブック）」が発行されたとともに、1992年には「種の保存法」が制定された。この法律には、指定種の生息地について、土地所有者の保護義務、環境庁長官の土地所有者に対する助言指導、生息地等保護区の指定などが盛り込まれおり、いままでにない画期的なものであった。オオタカの保護を講じていくうえでは、この法律の指定種にオオタカを指定し、生息地の保全を進めていく必要があった。

オオタカ保護ネットワークでは、「特殊鳥類」および「レッドデータブック」の「絶滅危惧種」、「危急種」、「希少種」に選定されているワシタカ類17種（亜種）を、1993年4月1日から施行される「種の保存法」の「国内希少野生動植物種（以下、国内希少種）」に指定することなどを環境庁に要望した。その結果、オオタカなど特殊鳥類は種の保存法の「国内希少種」に指定され、初めて生息地の保全が法的に義務化された。

しかし、法律はできたものの、現実的には生息地等保護区が指定されることもなく、また具体的な保全手法も明記されていないことから、猛禽類保護と開発計画との摩擦が相次ぎ、社会問題化した。

そこで環境庁では、1994年に野生生物保護対策検討会のもとに猛禽類保護方策分科会を設置し、開発計画との摩擦の大きいイヌワシ、クマタカ、オオタカの3種について、保全策の検討を開始した。その成果が1996年に発行された「猛禽類保護の進め方（特にイヌワシ、クマタカ、オオタカについて）[6]」である。そのなかで、上記3種について、開発行為に際しての保全策が示された。その後、1998年には森林施業の指針となる「オオタカの営巣地における森林施業」が前橋営林局から発行され、現在の我が国の猛禽類保護の原型ができあがった。[7]

4. 保護のための情報を得る

　猛禽類が生息し繁殖するためには、食物を得るための採食地と造巣や育雛に適した営巣地が必要である。(8)オオタカの保護を進めるためには、採食地や営巣地の特徴を知り、それに適した環境をどう保全・管理するかを考えなければならない。しかし、1990年代にはまだ国内のオオタカに関する研究は少ないのが現状であった。1993年にオオタカが「種の保存法」の「国内希少種」に指定されたのを機に、上述したように開発や森林施業がオオタカの生息や繁殖を妨げないようにするための指針が作られるようになったが、営巣地や採食地といった生息環境に関する基礎的な情報は海外の研究によるところが多く、国内の情報を集める必要性が高まっていた。

　那須野ヶ原では1992年以降、同地域で繁殖するオオタカの巣の位置を記録し、繁殖状況をモニタリングしてオオタカの保護に活かしてきたが、具体的な保護方策を提言するためにはやはり生息環境に関する情報が必要であった。そこで2000年以降オオタカ保護基金では、外部の研究機関や大学と共同で営巣地や採食地に関する研究を行ってきた。ここではオオタカ保護基金が那須野ヶ原や宇都宮で行ったオオタカの生息環境に関する研究を紹介する。また、1992年から行っている那須野ヶ原での繁殖状況モニタリングについても併せて紹介する。

(1) オオタカは何を食べているのか

　オオタカの餌動物を大雑把に言うと小型から中型の鳥類や哺乳類であるが、具体的にどんな物を食べているかは地域によってさまざまである。リスやウサギといった哺乳類が主となる地域もあれば、小鳥やハトなどの鳥類を主とする地域もある。オオタカはその地域に生息する鳥類や哺乳類の中から多く捕まえやすい動物を利用しているのだ。では那須野ヶ原のオオタカは何を食べているのだろうか。それを知るため私たちは、食痕を調べる方法（食痕調査）と巣にカメラをかけて観察する方法（カメラ調査）で調査を行った。

　食痕とはオオタカが捕まえた獲物を解体した際にできた痕のことをいい（写真❹）、餌動物の羽などがまとまって地面に落ちていることが多い。この食痕からオオタカが食べた物を調べるのが食痕調査だ。スズメのように丸のみできる小さい鳥類は食痕が残りにくいという欠点はあるものの、特別な装置などを設置することなく調べることがで

写真❹ オオタカの食痕

きる。余談だが食痕を調べていると、ときにカケスやカモ類のきれいな羽根やキツツキ類の固い尾羽など珍しい羽を発見できるときもあり、なかなか楽しいものである。一方、カメラ調査はオオタカの巣にビデオカメラを設置し、繁殖期に親鳥が巣に運ぶ餌動物を調べるというものだ。カメラ調査ではカメラを設置した繁殖つがいの餌動物についてしか知ることができないが、食痕調査では見逃しやすい小型の鳥類や哺乳類についても記録できるという利点がある。

これらの調査から那須野ヶ原では、スズメ、ハト類、カラス類、ムクドリ、キジといった林縁から開けた場所を好む鳥類が一年を通しておもな餌動物となっていることが分かった。田畑や牧草地などの耕作地と防風林などの林地が入り混じる那須野ヶ原ではこれらの鳥類が数多く生息しており、オオタカにとって利用しやすいようだ。

(2) 獲物を捕まえるために必要な環境とは

オオタカがどのようなところで餌動物を探し捕まえているのかをじかに観察するのは難しい。オオタカは一日の大半を林の中で過ごすため、目視だけで観察するには限界があるのだ。そこで使われるのがテレメトリ法を用いた追跡調査である。この調査はオオタカの背中に装着した発信器からの電波を頼りにオオタカの位置を推定するというものだ（写真❺）。オオタカがいる場

写真❺ 発信器を装着したオオタカ

所は推定できても姿は見えずという場合がほとんどではあるが、追跡調査からは林沿いに移動するオオタカの行動を実感でき、目視のみの調査ではわからなかったオオタカの行動を知ることができる。

　さて、オオタカが餌探し（探餌）をしたり、狩りをしたりするのに必要な環境（採食環境）の特徴を明らかにするため、探餌や狩りを「どれくらいの範囲で行うか」と「どんな場所で行うか」の2点に注目し、追跡調査を行うことにした。追跡調査は那須野ヶ原と宇都宮の2カ所で行なった。宇都宮では市街地を除いた農耕地域を調査地とし、那須野ヶ原との結果に大きな違いはなかったので、特に地域の区別はせず、まとめて那須野ヶ原・宇都宮と呼ぶことにする。

　オオタカにとってもっとも食物が必要になるのは繁殖期である。その繁殖期の餌運びはおもにオスの担当であるため、オスを追跡することで繁殖に必要な採食場所の条件を明らかにできるはずである。そこで調査地内で繁殖中のオスを2004年に8個体、2005年に6個体の合計14個体捕獲し、発信器を取り付けた。この調査で注目している探餌や狩りを「どれくらいの範囲で行うか」と「どんな場所で行うか」について解析を行なうためには、タカが止まっていた場所（止まり場）の位置情報を1個体につき数十地点集める必要があった。一方、位置情報はできるだけ時間間隔をあけて取得する必要があるため、1個体につき1日2地点から多くても3地点しか位置情報が得られない。必要な地点数を得るため、6月中旬から8月の間に那須野ヶ原と宇都宮でそれぞれ30日から40日ほど通わなければならなかった。1日に2から3地点記録というと楽そうに聞こえるかもしれないが、1日に3個体から多いときには5個体追跡すると合計で10地点近く記録しなければならず、1地点記録しては数キロ離れた次の個体を探しに行き、結局1日中車で走り回るというなかなかハードなものであった。当時カーナビの無い車に乗っていた著者の一人である堀江は必死にオオタカの位置を突き止め、さあ位置を記録しようと思ったら自分がどこにいるのかわからず苦労したり、別のスタッフは人家の近くでアンテナを振っていたら怪しい人と間違われたりとさまざまな苦労があったが、無事に必要な位置情報を記録することができた。また、2005年には6個体については非繁殖期にも同様の調査を実施することができた。

　このようにして得られた止まり場の

位置情報から、まず、探餌や狩りをどれくらいの範囲で行うかを調べてみると、繁殖期には巣から2kmの範囲をよく利用しており、行動圏の面積は平均で約900ha（カーネル法を使用し利用分布の95%を行動圏とした）であることが分かった。非繁殖期になると巣に餌を運ぶ必要が無いためか、巣からかなり離れた場所も利用するようになり、平均行動圏面積は約1700haと繁殖期の2倍近く大きくなった。しかし、よく利用していたのは繁殖期と同様に巣から2kmの範囲であった。つまり、この地域のオオタカのオスは1年を通して巣から2kmの範囲内をよく利用していたのだ。(10)

ところで、この那須野ヶ原・宇都宮におけるオオタカのオスの行動圏は、北米や北欧の森林地帯で行われた研究結果に比べてかなり小さかった。じつは栃木県の山間部でも後にオス3個体の追跡調査を行ったのだが、行動圏は那須野ヶ原・宇都宮の5倍近くも大きかった。(9)行動圏の大きさは餌動物の量や捕獲しやすさによって変わることが知られている。(11-12)那須野ヶ原や宇都宮の農耕地域は、北米や北欧の研究が行われた森林地帯や栃木の山間部より餌を採りやすい環境なのかもしれない。面白いのはドイツの都市部（ハンブルク）で行われた研究で、3個体のみの調査ではあるものの、行動圏の大きさは那須野ヶ原・宇都宮調査地の結果と同じか小さいくらいであった。(13)オオタカというと「森林の鳥」、「山の鳥」と思われがちだが、じつは人によって造られた環境もうまく利用して生活しているのである。

では、那須野ヶ原や宇都宮のオオタカのオスは餌探しをどのような場所で行っているのだろうか。この調査で得られた「止まり場」の位置は、過去の調査や文献から、タカが探餌または狩りのために使った場所だと考えられた。そこで、行動圏を土地利用別に区分して、各土地利用タイプが行動圏内に占める割合と、止まり場の土地利用タイプの割合を比較し、タカが探餌や狩りのためにどの土地利用タイプを選択しているのかを調べた。(14)

すると、繁殖期の行動圏内には、森林が38%、畑地・草地が33%、水田が22%、市街地が7%含まれていた（値は14個体の平均）。一方、止まり場の多くは森林に位置しており、その割合は83%を占め、畑地・草地は12%、水田は4%、市街地はわずか1%であった。解析を行うと、オオタカは行動圏の中で森林を選択的に利用する一方、市街地を忌避していたことが分かった。

森林は探餌や狩りをする際の止まり場として重要な場所なのである。ただ面白いことに、市街地は忌避しても市街地の近くを忌避する傾向はみられなかった。つまり、探餌や狩りに都合のよい場所であれば市街地の近くであっても利用してしまうというわけだ。

さて、森林が重要な止まり場であることは分かったが、森林の中ではどのようなところを使うのだろうか。これについても解析を行ったところ、オオタカは林縁に近いところを選択していることが分かった（写真❻）。ではなぜオオタカは林縁を選択しているのだろうか。北欧における研究事例で、農耕地域においてオオタカが獲物を捕獲した場所について調べた研究がある。そこでは、林縁に近い開放地が捕獲場所として選択的に利用されていた。その理由として、林縁部では餌動物が多いことと、林縁に隠れて周辺の開放地にいる餌動物に近づいて奇襲することができることをあげている。(11)前述のように那須野ヶ原のオオタカのおもな餌動物は農耕地を利用する鳥類であった。また、栃木県で過去に行った調査でも、獲物を襲う際には林縁から奇襲することが多かった(9)、やはり餌動物の多さと捕まえやすさから林縁を選択的に利用していたのだろう。

写真❻　オオタカが狩りを行う林縁環境

ここまでの話は繁殖期についてであるが、非繁殖期についても同じような結果が得られている。ただ、非繁殖期には林縁のほか、林縁から遠い森林内部における利用も増えていた。非繁殖期には森林性の冬鳥の渡来によって森林内部の餌動物が増えることや、落葉によって森林内を飛びやすくなることなどが影響しているのかもしれない。

いずれにしても林縁部は餌探しをするオオタカにとって1年を通して重要な場所であることが分かった。つまり、那須野ヶ原や宇都宮のような農耕地域では、林地の保全だけでなく、隣接する農地もセットで併せて保全する必要がある。また、那須野ヶ原や宇都宮の農耕地域は、農業だけなく木材や薪炭、肥料の生産を目的に林業も行われてきたことから、農業と林業が隣接して行われてきた。その結果、農地と森林がモザイクのように入り混じった景

観が造られ、オオタカにとっては餌動物が多く、餌探しや狩りをしやすい林縁が多い絶好の採食環境ができあがったのだ。人が造りだした環境で暮らすオオタカの保護には、オオタカのことだけではなく、人の営みとの関わりも考える必要がある。

(3) 巣を造る場所

　オオタカにとって巣とは、卵を温める場所、雛が飛べるようになるまで過ごす場所であり、繁殖するための重要な場所である。オオタカは林の中に巣を造る。樹冠の下あたりに枝を積み重ねて造られた巣は直径が1mほどにもなるため、営巣木はそれを支えることができる丈夫な木が必要である。また、繁殖期のオオタカは獲物を捕まえては雛が待つ巣へ運び、その回数は多い日には10回以上にもなる。翼を広げると1m近いオオタカが獲物を脚で掴み、ぶら下げながら林の中の巣へ向かうのだから、飛びやすい林かどうかはオオタカの営巣地選びにとって重要なポイントだ。そのためオオタカの営巣地は、太い木が多く、林内に飛行空間のある林であることが多い。では、那須野ヶ原ではどのような林が営巣地として選ばれているのだろうか。

　それを調べるため、2000年と2001年に那須野ヶ原で抱卵を確認した営巣木36本の特徴と、営巣木がある林（営巣林）の構造を調べることにした。[15]この調査では営巣木を中心とした半径11.3mの調査プロット（0.04ha）を設置し、プロット内の木の樹種や樹高、胸高直径、高さごとの植被率を記録した。また、比較のために那須野ヶ原の林地の中からランダムに選んだ50カ所を対照地として同様の調査を行った。

　その結果、まず営巣木の胸高直径は平均35cmであった。対照地から無作為に選んだ木との比較から、胸高直径が30cm以上の木が営巣木として選択され、20cm以下の木は忌避されていた。他の地域でも営巣木には胸高直径30cm以上の木が利用されることが多い。オオタカの巣を支えるにはこのような太い木が必要なのである。次に、営巣木の樹種は92%がアカマツで、残りの8%がスギであった。樹種について解析すると、アカマツを選択して、コナラなどの広葉樹は忌避していることが分かった。国内のオオタカはさまざまな針葉樹に営巣することが知られているが、これほどまでアカマツを高頻度に利用するのは那須野ヶ原の特徴だ。

　針葉樹は枝が輪生するため、広葉樹に比べて巣を架けやすいと考えられて

写真❼　アカマツに架けられたオオタカの巣

写真❽　オオタカの営巣林

いる。さらにアカマツは樹冠の近くで幹が又状に分かれた樹形を形成することが多く、巣を架けやすいのだろう（写真❼）。扇状地である那須野ヶ原では、痩せた土地に適したアカマツが盛んに植林されてきた。そのため、現在でも林齢が60年を超えるようなアカマツ林やアカマツを含むコナラ林が他の地域に比べて多く残っている。那須野ヶ原でアカマツが営巣木として高頻度で利用されているのは、巣を架けやすく、また、巣を支えるだけの強度を持つ大きなアカマツが多く存在するためだと考えられている。

では、営巣林はどのような林なのだろう。林の中でオオタカが巣を架けるのは、林冠を形成する高木である。そこで営巣林の高木の平均胸高直径を調べると25cmで、ランダムに選んだ対照地の値よりも大きかった。次に林の中に空間が多いかどうかを調べるために立木密度（木の本数/ha）を比較すると、営巣林と対照地で違いはみられなかった。しかし、林冠から地面までの間に、枝や葉で遮られない開けた空間がどれだけあるかを比較すると、営巣林の方が開けた空間が多いことが分かった。つまり、営巣林は那須野ヶ原の中でも太い木が多く、地面から林冠までの間の空間が多い林であった（写真❽）。また、林内の空間の多さは立木密度よりも、亜高木の枝葉の繁り具合が影響するようだ。

営巣林の樹種構成を調べると、アカマツが高木の5割以上を占める林が営巣林全体の89％を占めていた。つまり、営巣林の多くはアカマツ林か、アカマツとコナラなどの混交林であったのだ。このような林は対照地では36％しかなく、解析結果から、オオタカはアカマツが5割以下の林を忌避して、アカマツが75％以上のアカマツ林を選

第1章　動物の生き方を知る〜生態と保全

択していることが分かった。

　これらの結果から、那須野ヶ原で営巣に適した林は、胸高直径30cm以上の木を含むアカマツ林であることが明らかになった。また、巣の周辺では、亜高木によって巣への出入りが妨げられないよう適切に管理することが必要なのである。

(4) 繁殖状況をモニタリングする

　那須野ヶ原でのオオタカの繁殖状況モニタリングは2015年で24年目となる。もとは密猟監視活動として1カ所の巣を24時間監視したのが始まりであるが、現在では那須野ヶ原の上流側半分の約2万haいう範囲で毎年20カ所前後の巣をモニタリングしている。

　繁殖状況の確認は3月から始まる。カタクリやニリンソウなど春の花々が咲き、林内を歩き回るには楽しい季節だが、ゆっくりそれらを楽しんでもいられない。明るいアカマツ林では低木や亜高木に広葉樹が多く、4月下旬になりこれらの木々の葉が茂るとあっという間に巣を隠してしまうのだ。だから春を楽しみつつもせっせと林内を歩き、ときにはカケスの鳴きまねに騙されながら巣探しをするのだ。

　ここで巣探しについて簡単に説明したい。オオタカは一度巣を造ると連続して数年利用することが多いため、まずは前年または以前に造った巣が使われているがどうかを見に行く。巣に新しい枝を積んでいるのが確認できれば、今年もその巣が利用される可能性が高いと判断できる。古巣を使っていない場合は新しい巣を探すことになるのだが、新巣は古巣の近くに造ることが多く、古巣周辺の林を探せばよいことが多い。しかしときにはどんなに探しても巣が見つからないことがある。このような場合、営巣地を使う個体がいなくなったのか、営巣地の場所が大きくかわったのかを見極めるためにかなり広い範囲を歩き回らねばならない。また稀ではあるがこんなこともある。オオタカが新しい枝を積んでいるのを確認していた巣の繁殖状況を確認しに行ったところ、顔を出したのはオオタカではなくノスリという別の種類のタカであった。なんとノスリに巣を乗っ取られていたのだ。季節はすでに若葉が茂るころであったため、慌てて新しい巣がないか探さなくてはならなかった。

　その年に使う巣をつきとめると、オオタカの繁殖を妨げないよう細心の注意を払いながら定期的に巣を訪れ、卵を抱いているか（抱卵しているか）、雛がかえっているか（孵化しているか）、

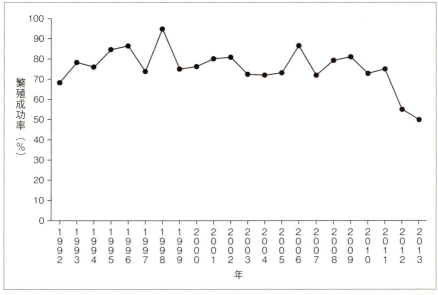

図❶ 那須野ヶ原におけるオオタカの繁殖成功率（雛が巣立った巣数／抱卵した巣数）の変化（Murase et al.[16] より作成）

幼鳥が何羽巣立ったかを確認する。これを毎年毎年繰り返しているのである。

このような調査からは、繁殖つがい数、繁殖成功率（雛が巣立った巣数／抱卵した巣数）、巣立ち雛数（巣立ち雛数の合計／雛が巣立った巣数、または、巣立ち雛数の合計／抱卵した巣数）といった繁殖状況の変化を知るための指標を得ることができる。その中の一つ、繁殖成功率を図❶に示した。2011年までは、繁殖成功率は上下しながらも70％台から90％台を維持してきたが、2012年から急激に下がり50％台になった。これについては2011年に起きた福島第一原子力発電所事故による放射能汚染の影響が大きいと考えられている。[16] 繁殖状況のモニタリングは地道で、すぐに何かが見えてくるものではない。しかし、長年データをとることによって、オオタカやそれをとりまく環境の変化を知ることができるのである。

5. 保護の成果と今後の課題

上述した那須野ヶ原におけるオオタカの研究成果は、2012年に改訂された「猛禽類保護の進め方（改訂版）」にも反映されており、[17] 日本の猛禽類保護に活かされている。また、林野庁塩那森

林管理署では、「希少野生生物保護管理事業」として、那須野ヶ原やその周辺の国有林においてオオタカやクマタカの巡視調査を定期的に行って生息状況を把握し、森林の施業や管理、治山事業などの際に活かしている。那須野ヶ原が含まれる那須塩原市では、「希少野生動植物種の保護に関する条例」を制定し、オオタカを含む227種の動植物を希少種に指定して保護を図るとともに、市内において動植物調査を定期的に行っている。那須野ヶ原でオオタカ保護が始まった1980年代と比べると、国、地域ともに、法律や制度が整い保護が進んだことが実感できる。

　一方で、放射能汚染の影響で一度下がったオオタカの繁殖成功率は戻るのか、今後大きな環境の変化があった場合、オオタカの繁殖にどう影響するのか、それらを調べるためにも那須野ヶ原におけるオオタカの繁殖状況のモニタリングを継続していく必要がある。さらには、未解明な部分が多い山間部や都市部に生息するオオタカの生態や生息環境についても明らかにする必要があるだろう。

〈引用文献〉
(1) 茂田良光・内田　博・百瀬　浩. 2006. 山階鳥学誌, 38: 22-29.
(2) 森岡照明・叶内拓哉・川田　隆・山形則男. 1995. 日本のワシタカ類. 文一総合出版, 東京.
(3) Kudo, T. 2008. Ornithol Sci 7: 99-102.
(4) 遠藤孝一. 1989. Strix 8: 233-247.
(5) 遠藤孝一. 2009. 日本の希少鳥類を守る（山岸　哲, 編）, pp. 183-199. 京都大学学術出版会, 京都.
(6) 環境庁自然保護局野生生物課. 1996. 猛禽類保護の進め方（特にイヌワシ、クマタカ、オオタカについて）. 財団法人日本鳥類保護連盟, 東京.
(7) 前橋営林局. 1998. オオタカの営巣地における森林施業―生息環境の管理と間伐等における対応―. 日本林業技術協会, 東京.
(8) Newton, I. 1979. Population Ecology of Raptors. T & A D Poyser, Berkhamsted.
(9) 尾崎研一・遠藤孝一. 2008. オオタカの生態と保全―その個体群保全に向けて―. 日本森林技術協会, 東京.
(10) 堀江玲子・遠藤孝一・野中　純・尾崎研一. 2007. 日鳥学誌 56: 22-32.
(11) Kenward, R. 1982. J Anim Ecol 51: 69-80.
(12) Kenward, R. E., Marcstrom, V. & Karlbom, M. 1981. J Wildl Manage 45: 397-408.
(13) Rutz, C. 2006. Ardea 94: 185-202.
(14) 堀江玲子・遠藤孝一・山浦悠一・尾崎研一. 2008. 日鳥学誌 57: 108-121.
(15) 堀江玲子・遠藤孝一・野中　純・船津丸弘樹・小金澤正昭. 2006. 日鳥学誌 55: 41-47.
(16) Murase, K., Murase, J., Horie, R. & Endo, K. 2015. Sci Rep 9405 doi:10.1038/srep09405.
(17) 環境省自然環境局野生生物課. 2012. 猛禽類保護の進め方改訂版（特にイヌワシ、クマタカ、オオタカについて）. 環境省, 東京.

第2章 生物どうしの関係を知る〜生物間の相互作用

増加が問題となっているニホンジカ

第2章　生物どうしの関係を知る～生物間の相互作用

　地球上のあらゆる生物は他種の生物と関わりを持ちながら生活しており、こうした生物どうしの関わり合いのすべてを指して種間相互作用（または生物間相互作用）という。この種間相互作用によって生物相や生物多様性といった、地域特有の群集構造が決定されている。そのため何らかの原因によりある種の個体数が著しく増減すると、いままで保たれてきた均衡が崩れ、その地域の群集構造は大きく変わってしまう。この例としてよく引き合いに出されるのは、「風が吹けば桶屋が儲かる」という諺である。つまり、「風が吹いて土埃が目に入ることで盲人が増えると、生計を立てるために三味線を買う人が増え、それにより三味線に必要な猫皮の需要が多くなる。そしてネコが減少することで、食べられていたネズミは増加し、それによってネズミに齧られる桶が増えて桶屋が儲かる」という、ある影響がまったく関係のなさそうなところまで波及するという喩えである。この諺にみるように、自然界においても生物どうしの関係は果てしなく続いている。しかし、そのなかで私たちが把握できているのはほんの一握りで、多くは謎に包まれている。第2章では、ニホンジカに焦点を当ててこの謎に迫ってみたい。

　じつは近年、シカ類の個体数は世界各地で増加しており、それにより森林の衰退が生じている地域も多い。日本でも全国的にニホンジカ（写真❶；以下、シカ）の個体数増加により、森林生態系にさまざまな影響が生じはじめている。シカの影響から森林生態系全体を守るためには、限られた種だけではなくさまざまな種に対するシカの影響を評価し、どのようなメカニズムによってシカの影響が波及していくのかを明らかにしていく必要がある。栃木県では各地でシカの増加が問題となっている中、これまでに植生から無脊椎動物、そして脊椎動物まで幅広い種に対してシカの影響評価に関する研究が行われてきている。第2章では、こ

写真❶ 栃木県奥日光で観察されたニホンジカの群れ

うしたシカの影響評価に関する研究を紹介し、森林生態系の保全のために求められるシカの管理について考えていきたい。

（關　義和）

〈引用文献〉
(1) 鷲谷いづみ・矢原徹一. 1996. 保全生態学入門. 文一総合出版, 東京.
(2) Morin, P. J. 1999. Community Ecology, Blackwell Science, Oxford.
(3) Rooney, T. P. & Waller, D. W. 2003. For Ecol Manage 181: 165-176.
(4) Côté, S. D., Rooney, T. P., Tremblay, J. P., Dussault, C. & Waller, D. M. 2004. Annu Rev Ecol Evol Syst 35: 113-147.
(5) Takatsuki, S. 2009. Biol Conserv 142: 1922-1929.
(6) 柴田叡弌・日野輝明. 2009. 大台ヶ原の自然誌―森の中のシカをめぐる生物間相互作用. 東海大学出版会, 神奈川.

シカによって変貌した日光の植生

辻岡　幹夫

1. 高山植生、湿原・草原植生への影響

　日光においてシカによる植物への影響が明らかになったのは、白根山の代表的な高山植物であるシラネアオイ（写真❶）の花が減少し始めたのが契機といえる。シラネアオイはキンポウゲ科（シラネアオイ科として分類されることもある）の1属1種の日本の固有種で、本州中部から東北地方の日本海側、北海道にかけて広く分布する。種名の由来は日光白根山に多く分布することによる。かつて、白根山一帯にはいたるところにシラネアオイが自生し、特に弥陀ケ池西側斜面の群生地は有名で、毎年開花期の6月下旬には多くの登山者が訪れた。しかし、1980年代後半から本種の花が次第に減少し始め、その原因は盗掘によるものとされた。当時はシカによって高山植物が壊滅的になるまで食べられてしまうなど想像もできなかったのである。そのため、この時期になると毎年、環境庁（当時）が中心となって、菅沼登山口で盗掘防止キャンペーンが行われていた。しかし、キャンペーンやパトロールの実施にもかかわらず、シラネアオイは減少の一途を辿り、原因は他にあるのではないかと疑われるようになった。そうした中、群落地周辺のいたるところにシカの足跡や糞がみられたことから、シラネアオイの減少はシカの食害によるものとの見方が有力となった。[1]こうしたシラネアオイの減少はシカの食害を認識する契機となったが、食害はシラネアオイだけでなく、白根山一帯の高山植物に及んだ。奥白根山一帯は、かつては日本海型分布の固有種を含む126種の高山植物が確認されていたが[2]、いまではシカが採食しないハンゴンソウ

写真❶　シラネアオイ

写真❷　小田代原で観察されたシカの群れ（1998年撮影）

とマルバダケブキが一面を覆っている。前白根山でも、いまでは夏になるとハンゴンソウの黄色い花で尾根の斜面一面が覆われる。かつては多くみられたハクサンフウロやクルマユリなどの高山植物は、ハンゴンソウの根元付近に少数観察されるのみとなってしまっている。

　シカによる植生への影響は、戦場ヶ原や小田代原の湿原・草原植生においても顕著に表れた。戦場ヶ原は、中間湿原を主体として高層湿原や低層湿原が発達し、尾瀬ヶ原や霧ヶ峰、鬼怒沼湿原と共通種が多い。当湿原は、景観や湿原生態系に高い価値が認められるため、日光国立公園の特別保護地区に指定されている。また、2005年にはラムサール条約湿地に登録された。春から夏にかけては、ワタスゲやレンゲツツジ、アヤメ、ノハナショウブ、ツルコケモモなどの湿原植物の花が次々に咲き、多くのハイカーが訪れる奥日光の重要な観光スポットとなっている。小田代原は、湿原から草原に移り変わる景観をみせるところで、アヤメやヤマオダマキをはじめ、特に夏に草原の中央部をピンク色に染めるノアザミの群落でよく知られている。小田代原も

第2章　生物どうしの関係を知る〜生物間の相互作用

写真❸ 戦場ヶ原に刻まれたシカの踏み跡（2000年撮影）

また特別保護地区、ラムサール条約湿地になっている。このように戦場ヶ原と小田代原は、ともに奥日光を代表する花の名所であったが、白根山におけるシラネアオイの減少とときを前後して、これらの場所においても開花植物の減少が始まった。小田代原では、1990年代半ば、日中に散策をしていてもシカの姿をみることは稀であったが、夕方になると周囲の森林から数十頭の群れが草原内に侵入し、採食している様子を観察できた（写真❷）。また、戦場ヶ原で実施された、ヘリコプターによるシカの生息数調査（エア・センサス調査）では、無数のシカの踏み跡が観察された（写真❸）。こうした観察結果からも、戦場ヶ原と小田代原における開花植物の減少は、シカの採食によるものであることに疑いの余地はなかった。特に戦場ヶ原では、1960年代終わりから湿原の乾燥化が問題となり、栃木県や環境庁（当時）によって、国道120号の側溝の埋戻しや、湿原への土砂流入防止など、さまざまな対策が講じられてきた歴史がある。しかし、開花植物の減少が顕在化した2000年代を皮切りに、「シカ食害対策」を主体とする新たな時代に入ることになった。[4]

表日光の赤薙山東山腹に位置する霧降高原のキスゲ平は、人が定期的に草刈を行うことによって持続する半自然草原で、ニッコウキスゲの大群落で有名なところであった。しかし、ここでもシカによるニッコウキスゲの食害が問題となり、1982年にはその対策として、日光市によって初めて苗の補植が行われた。[5]食害発生が奥日光よりも早期に顕在化したことは興味深い点である。書籍「栃木県の動物と植物」[6]の表紙には、キスゲ平から赤薙山に続く尾根上に群生するニッコウキスゲの写真が使われているが、この植物景観はいまではこの場所ではまったく見ることができなくなってしまった。

ここまで紹介してきたように、戦場ヶ原、小田代原、キスゲ平には希少な植生が成立していたことから、環境保全や観光資源確保の観点から、シカの食害に対する危機意識が高まり、これらの地域では他の地域よりも迅速に対策が進められた。

2. 林床植生への影響

　奥日光の森林の林床植生は、かつては日本の他の地域と同様にササ類を中心に構成されていた。小田代原より西方、国道120号の逆川橋より北方の冬の積雪量が多い地域ではチマキザサとチシマザサが、これより南東側の比較的積雪が少ない地域ではミヤコザサが優占していた。しかし、1990年代に入って間もないころから次第にササ類の勢力は失われていった。林床を覆うササ類はバイオマス(現存量)が豊富で、シカの主要な餌資源となる(7)。特に、ミヤコザサは冬芽が地際にあり、地上部をシカに採食されても再生が可能であるため、稈高(草丈)が低くなりながらも群落として残る場所もあったが、冬芽が地上部に形成されるチマキザサは採食の影響を強く受けるため、退行が著しかった。小田代原から千手ヶ原にかけての一帯は、葉量が減り始めてから数年のうちにほとんどが枯れてしまった。しばらくの間は枯死した稈が立っていたが、やがて地面に倒れ、のちにそれも完全に分解されて、かつてこの地が人も入れないほどササが密生していたとは想像もできない状況となってしまった。ササが消失した後は、しばらく裸地状態が続いたが、次第に他の草本類が進出してきた。最たるはシロヨメナやマルバダケブキなどのキク科植物と、バイケイソウやイケマなどの有毒植物で、これらの植物はシカが採食しないため分布が拡大した。特に、戦場ヶ原のシカ侵入防止柵付近では、シカによる下層植生への影響が顕著に表れている(写真❹)。柵の内側では本来の植生であるミヤコザサが密生しているが、柵の外側は一面のシロヨメナの群落となっている。このようにシカの採食による植生への影響は、当然のことながら草本類に顕著に表れており、日光・足尾地域において激減した植物は60種、シカが忌避するために増加した植物は18種に及んでいる(8)。

3. 森林への影響

　高山植生や湿原・草原植生、ササ群

写真❹　シカ侵入防止柵の内外の植生状況。柵外(左)はシロヨメナ、柵内(右)はミヤコザサで覆われている

落の消失・退行と平行して、樹皮への食害も顕著に表れるようになった。樹皮への食害は、おもに奥日光に形成された新しい越冬地で発生した。かつては、奥日光のシカのほとんどは、冬季になると表日光や足尾に移動して越冬していたが、シカの生息数が増加するにつれ、冬季も奥日光に留まるシカが増加した。奥日光に新たに形成された越冬地は、男体山から高山にかけての南斜面と、三ツ岳の南山麓が主で、日当たりがよく比較的積雪が少ない場所である。これらの越冬地の森林は林床がミヤコザサで覆われており、シカの越冬中のおもな餌資源となっている。しかし、冬の終わりの3月ころになるとミヤコザサはほぼ食べ尽くされ、葉をつけた植物がなくなり、シカは新たな食物を求めることになる。こうして、食物を求めて、シカは樹木の形成層を採食する。採食する樹種は圧倒的にウラジロモミが多いが、キハダやハルニレ、ミズナラなど多種にわたる。越冬地以外でも、前白根山や太郎山では、5月初旬にはシカが2000mを超える尾根まで上がってきており、残雪に覆われた尾根上では、雪上に現れたシラビソの樹皮が食害にあっている。樹木の形成層が全周食害され、樹幹の篩部が失われると、葉で合成された栄養物が根に移送されなくなり、根系が衰えてやがて樹木は枯死に至る。奥日光で

写真❺　湯元で観察された樹皮を剥されたウラジロモミ大径木

は、こうしたシカによる食害によって、いたるところで樹齢100年を超えるウラジロモミの大径木が枯死に至った（写真❺）。また、奥日光の森林では、樹木の実生がことごとくシカによって採食され、稚樹が育たなくなっている。森林は、本来は高木層、亜高木層、低木層からなる階層構造をなすが、奥日光では低木層を欠き、見通しのよい森林となっている。現在、高木層、亜高木層を構成しているミズナラやブナ、カエデ類には樹皮の剥皮害はほとんどなく、一見奥日光の森林は健全なように見える。しかし、次の世代を担う若木が育っておらず、森林の存続が危ぶまれる構造になっている。このような状態が今後も続いていくと、50年後、100年後には、豊かに茂る奥日光の森は大きく退行してしまうことが危惧される。地球温暖化によって台風の勢力がより強くなると言われているが、強力な台風が奥日光を直撃し、大規模な倒木が発生した場合、この危惧は早期に現実化してしまう恐れがある。

ただし、ある樹種だけは例外である。ウリハダカエデだ。奥日光の森林内を歩くと、いま、ウリハダカエデの稚樹が多く目につく。なぜウリハダカエデの稚樹だけが忌避されるのかは不明である。一方で、本種の成木は樹皮の剥皮害を受けていることから、将来ウリハダカエデ林になるとは考えにくい。今後の推移に注目していきたい。

4. 植生保護対策

上述したように、白根山一帯では、シラネアオイの減少が急激に進行した。そのため、栃木県によって1993年、唯一まとまりのある群落として残っていた五色山の斜面約1.1ha（2001年増設後約1.6ha）に、シカの侵入を防止する目的で、ソーラーパネルを電源とする電気柵が設置された。この電気柵は大いに効果を発揮したが、現地は標高約2200mの高地で、冬には2mを超す雪が積もる厳しい環境にある。電気柵は、積雪による倒壊を免れるために毎年秋には一旦撤去して現地に保管し、翌春積雪がなくなってから再設置をすることを繰り返さざるを得ないものとなっている。この作業は現在まで継続されており、シラネアオイの群落は、この電気柵の中でしか見ることができなくなっている。

霧降高原キスゲ平では、1978年から日光市がニッコウキスゲの苗の補植を開始していたが、これらの事業は1982年からはシカの食害対策として位置づけられた。苗の補植は毎年続けられた

が効果はなく、1994年に群落地の草原全体を延長2.1kmの柵で囲った。

県ではさらに、小田代原において、植生を保護するため1997年に総延長3.3kmに及ぶ電気柵を設置した。電気柵設置に当たっては、景観を阻害することがないよう配慮が求められた。特に、草原の中央部に位置する「貴婦人」と呼ばれるシラカンバがカメラマンに人気の被写体となっていたため、撮影ポイントから見て電気柵が視界に入らないよう、草原から周囲の森林内にセットバックして設置された。

2001年には、環境省が戦場ヶ原をシカの食害から守るため、小田代原の電気柵を包含する形で、実に総延長17km、面積980ha（2010年時点）に及ぶシカ侵入防止柵を設置した。このシカ侵入防止柵は広大な面積を囲っているため、河川や国道120号をはじめとする道路、ハイキングコースと多くの箇所で交差することとなった。ハイキングコースとの交差箇所ではワンウェイゲートが設けられたが、道路との交差部は解放せざるを得ず、路面へのグレーチング設置や超音波発生装置などにより解放部からのシカの侵入を防ぐ措置が取られた。しかし、完全に遮断することは困難な状況であったため、柵内のシカについては毎年捕獲が行われている。柵の巡視の業務は現在筆者が勤務する自然公園財団が受託しているが、月に8周する頻度で行っている。

この他、1999年には、林野庁によって西ノ湖湖畔のヤチダモ林を保護するため柵が設置された。

5. 植生保護柵の効果と生態系への影響

1980年代後半になると、シカによる農林業被害も顕著になり、対策が強く求められるようになった。このため、1994年に栃木県では被害対策を総合的に進めていくため、「栃木県シカ保護管理計画」を策定し、シカの個体数調整を開始した。筆者は当時、県林務部自然環境課で計画策定の業務を担当していたが、鳥獣保護法に特定鳥獣保護管理計画の制度が位置づけられる以前であったことから、野生動物の個体数を管理するという発想は一般の方々にとってはなじみのないものであり、反対の手紙、電話、公開質問状などが多く寄せられた。マスコミもおおむね反対の論調であった。それにもかかわらず計画を実行・継続することができたのは、日光の自然にかかわる人々の間で、シカが及ぼす自然植生への影響の大きさと対策の必要性の認識が高まっていったことが大きな要因と考えてい

る。保護管理計画に基づくシカ食害対策は、個体数の減少を図ることに主眼が置かれ、各所に設置されたシカ侵入防止柵は、柵外のシカの生息密度が低下し、植生への影響が軽微になるまでの緊急的・一時的なものとして位置づけられた。しかしながら、未だ目標とする生息密度には至っていないのが実情で、柵の設置は恒久化の様相を呈しつつある。

柵による植生保護の効果は明瞭であるが、問題もまた顕在化しつつあると言える。一つは柵の維持管理に要するコストである。柵は一度設置さえすれば効果が持続するものではなく、継続的なメンテナンスが必須である。白根山の電気柵は、積雪による損壊を避けるため毎年設置と撤去を繰り返さなければならない。他のシカ侵入防止柵も頻繁な巡視と破損個所の早急な補修が必要だ。戦場ヶ原の柵は大規模なため、特にメンテナンスが重要で、強風後の倒木・落枝の処理、大雨後の流入土砂の撤去など1年を通して柵の機能を維持するための努力を払っている。柵のネットにシカが絡まる事態（写真❻）も年間20件程度発生しており、その度に現場に急行して放獣または捕殺処理を行っている。柵の設置期間が長くなると、台風などによる大規模な破

写真❻　光徳のネットに絡まったオスジカ

損のリスクも大きくなる。

もう一つの問題としては、柵設置当時には思いもよらなかったことであるが、戦場ヶ原シカ侵入防止柵内における頻繁なクマの出没である。シカの高密度での生息が長期間続いた結果、奥日光全体では林床が裸地化またはシカが忌避する植物で占められるようになっている。一方、戦場ヶ原シカ侵入防止柵の内側では本来の植生がほぼ戻っている。ここ数年、シカ侵入防止柵内のハイキングコースでクマの目撃情報が急増しているのは、このことと無関係であるとは言えないだろう。8月から9月の季節、柵の外側にはクマの食物となる果実類は少ない。しかし、柵内にはクロマメノキやツルコケモモなどが豊富に実を付けており、クマを寄せ付けている可能性がある。2014年秋は、奥日光も含め栃木県一円でナラ類の堅果が不作であったが、戦場ヶ原

のシカ侵入防止柵の内側ではミズナラの実が豊作であった。このため、日中、歩道から至近距離のミズナラの樹にクマが登り採食する状況が発生し、木道上にそれを観察するギャラリーができるという異常な事態が頻繁に生じた。この時期、シカ侵入防止柵の巡視業務においてもクマと遭遇することがある。巡視員はカプサイシンスプレーを携帯して歩いているが、2013年には巡視中に遭遇したクマから疑似攻撃を受けるという事態も発生した。このように、戦場ヶ原に出没するクマはハイカーが往来する近くで採食することが多いため、極めて人慣れしている。至近距離に人がいても無関心であるが、いつ不測の事態が起こらないとも限らない状況である。人馴れしたクマが増えることは、人とクマが共存していくうえで決してよいことではない。

6. 今後の展望

シカの食害による自然植生への影響を軽減させるためには、シカの生息密度を低下させることが根本的な対策と言える。柵を設置してシカの侵入を防ぎ、柵内の植生を保護するという方法は効果があるが、長期間続くと生態系にさまざまな影響が生じてくる可能性がある。「柵で囲えばそれでよし」とはならない。また、柵で囲った地域は日光全体から見ればほんの一部にすぎない。それ以外の広大な面積はシカの影響を受け続けている。白根山の高山帯植生は、今後シカの生息密度が低下したとしても、もう以前の状態には回復しないレベルまでダメージが及んでいる可能性がある。次世代を担うべき若木を欠いた奥日光の森林は、今後も森林として持続していくかどうか不安な状況にもある。シカの生息密度の低下を図る有効な手立てを早急に打つことが求められている。

〈引用文献〉
(1) 辻岡幹夫. 1997. 栃木県林政史 (栃木県林政史編さん委員会, 編), pp. 401-402. 栃木県, 栃木.
(2) 久保田秀夫・波田善夫・松田行雄. 1985. 白根山の植物. 栃木県, 栃木.
(3) 久保田秀夫・松田行雄・波田善夫. 1978. 日光戦場ヶ原湿原の植物. 栃木県, 栃木.
(4) 番匠克二. 2009. ランドスケープ研究 72: 557-560.
(5) 日光市. 1982. 広報にっこう7月号. 日光市, 栃木.
(6) 栃木県の動物と植物編纂委員会. 1972. 栃木県の動物と植物. 下野新聞社, 栃木.
(7) 高槻成紀. 2006. シカの生態誌. 東京大学出版会, 東京.
(8) 長谷川順一. 2008. 栃木県の自然の変貌. 自費出版, 栃木.

シカがもたらす土壌動物群集への影響

敦見 和徳

1. 調査のきっかけ

　まずは、なぜ私が、奥日光でシカの高密度化による土壌動物への影響について研究を始めたのかを記載したい。私は、大学時代に哺乳類の研究をしていたわけではない。高校生のときから昆虫（特に甲虫類）が大好きで、休日はほぼ虫採りに出かけるいわゆる「むしや」であった。奥多摩、丹沢、房総半島、三浦半島などの山に行き、カミキリムシやオサムシなどを採ることに魅力を感じていた。夢中になって、大きな長い虫取り網を振り回していた。また、枯れ枝をたたきながらのビーティング採集も面白いものであった。大学入学後は、落ち葉をフルイで振るとたくさん落ちてくる土壌動物たちと出会い、魅せられていった。世のなかでバブルが始まった1985年（学部の4年生）より奥日光での調査を始めた。戦場ヶ原の赤沼にある宇都宮大学の農学部附属日光演習林宿泊施設（現在は日光自然ふれあいハウス）に宿泊し、奥日光1002号線沿いで調査をした。特に、西ノ湖周辺の景観は、いまでも印象深く脳裏に焼き付いている（写真❶）。ヤチダモやミズナラの大木が茂り、カエデ類が中・低木にあり、林床には1.8mほどのクマイザサが覆い茂っていた。しゃがみ込んで土壌動物を採集していると、私の姿はササに

写真❶　1986年の西ノ湖周辺

隠れてしまい、立ち上がろうとしたとき、通りかかった観光客に動物と間違えられることがしばしばあった。

しばらくの期間は、奥日光に出かけることはなかったが、2009年にある研修会で千手ヶ原から西ノ湖までゆっくり観察する機会があった。以前のことを思い出しながら、期待に胸を膨らませながら散策を始めたところ、その変貌した状況に呆然とした。林床にはササがなく、以前と比べ低木も少なくなっていたのだ。いったい何が起こったのか。案内の方に伺ったところ、シカによる食害により、ササはほとんど消失しまったとのことであった。この事実は私にとって衝撃的であり、とても受け入れがたいものであった。そのとき脳裏をよぎったのは、ササの消失による土壌動物たちへの影響についてであった。そこで、2010年に恩師から小金澤先生をご紹介いただき、先生の指導のもとで、変貌した奥日光において再び土壌動物群集の研究を始めることとなった。ここでは、シカが増加する以前と増加した後の土壌動物調査の結果を比較し、シカが土壌動物にどのような影響を及ぼしたのかを見ていきたい。

2. 土壌動物とそのはたらき

ダンゴムシを知っている人は多いだろう。庭でよく見かける、触るとまん丸になる動物である。石の下には、ハサミムシ、脚がたくさんあるムカデやヤスデ、またゴミムシやクモを見ることができる。花壇で土掘りをすれば、アリやミミズ、コガネムシの幼虫などが見つかる。カブトムシやクワガタを林の中に取りに行けば、地面にはふっくらとした土壌があり、落ち葉もたくさんある。この落ち葉を私たちは肥料（腐葉土）として利用している。こうした土の中をのぞいてみると、これまで見たこともない動物たちに出会える。さらに、ツルグレン装置を用いて抽出してみると、おびただしい数の動物たちを見ることができる（写真❷）。このように石の下、落ち葉や土壌層の中で生活している動物たちを、土壌動物という。広葉樹林の中には、400種以上

写真❷　ツルグレン装置で抽出された土壌動物

の土壌動物が存在するという報告がある[1]。ぜひみなさんも、家の近くで森の土壌動物を観察してみよう。

　森林生態系おいて、土壌は植物に必要な水分や栄養塩類を保持したり、放出したりする環境として重要な役割を担っている。森林土壌には地表面を覆うAo層（落葉・落枝層）があり、落葉分解を出発点とする物質循環が効率よく行われている。土壌動物は、こうした分解を進めるうえでも重要な役割を果たし、土壌の形成や植物の物質生産にとって不可欠な存在である。

3. シカによる土壌動物への影響

　調査は、日光国立公園内に位置する西ノ湖周辺および光徳のミズナラ林が優占する場所で行った。調査の実施時期は、西ノ湖では1987年の5月と11月、2011年の11月、2012年の5月に、光徳では2012年の11月と2013年の5月であった。なお、西ノ湖周辺のシカの密度は、1980年代前半までは1頭/km²未満であったが、1984年以降に個体数が増加し、1995年には30頭/km²に達した[2]。こうしたシカの増加により、この地域のササ類はほとんど採食されて枯死し、現在の林床にはシカが忌避するシロヨメナやイケマなどが優占し、

写真❸　2012年の西ノ湖周辺（5月）

写真❹　2012年の光徳（11月）

一部は裸地化している（写真❸）。一方、光徳では1995年以降もシカの密度は2～6頭/km²で推移しており、現在もミヤコザサが1.5mほどの高さで優占する林床が残存している（写真❹）。

　土壌動物群集の調査は、中・大型土壌動物の定量調査で一般的に行われる25cm×25cmの木製方形枠を用いた枠取り法により、Ao層およびA層（上層土）を採取した。各調査地で8地点のサンプリング地点を設置した[3]。なお、Ao層はA層表面まですべて採取し、A層ではA層表面から7cmの土壌を採

第2章　生物どうしの関係を知る〜生物間の相互作用

表❶ 各地点の土壌動物群の1m²当たりの個体数

分類群	西ノ湖 1987年		西ノ湖		光徳	
			2012年	2011年	2013年	2012年
	5月	11月	5月	11月	5月	11月
カニムシ類	698	684	0	0	158	174
クモ類	238	120	46	122	136	160
ヤスデ類	128	218	26	46	36	64
ムカデ類	264	88	100	114	388	184
コムカデ類	590	50	0	8	346	34
エダヒゲムシ類	32	28	4	0	176	44
カマアシムシ類	52	86	0	0	116	46
ハネカクシ類	104	68	104	116	82	104
アリヅカムシ類	88	62	0	0	172	28
その他甲虫類成虫	58	96	32	16	56	56
甲虫類幼虫	48	136	272	388	306	724
双翅目幼虫	4012	-	524	640	820	1364
総個体数	6312	1636	1108	1450	2792	2982

取した。採取した土壌試料は通気性のある紙袋に入れ持ち帰り、速やかにツルグレン装置により抽出を行った。抽出された土壌動物は、80％エタノール中で保存し、双眼実体顕微鏡を用いて綱から科レベルで分類し、その動物群ごとに個体数を記録した。

土壌動物群集調査の結果は表❶の通りであった。採集された分類群数は、西ノ湖(1987年)と光徳では12動物群で、西ノ湖(2011〜2012年)では9動物群であった。西ノ湖(2011〜2012年)では、カニムシ類、カマアシムシ類、アリヅカムシ類が欠落し、コムカデ類とエダヒゲムシ類の個体数も西ノ湖(1987年)と光徳に比較して著しく少なかった。

サンプリング地点ごとの各動物の個体数を基にグループ分けの解析をしたところ、西ノ湖(1987年)および光徳のグループ(Aグループとする)と西ノ湖(2011〜2012年)のグループ(Bグループとする)の2グループに分類された。両グループの調査地のAo層と孔隙度を比較すると、グループBはグループAよりもAo層が薄く、孔隙度は低かった。つまり、シカの高密度化に伴う採食圧や踏圧などの増加によってAo層の薄化および孔隙度の低下が進行し、それによりグループAからグループBの群集に変化したと考えられた。たとえば、グループBで欠落あるいは個体数の少なかったカニムシ類、カマアシムシ類、アリヅカムシ類、コムカデ類、エダヒゲムシ類は、中型土壌動物で堀穴能力を有していないため、土[4]

壌の表層であるAo層の薄化および孔隙度の低下に伴う生息空間の減少により、欠落あるいは個体数が減少したと推測された。

　負の影響が示唆されたカニムシ類に関して、坂寄廣氏に分類同定をお願いした結果を示しておきたい。西ノ湖(1987年)からは、カブトツチカニムシの一種、ツチカニムシの一種、カギカニムシの一種(Ⅰ)、カギカニムシの一種(Ⅱ)、コケカニムシの一種、ツノカニムシの一種が、光徳では、カブトツチカニムシの一種とカギカニムシの一種(Ⅱ)が得られた。今回の調査からは、光徳でカニムシ類の種が減少したのか、以前から2種しか存在しなかったのかは不明であるが、西ノ湖(1987年)に6種が存在していたことは重要な事実であり、今後これらを指標として詳細にその動向を検討していく必要がある。なお、西ノ湖(1987年)および光徳においてカブトツチカニムシの一種が多く得られている。一方、クモ類、ムカデ類(特にイシムカデの仲間)、ハネカクシ類、甲虫類幼虫、双翅類幼虫は、グループAおよびBのどちらのサンプリング地点にも同程度に出現しており、シカの高密度化に対して顕著な影響を受けていない可能性が示唆された。

　本研究により、シカの高密度化による土壌動物群集への影響を明らかにすることができた。シカの高密度化によるAo層の薄化および孔隙度の低下が土壌動物群集に対して強い影響を及ぼしていた。つまり、今後、土壌動物群集の保全を考慮したシカの管理を講じていくうえでは、これらの林床環境条件に考慮することが重要である。特に、シカの高密度化により顕著な負の影響を受けている可能性が示唆された動物群に関しては、今後の動向を注視していく必要性がある。

　最後に、カニムシの同定をしていただいた坂寄廣氏に感謝申し上げる。

〈引用文献〉
(1) 田村浩志. 1993. 長野原町の自然 八ッ場ダムダム湖予定地及び関連地域文化財調査報告書(八ッ場ダム地域自然調査会, 編), pp. 405-407. 群馬県吾妻郡長野原町, 群馬.
(2) 栃木県. 2011. 栃木県ニホンジカ保護管理モニタリング結果報告書. 栃木県自然環境課, 栃木.
(3) 敦見和徳・小金澤正昭. 2012. 宇都宮大学農学部演習林報告 48: 165-168.
(4) 日本土壌動物学会(編). 2007. 土壌動物学への招待. 東海大学出版会, 神奈川.

マルハナバチはシカに影響される？

田村　宜格

1. マルハナバチとは？

　マルハナバチというハチを知っているか人に聞くと「知っている」と答えられる人のほうが少ないだろう。私自身、研究を始める前は名前こそ知っていたが、詳しい生態などはまったくわからない状況であった。そのため、まずはマルハナバチとはどんな昆虫なのかを紹介したい。

　マルハナバチとはハチ目ミツバチ科マルハナバチ属に属するハチの総称であり、全世界で約250種、日本国内で21種が確認されている。大きさは約20mm前後で、全身を黄や黒、白色の毛で覆われており、種の判別の重要な基準となっている。また毛が生えていることから想像できるように、冷涼な気候を好み国内においては多くの種が山地や北海道に分布している（写真❶）。

　生態としては、マルハナバチはミツバチと同様に真社会性を発達させた昆虫である。真社会性とはわかりやすくいえば、不妊化された個体（たとえば、働き蜂など）が、親（女王蜂）と巣の中で共存し、子育てを援けるといった集団生活様式である[(1)]。またミツバチと同様に狩りを行わず、花から蜜と花粉を採集し餌としている。ただし、その蜜や花粉の集め方がミツバチとは大

写真❶　オオマルハナバチの標本写真

きく異なっている。ミツバチの場合、8の字ダンスで知られているように仲間同士で情報を交換し、集団で餌を集めに行くのに対し、マルハナバチの場合、巣の中のそれぞれの個体が季節ごとに訪れる花を決め、その種類のみを訪れるという特徴がある。たとえば、サクラソウを専門とする個体は、サクラソウのみに訪花し、サクラソウの蜜と花粉のみを集めるといった特徴がある。このような訪花パターンは、花粉を同種の植物へ確実に運んでくれるため、植物にとってはとても都合がよい(2)。そのため、植物はマルハナバチのみに利用されるように進化してきた。仰向きにぶら下がらないと蜜が吸えない花や、ツリフネソウのように細長い距を持つ花がそうである。マルハナバチもそのような植物に対応できるよう中舌と呼ばれる口器の長さを長くするなど進化してきた。中舌の長さはマルハナバチの種類によって大きく異なるため、利用できる花が異なってくる。よって、マルハナバチ群集の豊かさは植物相の豊かさに直結してくると考えられる。この面白い特徴を持つ小さくて丸っこい昆虫に私はいつしか魅了されていき、研究することに決めた。

2. 植生の変遷

　本題に入る前にシカの高密度化および防鹿柵の設置が植生に与えた影響について触れておきたい。すでに述べられている通り、奥日光ではシカの高密度化により森林の植生に多大な影響が生じた。小田代原では、シカの増加以前の1982年には95種の林床植物が確認されていたが(3)、シカの食害が顕著となった1997年には48種までに減少した(4)。そのため、1997年の秋に小田代原全域を囲う防鹿柵（総延長約3.3km；面積約0.23km^2）が設置された。さらに2001年の冬には戦場ヶ原全域まで防鹿柵で囲われることとなった。その結果、小田代原では林床の植物種数が回復し、柵設置後4年目の2001年における調査では90種まで回復したことが確認されている(5)。一方で、防鹿柵の南西部に位置する千手ヶ原では、ササ類が枯死しシロヨメナやイケマ、キオンなどのシカの不嗜好性植物が単一な林床植生を形成している(5)。このようにシカの高密度化および防鹿柵の設置は、地域の植物群集の構造に大きな影響を与えており、特にシカの嗜好性植物、不嗜好性植物の増減に大きな影響を与えていることが伺える。そこで一つの仮説に至った。前節で述べたようにマルハ

ナバチ類は、中舌の長さなどの違いから、訪花特性が種によって異なる。そのため、シカの食害や防鹿柵の設置に伴う植生改変により、正の影響を受ける種もいれば負の影響を受ける種もいるのではないかと考えられた。こうした仮説を検証するために、シカと植物とマルハナバチとの関係について調査を行った。(6)

3. シカの高密度化がマルハナバチ群集に与えた影響

まず、マルハナバチの群集構造を調べるために、防鹿柵の内側（小田代原）と外側（千手ヶ原）において、捕虫網を使ったスウィーピング法によるマルハナバチ類の捕獲を行った。調査は、柵内外のそれぞれに約3kmの調査ルートを設定し、ルート両側1.5mに出現したすべてのマルハナバチを捕獲するようにした。同時にマルハナバチと植物の関係を調べるために、マルハナバチが訪花していた場合には、その植物の種名も記録した。調査時はコースを2時間半かけてゆっくりと歩いた。調査時期は、マルハナバチ類の活動期にあたる2011年6月から10月上旬とし、それぞれの調査地において各月前半（10日を基準）と後半（25日を基準）の2回（10月は前半に1回）、天候のよい午前中に調査を行った。そして、捕獲したマルハナバチは同定をするために、すべて標本とした。真夏の夜の日光演習林において、白いテーブルが真っ黒になるほどに大量発生したヌカカに襲われながら、標本を作ったのはいまとなってはいい思い出である。

小田代原では、シカが増加する以前および防鹿柵が設置される直前の2度にわたってマルハナバチ類の調査が行われている（シカが増加する前は1982年(3)、防鹿柵が設置される直前は1997年(4)）。これらの文献からマルハナバチ類のデータを抽出し、今回（2011年）の捕獲調査の結果（柵内と柵外）と比較することにより、シカの高密度化とその後の防鹿柵の設置に伴う植生改変がマルハナバチの群集構造にどのような影響を与えたかが評価できると考えた。

捕獲調査および文献から抽出したデータを解析した結果、大きく二つのグループに大別された（グループⅠおよびグループⅡ）。グループⅠには1982年が、グループⅡには1997年、2011年柵内および2011年柵外が属した。グループⅠ（1982年）では、5種157個体(3)が捕獲されたのに対し、グループⅡでは1997年が4種29個体、2011年柵内が4種62個体、2011年柵外が2種64個体となり、グループⅠに比べグルー

プⅡでは種数・個体数ともに少ない結果となった。特に、ナガマルハナバチ（以下、ナガマル）、トラマルハナバチ（以下、トラマル）、およびヒメマルハナバチ（以下、ヒメマル）は、グループⅡにおいてほぼ欠落していた。また、グループⅡにおけるオオマルハナバチ（以下、オオマル）の捕獲個体数は、グループⅠに比べて少なかったが、上記の3種に比べれば差は小さかった。一方で、ミヤママルハナバチ（以下、ミヤマ）は、グループⅠよりもグループⅡにおいて捕獲個体数が多かった。

　それぞれのマルハナバチがシカの嗜好性、不嗜好性どちらの植物を訪花しているのか調べた結果では、ナガマルとヒメマルではシカの嗜好性植物への訪花割合が高くなった。一方で、オオマルとミヤマでは柵の内外においてシカの不嗜好性植物への訪花割合が高かった。

　分析の結果から、調査地内では、シカの高密度化に伴いマルハナバチ群集がグループⅠからグループⅡに顕著に変化したことが推測される。特に、ナガマル、トラマルおよびヒメマルは、グループⅡではほぼ欠落しており、シカの高密度化に伴い負の影響を受けたことが推測される。ナガマルおよびヒメマルは、シカの嗜好性植物への訪花割合が高かった。また、トラマルは2011年には捕獲することができなかったが、ナガマルやヒメマルと同様に、シカの嗜好性植物であるアヤメ類やキツリフネ、シロツメクサ、アザミ類などにおもに訪花することが報告されている[(1)]。前述している通り、調査地内ではシカの採食圧の増加により、シカの嗜好性植物が減少していることが報告されている[(5)]。これらのことから上記3種のマルハナバチは、シカの高密度化に伴うシカの嗜好性植物の減少により、利用可能な花資源量が減少し、その結果、負の影響を受けたものと考えられた。また、オオマルも同様に、グループⅠと比較してグループⅡにおいて捕獲数が少なかった。しかし、上記の3種に対してオオマルは、グループⅡにおいてもある程度の個体数が捕獲された。また、本種は柵内外ともにシカの不嗜好性植物への訪花割合が高かったことから、オオマルは、シカの高密度化に伴い負の影響は受けたものの、シカの不嗜好性植物を利用できる性質を有していることから、その程度は上記3種よりも低く、植生が変化した後も欠落するまでには至らなかったと考えられた。

　一方、ミヤマは、グループⅠよりもグループⅡにおいて捕獲個体数が多く、

シカの高密度化に伴い正の影響を受けたことが推測された。本種は、柵内外ともにシカの不嗜好性植物への訪花割合が高かった。また調査地内では、シカの高密度化後、シカの不嗜好性植物が顕著に増加している(5)。これらのことから、ミヤマは、シカの高密度化に伴うシカの不嗜好性植物の増加により、利用可能な花資源量が増加し、その結果、正の影響を受けたものと考えられた。しかし、京都府芦生において行われた研究では、本種はシカの高密度化に伴い負の影響を受けたことが報告されている(7)。その要因としては、芦生では、シカの高密度化後、マルハナバチの訪花植物とならないシダ植物が優占する林床へ置換されたためと考えられている(7)。このように、シカの高密度化後に優占する植物種が異なることにより、その地域のマルハナバチ群集が受ける影響も異なるということが推測される。

4. 柵の設置はマルハナバチの保全に有効なのか？

前節では、シカの高密度化に伴う植生改変がマルハナバチの群集構造に大きな影響を及ぼしていることについて述べた。それでは、シカの食害と同様に植物群落に大きな影響を与えた防鹿柵の設置は、マルハナバチ群集にも影響を与えたのだろうか。確かに前述したように、防鹿柵の設置は、小田代原の植物種数の回復に寄与したと言える。しかし、前節で示した分析結果では、柵内のマルハナバチ群集はシカが高密度化する以前の1982年とは別のグループに属した。つまり、小田代原では防鹿柵が設置され14年が経った2011年においても、マルハナバチ群集は、シカによる食害が顕在化していた、1997年および柵外と類似した群集構造のままであり、防鹿柵の設置による顕著な回復効果は生じていないことが推測された。調査地では、1984年にシカの個体数が増加し始めてから、1997年に防鹿柵が設置されるまでの14年間、シカによる採食圧が持続的に掛かっていた。このように、シカによる採食圧が長期間持続した場合、多年生草本の埋土種子および地下器官が減少するため、防鹿柵の設置などで採食圧を軽減しても、これらの植物の回復は困難であるということが報告されている(8)。これらのことから、調査地内では、防鹿柵の設置時にはすでにシカの嗜好度が高い多年生草本の埋土種子および地下器官が減少したことで、柵設置後もこれらの植物の現存量が増加しなかったことが推測された。また、海外の研究

事例では、1種のポリネーターが減少することにより、他のポリネーターの訪花特異性も低下することが示されており、対象地域に潜在的なポリネーターが生き残っていたとしても、植物の繁殖力が低下することが指摘されている[9]。本調査地では、防鹿柵が設置される直前（1997年）には、すでにほとんどのマルハナバチ類がシカの個体数が増加する以前（1982年）よりも減少していた。これらのことから、シカの高密度化に伴う嗜好性植物の減少により、これらの植物をおもな餌資源とするマルハナバチ類（ポリネーター）が減少したため、防鹿柵設置後もシカの嗜好性植物の繁殖力が向上せず、回復が進んでいないと考えられた。

以上をまとめると、シカの高密度化に伴い、ナガマル、トラマル、ヒメマルおよびオオマルが負の影響を、ミヤマが正の影響を受け、群集構造が顕著に変化したと言える。また、小田代原では、シカによる強い採食圧に長期間さらされた結果、防鹿柵を設置したにも関わらず、シカの嗜好性植物の現存量の回復が十分に進まず、十数年経った後でもマルハナバチ群集が回復しなかったと言えるだろう。

今後、マルハナバチ群集の保全を図っていくためには、防鹿柵内においてシカの嗜好性植物の回復が進んでいない要因を明らかにし、これらの植物を増加させるための有効な対策手法を提示していくことが必要であろう。また、マルハナバチ群集の保全を考慮したシカの管理を実施するうえでは、シカによる植生改変が生じる前にシカを排除し、予め植生の保全対策を講じておくことが重要である。

〈引用文献〉

(1) 木野田君公・高見澤今朝雄・伊藤誠夫. 2013. 日本産マルハナバチ図鑑. 北海道大学出版会, 北海道.

(2) 鷲谷いづみ・加藤　真・中村和雄・小野正人. 1997. マルハナバチハンドブック. 文一総合出版, 東京.

(3) 中村和夫・松村　雄. 1985. 宇都宮大学教養部研究報告 18: 19-39.

(4) 中村和夫・小野悌子. 1999. 宇都宮大学農学部学術報告 17: 1-8.

(5) 長谷川順一. 2008. 栃木県の自然の変貌―自然の保全はこれでよいのか. 自費出版, 栃木.

(6) 奥田　圭・田村宜格・關　義和・山尾　僚・小金澤正昭. 2014. 保全生態学研究 19: 109-118.

(7) Kato, M. & Okuyama, Y. 2004. Contr Biol Lab Kyoto Univ 29: 437-448.

(8) 田村　淳. 2009. 神奈川県自然環境保全センター報告 7: 59-71.

(9) Brosi, B. J. & Briggs, H. M. 2013. Proc Natl Acad Sci U S A 110: 13044-13048.

シカの増加で変わる森の鳥たちの顔ぶれ

奥田　圭

1. 森に棲む鳥たちは森の変化に敏感

　日本にいれば、森の中にいても大都市を歩いていても、耳を澄ませばたいていどこからか鳥の鳴き声が聴こえてくる。そんな私たちの生活の中に身近に存在している鳥たちだが、皆さんは彼らのことをどれくらいご存じだろうか。スズメやツバメ、カラスといった街中でも見られるような鳥たちを知っている方は多いと思うが、森の中で暮らしている鳥たちのことを知っている方は意外と少ないのではないだろうか。しかし、鳥類は四肢動物のなかではもっとも種類が豊富な分類群で、日本には何と約400種（迷い鳥を除く）もの鳥類が生息している。この種数の多さに驚いたと思うが、400種のうち、200種ほどは森林に生息している鳥たちで、私たちの普段の生活のなかではあまり目にすることはできない。ここではこうした森に棲む鳥たちに焦点を当てていくが、ぜひ彼らのことを知る機会にしていただけたらと思う。彼らは容姿や鳴き声が種々さまざまであることはさることながら、好む森林のタイプや、巣を作る場所、餌をとる場所も種によって微妙に異なっており、知れば知るほど鳥たちへの興味は深まっていくと思う。たとえば、鬱蒼としたブナの森林を好む種もいれば、アカマツの明るい林を好む種もいる。さらに、ブナの森林のなかでも林床に巣を作る種もいれば、樹冠（木の上）に作る種もいる。このように、彼らは種ごとに微妙に生息空間が異なっており、他の種とできるだけニッチが重複しないように生活している。また、ご存じの通り鳥たちは羽を持っているため、移動能力が非常に高い。そのため、たとえば、老齢木が倒れ、ギャップが形成された場所にブッシュ（やぶ）ができると、ブッシュを好むウグイスのような種がすぐに移入してくる。逆に、ブッシュが衰退し始めれば、彼らはすぐに移出していってしまう。つまり、植生に何らかの変化が生じると、そこに棲む鳥たちの顔ぶれ（鳥類群集）もガラッと変

わるのだ。

　さて、P120〜では、シカの高密度化によって奥日光の森林植生が大きく改変してしまったことが紹介されているが、シカの増加によって植生が変われば、当然ながら植生の変化に敏感な鳥類群集にも変化が生じる。では、シカの増加による森林植生の変化に応じて、奥日光の鳥類群集はどのように変化してきたのだろうか。ここではこの疑問に迫ってみたい。

2. シカの増加で変わる森林と鳥類群集

　上記の疑問に対し、私は「空間比較」と「時系列比較」の二つの方法でアプローチしてみることにした。「空間比較」では、シカの密度が異なる3地域（光徳：4.6頭/km^2；外山沢：11.8頭/km^2；千手ヶ原：17.6頭/km^2）のミズナラ林において、植生構造と鳥類群集の比較を行なった。一方、「時系列比較」では、奥日光においてシカが高密度化する以前（1970年代：1頭/km^{2}未満）から以後（1990年代後半〜現在：10頭/km^{2}以上）までのミズナラ林の植生構造と鳥類群集の変遷を辿った。そして、これらの結果から、シカの高密度化とともに植生構造と鳥類群集がどのように変化してきたのか整理した。

　まずは、奥日光にシカがほとんど生息していないかった時代の植生と鳥類群集の状況から見ていきたい。奥日光では1985年を境にシカが増加し始めたが、それ以前のシカの密度は1頭/km^{2}にも満たないレベルで推移していた。当時の植生はシカの影響をほとんど受けていなかったため、草本層には背丈ほどのササが繁茂し、低木層や亜高木層には後継樹が多数存在するなど、複層構造の森林が形成されていた（P129写真❶を参照）。そして、鳥類群集もそれに対応して、森林の下層には密な林床に潜むウグイス類やコルリ、コマドリ、低木で虫を探し回るムシクイ類などが生息し、彼らを托卵相手とするカッコウ類もみられていた。また、樹冠で動き回るカラ類や、樹幹をつついて虫を探すキツツキ類など、各階層を使うさまざまな鳥たちが生息していた。しかし、シカが増加し始めると、森林の様相は徐々に変わっていき、鳥たちの顔ぶれにも変化が生じていった。シカの増加によって植生にはさまざまな変化が生じたが、おおまかには「林床植生の衰退」、「樹皮剝ぎによる枯死木の増加」、そしてそれらによる「疎林化」の3点があげられる。それでは、これらの植生の変化によって鳥類群集はど

のように変化してきたのだろうか。

(1) 林床植生の衰退による鳥類への影響

奥日光では、シカの増加とともにササ類や低木類が減少し、シロヨメナなどのシカの不嗜好性植物が優占する林床に置き換わった。しかし、通年葉を付けているササ類と違い、シロヨメナは秋に枯れ、晩春からようやく展葉をはじめる。そのため、鳥たちの繁殖期である初春の時期にはまだ葉は小さく、林床は裸地同然なのだ（写真❶）。そうなると、密な林床で採餌や営巣をするウグイス類やムシクイ類、コルリ、コマドリたちは生息できなくなってしまう。彼らは1990年代前半までは普通にみられていたが、いまではササ類が残存している光徳（写真❷）くらいでしか目にするができなくなってしまった。しかし、コルリとコマドリに関しては、光徳においてもほとんど観察できなくなってしまっており、シカの増加によるちょっとした林床の変化に対しても脆弱なようだ。そして、これらの鳥たちが減少してしまったことにより、迷惑を被っている鳥たちもいる。ホトトギスやツツドリなどのカッコウの仲間たちだ。彼らは「種間托卵」といって他の種の巣に卵を産みつけ、その巣の親に抱卵や子育てを託す習性を持っている。そして、彼らがその托卵相手としているのが、ウグイス類やムシクイ類、コルリなどの密な林床に営巣をする鳥たちなのだ。しかし、彼らはシカの増加によって減少してしまったため、カッコウたちの托卵相手がいなくなってしまった。だからといって彼らが自ら卵を抱き、子育てを始めるわけでもなく……。こうして、彼らもウグイスたちの減少とともに姿を見せなくなってしまった。

一方、林床植生が衰退したことにより恩恵を受けている鳥たちもいる。アカハラやキジバト、ルリビタキ、ミソ

写真❶　シカが高密度で推移している千手ヶ原の森林の景観（2011年5月撮影）

写真❷　シカが低密度で推移している光徳の森林の景観（2011年5月撮影）

サザイなどの地上で採食をするような鳥たちだ。彼らはミミズ類や地表を徘徊する昆虫類をおもな食物にしているが、奥日光ではシカの増加に伴い林床がササ類からシロヨメナに置き換わったことにより、これらの生き物たちが増加した。その結果、シカによって改変された林床は彼らの恰好の採食場所へと変化し、シカの増加とともに彼らも増加してきている。

(2) 枯死木の増加による鳥類への影響

シカは、冬季になり下草が不足し始めると、樹皮を剥いで食べるようになる。それは樹木にとっては死活問題で、樹皮を剥されてしまうと樹勢の減退や枯死を招くことになってしまう。ただし、シカはあらゆる樹種の樹皮を剥ぐわけではなく、奥日光では常緑針葉樹のウラジロモミを選択的に剥皮している。そのため、シカの増加とともに本種は減少し、枯死木が増えてきている。そうなると、常緑針葉樹を好んで営巣場所や採食場所にするカケスやキクイタダキ、サメビタキなどの鳥たちの生息場所が減少し、シカの増加とともに彼らは減少してきている。

一方、枯死木が増加したことによって恩恵を受けている鳥たちもいる。キツツキ類やカラ類だ。ご存知の通り、キツツキ類は木の幹を突いて採餌をしたり、樹洞を掘って営巣したりするが、枯死木には彼らが食物とする多くの昆虫類が棲みつく。また、枯死木は生木よりも柔らかく、樹洞が掘りやすいため、彼らは選択的に枯死木を採食・営巣場所として利用している（ただし、生木を選択的に利用する種もいる）。そのため、シカの増加によって枯死木が増加すると、キツツキ類には「正の影響」が及び、シカの増加とともに彼らも増加してきている。さらに、キツツキ類（一次樹洞利用種）が掘った樹洞は、彼らが使わなくなると、カラ類などの二次樹洞利用種が営巣場所や休息場所として利用するようになる。つまり、キツツキ類が増加すると、樹洞も増加するため、カラ類の生息環境も好適化するのだ。現在の奥日光はキツツキ類とカラ類のまさに「楽園」になっており、当地域に生息する鳥類の7割を彼らが占めている。

(3) 疎林化による鳥類への影響

シカの増加によって低木類の減少や、中大径木の樹皮剥ぎによる枯死が生じると、生木が減少し、森は疎林化する。疎林化すると、林内にできた空間にフライキャッチャー（コサメビタキやキビタキ）たちが移入してくる。彼

らは飛翔している蛾などを空中で捕獲して採食する。そのため、林内に空間が創出されると彼らの採食空間が拡大し、好適な採食場所になるようだ。また、疎林化が進むと、カラス（ハシブトガラスとハシボソガラス）やホオジロ、キジバトなどの街や農耕地などでも見かけられるような、疎林や林縁を生息場所とする鳥たちも移入してくる。シカの増加による森の疎林化により、森林性の鳥類群集から疎林・林縁性の鳥類群集へと変化してきているのだ。

3. 鳥類保全のためのシカの管理

このようにシカの増加によって植生が変化すると、負の影響を受けて姿を消してしまう鳥たちもいれば、正の影響を受けて増加する鳥たちもおり、奥日光のミズナラ林の鳥たちの顔ぶれはシカの増加とともに大きく変化してきた。今後もシカによる植生への影響が持続した場合、林冠を構成する樹木は、遷移の進行も相まって減少の一途を辿るだろう。そうなると、シカによって後継樹が欠落している奥日光の森は、いずれ疎林化さらには草原化し、それに応じて鳥類群集も森林性から草原性の鳥たちへと変化していくことが推察される。シカによって植生が改変されても、その環境を好む新たな鳥種が移入してくるため、確かに鳥類群集の多様性が減少するわけではない。しかし、シカが低密度だった時代にいた鳥たちのほとんどは現在姿を消してしまっている現状を考えると、今後、彼らの保全を考慮したシカの管理を実施していくことが急務である。奥日光には幸いにもまだシカの密度が増加しておらず、彼らの生息が確認されている場所も存在する。シカの増加を止めることは至難の業であることは、これまで私たちは身をもって経験してきた。これからは、シカの捕獲にのみ重点を置かず、保全すべき区域を選定し、その区域を徹底して保全していく対策が求められるだろう。

〈引用文献〉
(1) 奥田　圭・關　義和・小金澤正昭. 2012. 日林誌 94: 236-242.
(2) 奥田　圭・關　義和・小金澤正昭. 2013. 保全生態学研究 18: 121-129.
(3) 丸山直樹. 1981. 東京農工大学農学部学術報告 23: 1-85.
(4) 關　義和・小金澤正昭. 2010. 日林誌 92: 241-246.
(5) 神崎伸夫・丸山直樹・小金澤正昭・谷口美洋子. 1998. 野生生物保護 3: 107-117.

シカとノウサギの関係に迫る

木村　太一

1.「ノウサギ」について

　最初に「ノウサギ」について触れるとともに、私が「ノウサギ」を対象に研究をした経緯について述べたいと思う。「ウサギ」は、日本人にとって比較的身近に感じる動物であろう。神話に登場する「因幡の白兎」、日本昔話の「カチカチ山」は誰しもが知っていることだろう。また、小学生のころに飼育小屋で飼われていたという記憶がある人も多いことであろう。「ウサギ」というと長い耳がすぐに浮かぶと思うが、私は以前に「ウサギ」を飼育していたことも手伝い、「穴を掘って巣を作る動物」というイメージを強く持っている（彼らは熱心に庭の土を掘っていた！）。じつは多くの人がこのイメージを持っているらしく、「ウサギ」の研究をしていたと話すとよくこの話題になる。ところが、私が研究対象としていた「ノウサギ」はこれとは異なる生態を持っている。「巣をつくる」というイメージを反映しているのは、ヨーロッパ原産の「アナウサギ」という種で、一般家庭でも飼育される「カイウサギ」のルーツとなっている。一方、「ノウサギ」の仲間は、隠れ場所に乏しい生息地では単純な穴を掘ることはあるが、基本的には特定の巣は持たずに「フォーム」と呼ばれる地面のくぼみやしげみの下で身をひそめている。あまり知られていない話だが、英語で前者は「rabbit（ラビット）」、後者は「hare（ヘア）」と呼ばれ区別されている。(1)

　日本国内に生息するノウサギの仲間はエゾユキウサギとニホンノウサギ（以後、単純にノウサギとする）の2種で、後者は日本の固有種である。(2) ちなみに、エゾナキウサギとアマミノクロウサギも在来種として生息している。ノウサギは他のウサギ類と同様に植物食性で、多くの他の生物に狙われる餌動物である。ノウサギを対象とした研究は、この二つの側面に関連してなされている。一つは若齢の植林地に被害をもたらす害獣としての側面である。1970年代〜90年代初めにかけては、これに関

する研究例が多い。一方、最近では、イヌワシやクマタカなどの猛禽類の重要な餌資源としての側面に着目した研究がなされている。意外かもしれないが、近年、ノウサギの生息数減少が指摘されており、ノウサギの生態に関する基礎情報の蓄積は生態系を保全していくうえで重要であると考えられる。

これまでに述べられているように、シカはその高い採食圧によって、林床の草本や稚樹・低木を改変させることが知られている。ノウサギは隠れ場所、あるいは餌場として林床植生が豊富な環境を好むことから、シカによって負の影響を受けることが予想される。また、ノウサギもシカも生態系の中で植物を食べる一次消費者であることから、食物をめぐる競争が生じる可能性も考えられるが、それを扱った研究はなかった。そこで私は、シカがノウサギにどのような影響を与えるかを評価しようと研究に取り組んだ次第である。これは余談だが、当時宇都宮に住み始めた私は、偶然にも「キャロットハウス」というアパートを借りており、ノウサギを扱った研究をすることに運命を感じたものである。

2. 積雪とノウサギ・シカの関係

研究に取り組むといっても、私はそれまで哺乳類を研究対象として扱ったことがなく、雲を掴むような話であった。まず私は、ノウサギとシカの生息する場所を探すことを考えた。シカに関しては、調査地域を複数人で踏査すれば生息確認ができるが、サイズが小さく、茂みに隠れているノウサギに対しては非現実的な方法である。そもそも、毎回多人数で調査するのも困難であった。そこで、動物の痕跡をもとに生息確認をすることにした。ノウサギの糞は円形で茶色っぽく、シカの糞は俵形で黒色とその特徴が大きく異なっており、識別が容易であると考えたからである。ところが相手は自然、そんなに甘くはなかった。林床植生が豊富な環境では、草の根をかき分けなければ糞を発見することができず、非常に効率が悪かった。ときには茂みをほふく前進し、ノウサギ目線を体験したこともあった。そんなわけで、夏場に本格的な調査をすることに早くも見切りをつけた私は、冬場に勝負をかけることにした。

奥日光をはじめ、栃木県北西部の山地には冬季に積雪がみられる地域がある。動物が雪の上を移動すると当然足

跡が残り、それは糞と同じように種で特徴ある形状をしている。つまり、ノウサギとシカの識別が可能なわけである（写真❶❷）。また、一定区域の足跡数が生息密度の指標となるので[4]、調査地間のおおよその密度比較も可能である。加えて、シカは雪深い環境では行動が著しく制限されるため、多雪地域からは季節移動することが知られている[5-6]。つまり、冬期に限定されるが、シカの影響が大きい地域と小さい地域とを比較することが可能なわけである。

そこで、積雪がある地域の中から、シカの越冬地と非越冬地をそれぞれ数カ所ずつ、合計10の地域を選んで2シーズンにわたって調査を行った。調査では、各調査地において、2m×10mのベルトを直列に3個つなげて1組とし、1組ごとに角度を変え連続した一定のルートを設定して、ベルトに交差したシカとノウサギの足跡本数を記録していった。それぞれの踏査ルートは1km～2km程度で、各調査地につき4～5回踏査を行った。得られたデータは1回の調査ごとにベルト1本あたりの足跡本数に換算し、それを各調査回の密度指標とした。その値を調査回数で平均し、各調査地を代表する密度指標とした。この際、鮮明な足跡が残されていることが好ましいため、踏査は午前中限定とした。また、毎踏査時に積雪深を測定し、各調査地の最大積雪深の情報を得た。

これらの調査の結果から、積雪が多い地域ほどシカの密度指標が小さくなるという傾向が見られた（図❶）。シカの活動限界は45cmの積雪であるとされている[5]。また、胸高や足の長さ、蹄にかかる荷重といった形態的な特徴からも、積雪に対して非適応的で積雪が50cm以上の地域では移動が著しく制限されることが指摘されている[6]。つまり、「積雪に弱い」というシカの特徴を反映していたといえる。

写真❶　ノウサギの足跡

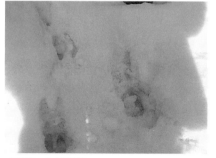

写真❷　シカの足跡

一方、ノウサギはどうだろうか？ノウサギと体格的に近いカンジキウサギでは、後足の面積が体重の割に大きく、足底面積当たりの荷重が減少するので、積雪下での行動に適応的であることが指摘されている。ちなみにこのウサギは英名で、「Snowshoe Hare」と呼ばれる。「Snowshoe」とは西洋カンジキのことで、私も調査時に愛用していたが、確かにこれがあるとないとでは大違いであった。ノウサギもカンジキを履いたような状態で、積雪に影響されず行動することが予想される。実際、最大積雪深が60cm-80cm程度の地域でもノウサギの足跡を確認しており、残像が残るほどの速さで移動するのを目の当たりにしたこともある。

次に、ノウサギとシカの関係を捉えるために、横軸にシカの密度指標、縦軸にノウサギの密度指標をとりグラフにしてみよう。すると、シカが多い地域ではノウサギが少なく、反対に

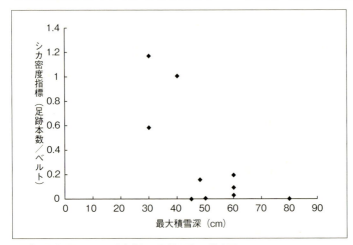

図❶　最大積雪深とシカ密度指標の関係を示した散布図
両者には有意な負の相関が認められた（n=10, rs =-0.636, P<0.05）

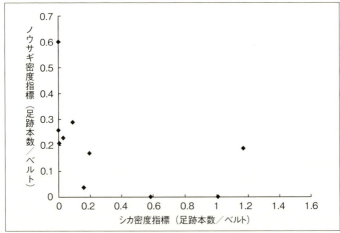

図❷　シカ密度指標とノウサギ密度指標の関係を示した散布図
両者には、有意な負の相関が認められた（n=10, rs =-0.769, P<0.05）

シカが少ない地域ではノウサギが多いという傾向が見られた(図❷)。このことから、シカがノウサギに対して負の影響を及ぼしていることが見えてくる。では、具体的に負の影響とは何だろうか？私はそれがシカとノウサギが競争関係にあることに起因すると考え、調査を継続していった。

3. 食物資源量とその重複

　2種が競争関係にある場合、①競争関係にある種が同所的に生息する、②利用する食物資源が重複する、③利用可能な食物量が制限される、という3条件が満たされる(8)。この中の条件②を検証するために、冬季の食物資源量と両種の餌の重複度合を調べた。ただし、各調査地において積雪が見られたのでそれを考慮する必要がある。そこで、最大積雪面を冬季における地表面と仮定して、融雪後、各調査地に1m×1mの区画を5個設定し、高さ0cm(最大積雪面)〜180cm(シカが採食可能な最大高)の範囲にある樹木枝を30cmごとの6階層に分けて刈り取りを行った。ここでいくつか補足をしておきたい。まず、食物資源として樹木枝を想定した理由である。私が調査を行った際、もっとも積雪の少ない地点でも最大積雪深が30cmに達していたが、調査地の林床に広く見られるミヤコザサという植物は25cm以上の積雪で埋没し採食が制限されると言われている(5)。また、ススキなどの他の植物も局所的に雪上にでていたものの、その多くが埋没していた。これらの点から、雪上に出ていた樹木枝が主要な食物資源であると仮定した。また、樹木枝を6階層に分けて刈り取ったのは、ノウサギとシカのように体のサイズが異なる場合、採食する高さも異なり実質的に食物資源を競合しない可能性が考えられたので、採食する高さを比較するためである。

　さて、話を調査の方法に戻そうと思うが、刈り取った樹木枝は研究室に持ち帰り、①採食されていない当年枝、②ノウサギに採食された当年枝、③シカに採食された当年枝に区分し、その本数および乾燥重量(植物はそのときの水分含量により重量が大きく変化するため、水分を除いた乾燥重量を用いることが多い)を測定した。このとき、実際に利用可能であった食物資源量を知るには、ノウサギとシカが採食した量を考慮する必要がある。そこで、乾燥重量が当年枝の本数に比例すると仮定して補正計算し、もともと利用可能であった資源量を推定した。なお、当

年枝とは1年以内に伸長した枝で、ようするに先端に栄養豊富な芽がついている枝のことである。また、ノウサギとシカが採食した枝はその食痕から判別することができる（写真❸❹）。

このようにして得られた情報を元に分析してみると、ノウサギでは生息密度に食物資源量の多寡が反映され、シカについてはあまり反映されないという結果が得られた。これは、先ほど述べたようにシカの行動が積雪によって制限されるために、シカにとっては食物資源量よりも積雪が大きな影響力をもつためであると考えられる。食物の重複についてはどうだろうか？体サイズの異なる両種であるが、採食高には重複が認められ、特にノウサギが利用可能な採食高90cmまでの高さで重複が多かった。この理由としては、食物資源が積雪面に近いところで多かったこと、栄養価が高く有害な化合物含量が少ない枝が地上部で多いこと(9,10)が関係していると思われる。また、利用された植物種の重複度を算出すると70%〜90%の重複度が得られた。以上のことから、ノウサギとシカは、冬季に同所的に生息する場合には、高い割合で同じ食物資源を利用するものと考えられた。

4. シカはノウサギにどのような影響を与えるか？

前節で述べた2種の生物が競争関係にあるときの3条件をいま一度考えてみよう。前節で検証してきたように、三つの条件のうち同所的な生息と食物資源の重複という二つを満たしている。では、残る一つ「利用可能な資源が制限されている」に関してはどうだろうか。当年枝中のタンパク質含有量は芽で最大となるという報告があり(11)、採食に適した部分は当年枝のなかでも限られるものと推察される。ただでさえ、

写真❸　ノウサギの食痕。刃物で切ったようにするどい断面をしている

写真❹　シカの食痕。引きちぎったように粗い断面をしている

調査地域では植物が雪へ埋没しており、利用可能な植物は限られているのであるから、潜在的な食物資源はかなり限定されていると言えるだろう。以上より、冬期においてノウサギとシカは食物をめぐり競争の関係にあると考えられた。

しかし、一方で疑問も残った。競争関係にあるのに、なぜノウサギとシカは共存しているのかということである。こうした疑問に答えるためには、ノウサギに影響を及ぼす要因をもっと多角的に検証する必要がある。そこで、低木・高木の密度や林冠の閉鎖度（高木の枝葉がどの程度地面を覆っているかの指標で、この数値が大きいと下層植生に届く光量が減り、冬季に利用できる植物の生育に対し負の影響を与えると考えられる）などのノウサギに影響を与えると思われる環境要因を測定し、食物資源量、シカの生息密度、シカによる食物資源の消費量、最大積雪深とともに、それぞれがノウサギの生息密度にどの程度影響を与えているかを統計的な解析によって検証した。その結果、低木の本数が大きく影響することが明らかになった。つまり、低木の多い環境でノウサギが多く生息するということである。低木は食物資源としてのみならず、捕食者からの遮蔽物としても機能するので、きわめて分かりやすい結果と言える。

シカの採食圧が高まると低木の消失がもたらされる。[12] このことから、シカの越冬地のように高い採食圧が継続して加わるような環境では、積雪時におもな下層植生となる低木層が貧弱化し、ノウサギに負の影響を与えると考えられた。じつは、私が調査した場所でシカのみの足跡が確認されたところは、シカの越冬地として知られており、低木も少なかった。一方、ノウサギとシカが共存していたところは、「食物資源は豊富ではないが、積雪量が多くシカ密度が低い環境」と「シカ密度が高くてももともと、低木数がきわめて多く、食物資源も豊富な場所」のいずれかであった。

以上のことから、ノウサギとシカの関係には次のようなメカニズムが働いていると考えられた。まず、シカは多雪下では生息が妨げられ採食も抑制されるために、ノウサギとの種間競争が緩和され共存が可能になるということ、あるいは、もともとの気候や光量の関係でシカの採食圧に耐えるだけの食物資源が存在すれば、両種の共存が可能であるということである。つまり、「積雪量の多さ」と「食物資源や遮蔽物の豊富さ」がノウサギとシカの共存を支

える要因であると考えられた。一方、シカは越冬地で高密度化するため、数年にわたり利用される典型的な越冬地では、その採食による影響が顕著なものとなる。それによって、ノウサギにとっての食物資源・遮蔽物となる下層植生の貧弱化を招き、ノウサギは競合的に排除されたと考えることができる。

　ここまで述べてきたように、シカはノウサギという他の草食獣の生息に負の影響を与え得る動物であると考えられる。この事実は、シカのみならずノウサギの保護管理においても重要な意味を持つ。しかし、私の研究は栃木県内の限られた地域で、しかも、冬という限られた季節をたった2シーズン扱ったに過ぎない。今後検証することは山ほどあるというのが正直なところである。たとえば、夏季におけるシカの採食圧がノウサギに及ぼす影響や、シカの採食圧の変化がノウサギの生息環境に及ぼす影響、積雪量の年次変化が両種の関係に及ぼす影響などを評価していく必要があるだろう。私が研究をしていた当時、「ノウサギを対象にするなんて変わっている」としばしば言われたものだが、ノウサギも生態系を構成する主人公の一角である。今後、シカをはじめとする他種との関係性を多面的に捉えた研究が展開されることを願ってやまない。

〈引用文献〉
(1) 川道武男. 1994. ウサギがはねてきた道. 紀伊国屋書店, 東京.
(2) 小宮輝之. 2003. 日本の哺乳類. 学研, 東京.
(3) 山田文雄. 2003. 私たちの自然 490: 16-19.
(4) 森林野生動物研究会(編). 2000. フィールド必携　森林野生動物の調査―生息数推定法と環境解析―. 共立出版. 東京.
(5) 丸山直紀. 1981. 東京農工大学農学部学術報告 23: 1-85.
(6) Takatsuki. S. 1992. Ecol Res 7: 19-23.
(7) Murray D. L. & Boutin, S. 1991. Oecologia 88: 463-469.
(8) De Boer, W. F. & Prins, H. H. T. 1990. Oecologia 82: 264-267.
(9) Belovsky, G. E. 1984. Oecologia 61: 150-159.
(10) Nordengren, C., Hofgaard, A. & Ball, J. P. 2003. Ann Zool Fenn 40: 305-314.
(11) Pandleton, R. L., Wagstaff, F. J., Welch, B. L. 1992. The Great Basin Naturalist 52: 293-299.
(12) 辻岡幹夫. 1999. シカの食害から日光の森を守れるか. 随想舎. 栃木.

シカの影響は高次捕食者にまで及ぶのか？

關 義和

1. シカとタヌキの関係？

そもそもの研究の始まりは、奥日光においてタヌキが春先にシカを食べていたということである（P32〜を参照）。そこでも述べたように、タヌキはそこまで速く走ることはできないし、体のサイズも決して大きいわけではないため、自らシカを捕食することはほぼ不可能と言っていい。では、タヌキはシカをどのように食べているのか。答えは単純で、動かないシカを食べているということである。つまり、シカの死体である。冬を越せずに死んでしまうタヌキがいることはP32〜で述べたが、それはシカも同じである。実際に奥日光において2007年の3月から5月にかけて約450haの範囲を踏査した結果、11頭のシカの死体が発見された（写真❶）。シカが高密度に生息すれば、それだけ死亡する個体の絶対数は多くなると考えられるため、私は短絡的にシカがたくさんいることはタヌキにとってプラスに働いているのではないかと考

えた。しかし、ある種の他種への影響を評価するためには、こうした直接的な影響を評価するだけでは不十分で、間接的な影響についても評価するということが求められる。

では、シカがタヌキに及ぼす間接的な影響とは何だろうか。いろいろと頭を悩ませる中、私は一つの考えに至った。それは、シカがタヌキの餌資源に影響を及ぼしているのではないかということである。タヌキの主要な餌資源は地表性の昆虫類やミミズ類であることはP32〜で述べたが、じつはこうした地表性の無脊椎動物の個体数はシカ類の植生改変などによって増減するということが海外を中心に報告されてい

写真❶　冬を越せずに死亡したシカ

る。そのため、もしかしたらシカの植生改変の影響は、回りまわってタヌキにまで及んでいるのではないかと考えた。そんなわけで私は、シカによるタヌキへの間接的な影響という未知なる課題に取り組むことにした。

2. シカによるタヌキの餌資源への影響

奥日光では、2001年に約16kmのシカの侵入防止柵が設置された。ただし、柵は完全に閉鎖されているわけではなく、川や道路上には柵がないため、哺乳類が柵内外を行き来することは可能である。しかし、それでも柵内のシカの密度は極めて低く、林床の植生構造は柵内外で大きく異なっている。つまり、林床は、柵内ではシカの主要な餌資源であるミヤコザサ（以下、ササ）が優占するが、柵外ではシカの採食圧によりササ類はほとんど消失し、現在ではシロヨメナ（シカの忌避植物）もしくは裸地に覆われている。このように、奥日光には、シカの影響を受けていない林床（柵内）と受けている林床（柵外）が存在する。そのため、こうした林床が異なる環境において昆虫類とミミズ類の現存量を比較することで、タヌキの主要な餌資源に対するシカの植生改変の影響を評価するということが可能となる。

そこでまずは、落とし穴トラップを用いて昆虫類の現存量を調べることにした。このトラップは、使い捨てのプラスチックコップなどを地中に埋設（コップの口の部分が地面の高さと同じになるように埋設）して昆虫類の捕獲を行うというものである。調査の際には、コップの上部約3cmのところに屋根をつけた。これにより、コップへの水の浸入や小型哺乳類の落下、中型哺乳類によるコップへの悪戯を防止することができる（ただし、何度か獣に掘り起こされて行方不明になってしまったトラップもあるのが反省点である）。1回の調査では、3日間トラップを設置して、これを計6回行った。もう一つのミミズ類の現存量については、ハンドソーティング法を用いて調べることにした。この方法は、一定量の土壌（たとえば、25cm四方における深さ10cmまでの土壌）を採取して、その土壌内にいる動物を採集して仕分けるというものである。これら二つの調査を、夏のあいだに6林床（柵内ではミズナラ林とカラマツ林のササ型林床、柵外ではミズナラ林とカラマツ林のシロヨメナ型林床と裸地型林床）で行った。なお、各林床における昆虫類とミミズ類の捕獲（または採集）はそれ

それ16地点で行った。

解析では、タヌキが春から秋にかけて主要な餌資源にしていた、昆虫類（オサムシ科、コガネムシ科、カマドウマ科）とミミズ類を対象とした。その結果、現存量は、オサムシ科では柵内外で統計的な差は認められなかったが、その他の動物では柵内よりも柵外で多かった[3]。つまり、コガネムシ科はミズナラ林のササ型林床（柵内）よりも裸地型林床（柵外）で、カマドウマ科はカラマツ林のササ型林床（柵内）よりもシロヨメナ型林床（柵外）と裸地型林床（柵外）で、ミミズ類はミズナラ林のササ型林床（柵内）よりもシロヨメナ型林床（柵外）で多いという結果が得られた。また、もう一つ重要な点としては、柵外のシロヨメナ型林床と裸地型林床のあいだでは、これら無脊椎動物の現存量に差は見られなかったということである。つまり、タヌキの主要な餌資源は、シカによる植生改変の影響を受けた林床で多いということが分かった。

海外の研究をみると、シカ類による植生改変が主要因となって無脊椎動物の種構成や現存量が変化するという事例は多い[1,4,5]。また後述するように、奥日光の柵外におけるミミズ類の増加にもシカによる植生改変が大きく影響していた[6]。ただし、カマドウマ科については、植生改変の影響があったことが推測されるものの、植生改変の何が影響しているのかについては残念ながら不明であった。これらについて明らかにするためには、カマドウマ科の食性やミクロ環境に対する選択性などの調査が必要だろう。また、コガネムシ科が柵外で多かった要因に関しては、植生改変の他にシカの糞量の増加が関与していることが推測された。柵外で採集されたコガネムシ科はほとんどが食糞性のコガネムシであり、こうした糞虫類はシカを含むさまざまな哺乳類の糞に飛来することが報告されている[7]。そのため、柵外でシカが増加したことによって糞量も増加し、それによってコガネムシ科が増加したということが考えられた。

このように、シカの植生改変や糞量の増加によって、タヌキの餌資源は増加しているらしいということがわかってきた。つまり、シカは、自らが死体となってタヌキの餌資源になるだけではなく、タヌキの他の餌資源も増加させているということになる。もしそうであるならば、つぎに浮かび上がってくるのが「餌資源の増加によってタヌキは増加しているのか」という疑問である。そういうことで早速この疑問に迫ってみたい、と言いたいところだが、

その前に上で触れたミミズ類の増加要因について簡単に紹介しておきたい。

3. 柵外におけるミミズ類の増加要因

本題に入る前に唐突ではあるが、少しだけチャールズ・ダーウィンの話をしておこうと思う。ダーウィンは、進化論を提唱した人であることや、最近ではNHKで「ダーウィンが来た!」という番組がやっているため、彼のことを知っている人は多いだろう。しかし、ダーウィンがミミズの研究者でもあったということをご存じだろうか。残念なことに、このことは一般的にはあまり知られていない。彼は、40年間にもわたってミミズの観察を続け、ミミズが土壌耕耘という大きな役割を果たしていることを発見した人でもある。そんなダーウィンが研究対象としていた同じ動物を研究できたことは私にとってはうれしいことであった。これも、タヌキがミミズを食べていてくれたおかげである。タヌキのおかげで、ミミズの奥深さ、そして魅力を知ることができ、とても感謝している。ちなみに、ダーウィンのミミズの研究に関しては、「渡辺弘之(訳). 1994. ミミズと土. 平凡社」という訳本が出ているため、興味のある方はぜひご覧いただきたい。

さて、ダーウィンが研究していたヨーロッパではツリミミズ科のミミズが優占しているが、日本ではフトミミズ科のミミズが優占している。このフトミミズ科のミミズを生活型で分類すると、表層で落葉などのリターを食べる表層種と、地中で土壌を食べる地中種に大別される。これらは、腸盲嚢の形態が指状型(写真❷)かどうかで区別が可能である。ここでは、奥日光においてフトミミズ科と林床植生との関係を調べた結果を紹介する。

この調査では、柵内で優占するササと柵外で優占するシロヨメナの地上部現存量とミミズ類との関係を調べるために、それぞれササとシロヨメナの被度が異なる15地点でミミズ類の採集を行った。そして、採集したミミズ類は研究室に持ち帰り、解剖して腸盲嚢の形態を観察した。これまで脊椎動物の骨格標本くらいしか作製したことがなかった私にとって、体の小さなミミズ

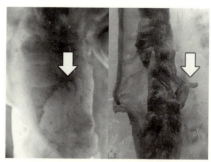

写真❷ ミミズ類(フトミミズ科)の腸盲嚢。左は指状型、右は突起状型の腸盲嚢を示す

類の解剖はかなり大変な作業であった。あまりの緻密な作業のためによく叫んでしまっていたが、なんとか研究室から追い出される前に解剖を終了することができた。

その結果、興味深いことに調査範囲内で採集されたすべての個体が表層種であった（ただし、調査範囲外で採集された1個体は地中種であった）。さらに、表層種の個体数と現存量はシロヨメナが多いところほど多かったことから、表層種にとってのシロヨメナの嗜好性は高いことが推測された。一方で、ササとは関係性が見られないばかりか、ササ型林床ではたった1個体しか採集されなかったことから、表層種にとってササは餌資源としては不適である可能性が示唆された。ミミズ類は新鮮度の高い落葉を分解がある程度進んでから摂取することが報告されているが、ササの分解率はシロヨメナの半分程度と低い値を示した。そのため、表層種の餌資源としてササが不適である理由の一つとしては、ササの分解率の低さが影響していると考えられた。

奥日光の柵外では、シカの食害によってササ類はほとんど枯死し、いまではシロヨメナが群生しているところが多い。つまり、シカは、植生改変によって表層種の餌資源の質を好転さ

せ、間接的にミミズ類を増加させたということになる。では、上述した昆虫類も含めて、こうした無脊椎動物の増加はタヌキの増加にまでつながっているのだろうか。

4. シカによるタヌキへの影響

柵外でタヌキが多いかどうかを調べるために、まず研究室で実施されていたスポットライトカウント法による調査（以下、ライト調査）の結果を解析することにした。この調査は、車で約9km（柵内は3.4km、柵外は5.6km）の道路を、左右をスポットライトで照らしながら走行して動物を探すというもので、毎月（冬は除く）3回以上実施されていた。私も2006年から2010年にかけて調査に参加でき、とても貴重な経験となった。シカの個体数の動向を把握するために実施されていた調査であるが、シカ以外の哺乳類やフクロウなどについても目撃記録が残されている。そこで、柵設置後の2002年から2010年までの調査結果を用いて、タヌキの目撃率（単位距離あたりの目撃数）を柵内外それぞれで算出した。ただし、柵内外では植被率が異なるために、タヌキの発見しやすさが異なる可能性もある。そのため、道路から近い距離で

目撃されたデータだけを用いた解析も行った。また、もう一つの調査として、P35で述べた「タヌキのため糞場」について、その発見率（単位距離あたりの発見数）を柵内外で比較することにした。調査では、ため糞場を探すために、同じ研究室に所属していた奥田圭氏、中山直紀氏、橋本友里恵氏、岩本千鶴氏、藤野将司氏にも協力いただき、柵内外を延べ約210km踏査した。疲労感の大きい調査ではあったが、皆で大学の演習林に泊まり込んでの調査は私の楽しい思い出の一つである。

調査の結果、タヌキの目撃率とため糞場の発見率は柵内よりも柵外で高く、その主要因としては、つぎに述べるようにシカの植生改変等に伴う無脊椎動物の増加が影響していると考えられた。[3] まず、シカが増加しはじめた1984年以前には、奥日光のタヌキの生息数は少なかったことが報告されている。[9-10] また、小金澤先生が1979年に同じルートで行ったライト調査でもタヌキは目撃されていないことから、シカの増加以前には、奥日光（現在の柵の内外）のタヌキの生息数は少なかったことが推測された。今回の調査でも、柵内ではタヌキが3頭しか目撃されなかったため、柵内のタヌキの密度はシカの増加以前と同様に低いと考えられた。しかし、柵外では、タヌキの目撃率とため糞場の発見率が柵内に比べ10倍以上高かったことから、柵外のタヌキの密度はシカの増加以前と比較して高くなっていることが推測された。タヌキの捕食者がほとんどいないことや、柵内と柵外は近接しているため気象条件もほぼ同じであることから、こうした条件が柵内外におけるタヌキの密度の違いをもたらしたとは考えにくい。以上のことから、柵外でタヌキが多かった一因としては、シカの増加に伴うタヌキの餌資源量の増加が大きく起因していると考えられた。

このように、シカの増加に伴う餌資源の増加によってタヌキが増加しているのであれば、類似した餌を食べている他の捕食者も同じように増えているのだろうか。次節では、柵内外における他の捕食者に対するシカの影響について見ていきたい。

5. シカによる高次捕食者への影響

詳細は割愛するが、奥日光ではシカの植生改変等により無脊椎動物は増加している一方で、ネズミ類は減少傾向にあることが報告されている。[11] したがって、もし、シカの増加による餌資源量の変化が高次捕食者の密度にまで影響

しているのであれば、増加した無脊椎動物を食べている捕食者は増加し、減少したネズミ類を食べている捕食者は減少しているということが推測される。

そこで、上述したライト調査の結果を用いて捕食者の目撃率を比較してみると、興味深いことにタヌキと類似した餌資源を食べているニホンアナグマ（以下、アナグマ）は、タヌキと同じように柵外で多いということが分かった。[12] 一方で、ネズミ類を選択的に捕食しているフクロウは柵外で多く、無脊椎動物とネズミ類の両方をよく食べているアカギツネ（以下、キツネ）とニホンテン（以下、テン）は柵内外で顕著な差は見られないということがわかってきた。つまり、シカの増加に伴い捕食者の餌資源量が変化することは、捕食者の密度にまで影響する大きな要因となっているということが見えてきた。ここでもう一つ重要な点としては、目撃率がタヌキとアナグマは柵内において、フクロウは柵外において、非常に低かったということである。あくまでも推測の域はでないが、恐らくタヌキとアナグマでは短足なために形態的にネズミ類の捕獲能力が低いということ、またフクロウでは食性がネズミ類に特化しているということなどが、こうした柵内外の極端な差をもたらしているのではないかと推測された。一方で、キツネとテンはしばしばノウサギを捕食する動物であるなど、餌動物の捕獲能力は高いと考えられる。そのため、キツネとテンは、シカの影響で餌資源の種類や量が変わったとしても、それに対応できる順応性の高い動物であるということが推測された。実際に、キツネとテンの食性が柵内外で異なるかどうか、同じ研究室に所属していた伊東正文氏と一緒に調べたところ、興味深いことに、柵内ではネズミ類の、柵外では昆虫類とミミズ類の利用頻度が高いということが分かった。そのため、キツネとテンについては、タヌキやフクロウなどと比較すると、シカの影響を受けにくい動物であるということが推察された。このように、さまざまな種を対象にシカの影響評価を行うことは、シカの影響を受けやすい種やその生態的特徴を知る一つの手段となりうる。

6. 生態系保全のためのシカの管理

最後に、第2章の冒頭で掲げた、「森林生態系の保全のために求められるシカの管理」について考えてみたい。

現在、さまざまな地域でシカ類の影響評価に関する研究が行われはじめて

いるが、動物への影響も含めて評価した研究はまだ非常に少ない。対策についても、柵を設置するなど、シカから植生を保護することに重点が置かれている場合が多く、そこには動物の保全といった観点は含まれていないことが多いのが現状である。今後は、植物も動物も含めて生態系全体を保全していくという視点が必要になってくるだろう。

　しかし、第2章全体を見てもわかるように、シカの影響で減る動植物もいれば増える動植物もいる。このなかで、生態系全体を保全するといった場合、管理目標はどこに定めるべきなのだろうか。シカの増加以前の森林と同じような状態に戻すべきなのだろうか（そもそも、その状態がわからないことがほとんどではあるが）。それとも、生物多様性の高い森林にするのがよいのだろうか。答えは、「わからない」というのが正直なところである。残念ながら、科学は万能ではなく、こうした価値判断を伴う決定まではできないのである。つまり、どのようにすべきかの最終判断は、科学者などの専門家だけではなく、行政機関や一般市民などを含めて、社会全体で行う必要がある。その判断材料とするためにも、「シカの増加によって森の生き物たちの種類や数が どのように変わってしまうのか」という問いに答えられるよう知見を蓄積していくことが求められる。そして、そうした科学的に評価された情報を正しく社会に発信していくということが、科学に携わる者に求められている重要な役割の一つと言えるだろう。

〈引用文献〉
(1) Stewart, A. J. A. 2001. Forestry 74: 259-270.
(2) Bardgett, R. D. & Wardle, D. A. 2003. Ecology 84: 2258-2268.
(3) Seki, Y. & Koganezawa, M. 2013. J For Res 18: 121-127.
(4) Suominen, O., Danell, K. & Bryant, J. P. 1999. Ecoscience 6: 505-510.
(5) Suominen, O., Danell, K. & Bergström, R. Oikos 84: 215-226.
(6) 關　義和・小金澤正昭. 日林誌 92: 241-246.
(7) 小池伸介・加藤元樹・森本英人・古林賢恒. 2006. 野生生物保護 10: 45-60.
(8) 石塚小太郎. 2001. 成蹊大学一般研究報告 33: 1-125.
(9) 小金澤正昭. 1983. 栃木県博研報 1: 39-66.
(10) 小金澤正昭・黒川正美. 1983. 栃木県博研報 1: 67-82.
(11) 小金澤正昭・關　義和・奥田　圭・藤津亜弥子・伊東正文. プロ・ナトゥーラ・ファンド助成第21期助成成果報告書 21: 77-84.
(12) Seki, Y., Okuda, K. & Koganezawa, M. 2014. Mamm Study 39: 201-208.

第3章 動物が引き起こす問題を知る〜野生動物管理

餌付けされたニホンザル

第3章　動物が引き起こす問題を知る～野生動物管理

　ひとくちに野生動物と言っても、種によりその状況はさまざまであり、著しく個体数が減少し絶滅が危惧されるものもあれば、個体数や分布域が拡大してさまざまな問題を引き起こしている種も存在する。前者についてはレッドリストを作成し、開発行為を行う場合はその生息に配慮するなどの対策が行われているが、近年早急な対応が求められているのは後者の方である。高山帯でのニホンジカ個体数の増加に伴う自然植生の衰退や、それに伴う生物多様性の減少が、日本各地の国立公園で報告されるようになってきた。また、(1-2)増加する農林業被害は、特に中山間地域において営農意欲の減退や地域の魅力の減少、過疎化の促進につながっている。さらに、アライグマをはじめとする海外から導入された外来種についても全国各地で分布域が拡大し、人間生活や在来生態系への影響が生じているなど、野生動物にかかわる問題はますます深刻化している。

　栃木県でも例外ではなく、中大型獣や外来種にかかわる問題は非常に深刻な状況となっている。こうした問題に適切に対処していくためには、問題の本質やこれまでの対策等についての理解を深め、それらを今後の管理計画に反映させていくという視点が強く求められる。

　栃木県では、野生動物にかかわる問題解決に向けて、これまでにニホンジカやイノシシ、ツキノワグマ、ニホンザル、アライグマなど、さまざまな動物について研究や対策が実施されてきている。また、自然科学だけではなく社会科学的なアプローチによっても問題解決を図ろうとしている点は特徴的である。第3章では、こうした栃木県における野生動物問題にかかわる研究や対策を紹介し、今後の問題解決のために求められる野生動物管理について考えていきたい。

（丸山　哲也）

〈引用文献〉
(1) 吉川正人・田中徳久・大野啓一. 2011. 植生情報 15: 9-96.
(2) 前迫ゆり・高槻成紀. 2015. シカの脅威と森の未来―シカ柵による植生保全の有効性と限界. 文一総合出版, 東京.

有害鳥獣捕獲により箱ワナに捕獲されたイノシシ

分布調査からみえる栃木県の野生動物問題

春山　明子

1. 分布調査とは、どんな調査か？

　分布調査は、動物の分布把握だけに行われているわけでなく、人口分布や株式分布など、さまざまな分野で用いられている調査方法である。自然環境の分野では、植物、昆虫、鳥類などでも用いられており、図鑑に載っている「分布図」の作成に用いられる調査方法と言えばイメージができるであろうか。この分布調査は、行政の政策的にみても、分布の増減から保護や管理の方針を決めるうえで、基礎となる重要な調査として位置づけられている。

　皆さんも、このような会話を耳にするのではないであろうか。「最近、イノシシが街に出没しているのは、分布が広がっているせいだ」とか、「昔はあちこちで見かけたウサギを最近見なくなったのは、棲める場所が減って分布が減っていることが原因だ」など。このように野生動物の増減を表す指標として、後述される「個体数調査」とともに、「分布調査」という手法が使われているのである。具体的には、「栃木県のシカの生息頭数は約23600頭と推測され、個体数は増加傾向にある」というのが個体数調査の結果である。一方で、「栃木県の面積に占めるシカの生息面積は県全域の38％であり、県北部では分布が北方向に拡大している」というのが分布調査の結果である。

　その分布調査は、誰がどのように実施しているのか、知っているだろうか？

　1999年に実施した栃木県の哺乳類の分布調査は、私が大学の卒業論文のテーマとして実施したのである。栃木県では、1978年と1988年に分布調査が実施され、基礎的な野生動物の分布が把握されていた。1978年の調査では、相沢氏[1]と環境省の第2回自然環境保全基礎調査[2]により、栃木県全域の大型哺乳類の分布把握が行われた。1988年の調査では、宇都宮大学の小金澤教授（当時は栃木県立博物館勤務）により、中大型哺乳類の分布状況が把握された[3]。そして10年余りが経過した1998年6月、小金澤教授の野生鳥獣管理学

研究室の4年生だった私は、1988年の調査と同様に、栃木県全域の中大型哺乳類の分布調査を卒業論文のテーマとして実施したのである。

私は、「栃木県全域なんて、そんな広いエリアを半年で調査することができるのだろうか？」という不安を抱いたまま、急いで調査を開始したのである。その不安は調査を進めながらも日に日に大きくなり、木の葉が色づく季節になっても調査の終わりは見えず、すでに多くの同級生が卒業論文を書き出したクリスマスを迎えるころになってやっと現地調査を終えることができた。冷や汗をかきながら栃木県中を走り回っていたことを、いまもクリスマスが近づくと思い出す。調査では目撃情報の正確性を確保するため、直接情報を聞き取る対面方式（写真❶）とし、地図を示しながら詳細な位置を把握し、写真を確認してもらいながら動物の種名を正確に判別した。対象動物は、種の判別が困難なモグラ・ネズミ・コウモリを除く中大型哺乳類17種とした。調査の対象者は、日ごろから野生動物を目撃する機会が多そうな農・林業関係者や、都市部では河川沿いを散歩する方、大きな林を持つ神社の関係者、もちろん狩猟者も対象とした。また、可能な限り目撃した日付

写真❶　聞き取り調査の様子

や、そのときの状況なども詳細に聞き取った。その結果、7カ月間に及ぶ調査で、栃木県内の642名の方々から話を伺うことができた。

この調査をとおして、まず驚いたのは、皆さんの目撃経験が意外と多いことであった。情報は山中の道路や田畑だけでなく、「宇都宮市の鬼怒川河川敷でキツネを見た」というものや、「葛生駅近くの畑に、イノシシが出た」というものなど、住宅地周辺でも多く得られた。また、「何の動物だか分からないけど、タヌキくらいの大きさで顔の真ん中が白かった」「スルスルとカキの木に登って実を食べる、尻尾が長いタヌキのような動物がいた」と言う、当時ではあまり知られていないハクビシンの目撃情報を意外に多く得たことが印象に残った。中部の山地に住む狩猟者の中には、「ハクビシンを食べると牛肉の味がして、柔らかくておいしいよ」

と言っている方もいたほどである。実際に調査に携わってみると、ハクビシンの分布域が、すでに栃木県全域に浸透している状況を実感したのである。

2. 分布調査の結果

得られた目撃情報を分析するにあたり、栃木県を273区画（標準地域メッシュ第2次メッシュを4等分した区画・約5km）に区切り、動物種ごとに過去の調査結果との比較を行い、メッシュ単位で分布の変遷を分析した。

その結果、分布メッシュが増加していた動物は、ハクビシン・ニホンザル・イノシシの3種であった（図❶）。分布メッシュの増加率がほぼ横ばいだったのは、イタチ・ニホンジカ・タヌキ・キツネ・ムササビ・ニホンカモシカ・ツキノワグマ・ニホンリス・ニホンノウサギの9種であった。分布メッシュの増加率が減少していたのは、テン・オコジョ・アナグマ・ホンドモモンガ・ヤマネの5種であった。

【ハクビシン】

10年前と比較した結果、分布メッ

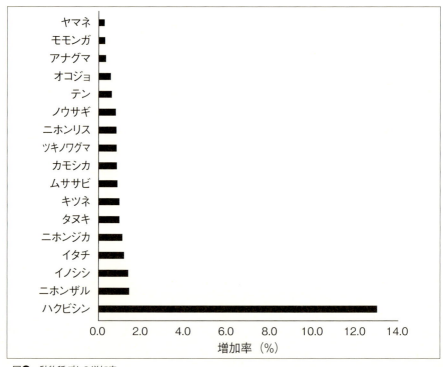

図❶　動物種ごとの増加率

シュが一番拡大していたのはハクビシンであり、なんと13倍にも拡大していた。ハクビシンの生息情報は、1978年には県北西部のわずか7地点のみであったが、1988年には県東部の八溝地域でも生息情報を得ることができていた。さらに1999年の調査では、栃木県全域で分布情報を得ることができてお

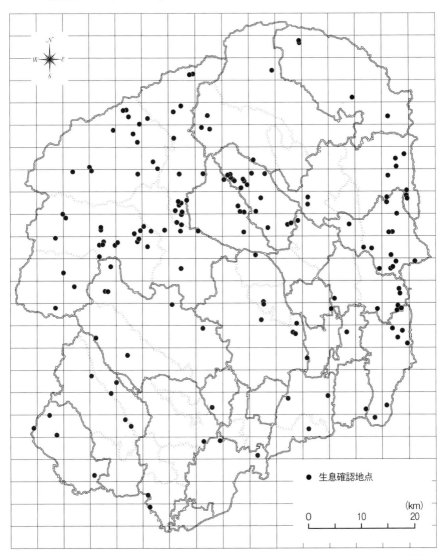

図❷　ハクビシンの分布（1998）。二重線の市町村界は、2015年4月1日時点の表示。点線は旧市町村界

り、わずか20年で県内全域に急速に分布が広がったことが判明したのである（図❷）。

栃木県はイチゴやブドウの産地として全国的にも有名であり、各地で栽培が盛んに行われていることから、果実食を好むハクビシンによる被害増加が最初に懸念された。その悪い予感は的中し、調査の翌年には、ハクビシンによるブドウ被害防止の講演を専門家に依頼したとの話もあり、急速な分布域の拡大に対して、果樹栽培農家の対応が始まった時期となった。そして現在もなお、深刻な被害が続いているのである。また、生活環境への被害として、農家の納屋の2階で子育てをする姿が確認されたという情報や、いまでは世界遺産となっている日光東照宮の境内を、夜な夜な走り回っているという目撃情報もあり、神出鬼没な生息地の選択にたびたび驚かされたものである。ハクビシンは軽い体と、バランスを取るための長い尻尾を持つことで、樹上での生活を得意としており、屋根の上や樹上の細い枝を上手に利用することで多様な生息地の選択が可能となっている。そのような特性の動物であることから、情報があった民家や社寺仏閣の柱に、多くの爪痕を残していることは容易に想像できたが、その件は「私の胸の中だけに秘めておきたい」と思いながら、冷や汗をかいて聞き取り調査を行っていたのである。

【ニホンザル】

ハクビシンの次に分布を広げていたニホンザル（以下、サル）は、群れの分布だけでも1.44倍に拡大していた。サルの情報を聞き取るうえで注意したのは、目撃時にそれが群れであったか、単独個体であったかという点である。群れは定住的な行動圏を持っており、単独個体とは行動特性が大きく異なるからである。当時、栃木県のサルと言えば、日光のサルが有名で、土産物店への侵入や観光客を襲い手土産を奪い取る行動が問題になっていた。その一方で、奥日光いろは坂のサルの群れは、観光客が写真を撮り、餌を与えるのがあたりまえの時代だった。しかし、調査を進めると栃木県内のサルの分布は日光市内だけではなく、那須町から旧田沼町までの県の西側の山地に広く分布していることが分かったのである。

調査で立ち寄った旧粟野町でも、サルによる被害が発生していた。被害形態は、奥日光とは異なり、農業被害が中心だった。畑に出没するサルの群れに困る農家の方から、被害の詳細や自ら実施している対策の方法を1時間近く聞かせてもらった。未熟な私は、そ

のときはまだ被害対策の手法を知らなかったことから、相槌ちをうちながら話を聞くのみだった。その後にご自宅へ呼ばれ、採れた新米と３種類の自家製漬物をおかずに、お昼ご飯をごちそうになったことを思い出す。この農家さんには、調査結果の報告に翌年にお伺いした際に、「最近では、植えたばかりのジャガイモの種イモを、何十頭というサルの群れに食べられて、今年は人生で初めてジャガイモを買って食べたよ」と被害が続いて困っている話をお聞きした。おいしい漬物を食べると、その方がサルに勝っておいしい野菜を作ることができているのか、いまも気になって思い出すのである。

【イノシシ】

　イノシシは、1.39倍に分布を拡大していた。現在は栃木県の広範囲でイノシシによる被害が発生しているが、1978年と1988年の調査では栃木県の南東部にのみ分布していた。1999年の調査では、新たに佐野市や足利市といった栃木県の南西部にも連続した分布を確認することができた。これは、隣接する群馬県桐生市でイノシシの生息が確認され[4]、多くの捕獲が行われていたことから[5]、群馬県側からの分布拡大が原因であったと推測できる。実際に、調査中に知り合った群馬県桐生市の狩猟者から、「梅田の山（県境の群馬側）でイノシシを追うと、イノシシ猟をやっていない足利側に逃げて行くんだよ」との聞き取り情報を得たこともあった。確かに、必死に逃げるイノシシの身になれば、山中まで銃で追い回される群馬県側から手の及ばない栃木県側に逃げ込むのも納得できる行動である。イノシシも生きるために、必死なのだろう。

　このように、行政境を越える野生動物の行動があることから、分布調査は広域で実施することで状況を正確に把握することができるものである。また、捕獲対策においても、山を挟んでつながっている地域が一丸となって連携しなければ、個体数を減らすことができないことを実感したのである。

【ニホンジカ】

　ニホンジカ（以下、シカ）の分布の拡大は1.12倍で、ほぼ横ばいの状況であった。これは当時、生態系の被害の対策として、奥日光などの県の北西部の鳥獣保護区内で捕獲が開始されていたことを考慮しても意外な結果だった。日光で高密度化すれば、周辺地域への分布拡大も激しく、大きく分布が拡大していると予想していたからである。

　調査の結果から、シカの分布は県北部の那須塩原方面に確実に拡大してい

た。また、県境を越えた尾瀬でも、この調査とほぼ同時期にシカの侵入と被害が報告されていたことから、シカは県北部での分布拡大に加えて、北西側の群馬県や福島県に分布を拡大しているということが確認された。一方で、10年前の調査でシカの分布が確認されていた地域ではさらに情報が多くなり、シカの高密度化が予想された。

これらの分析結果から、農林業被害の拡大と、市街地への出没や交通事故増加など、人間生活へ密接した問題の発生が予想された。いまでは頻繁に耳にする市街地への出没などのニュースは、この調査を実施した者からはある程度予測できた結果で、20年余り経過した現在ではその確信を強くしているところである。

【アナグマ】

著しく分布が減少していたアナグマは、0.34倍と半分以下になっていた。

出会った狩猟者の何人かからは、「マミ（アナグマの呼び名）はうまいよ」との聞き取り情報もあったことから、過剰な狩猟により数が減ってしまったと推測された。

塩谷町で林業に従事されている方から話を伺っていると、目の前の側溝を、お腹をタプタプさせたタヌキが走っていったのである。その姿を見て、その方は「マミだ！」と、言ったので、そこでやっと私が見当違いをしていたことに気がついたのである。栃木県ではアナグマのことを「マミ」と呼ぶ人がいたが、中にはタヌキとアナグマを同じ動物だと思い、総称して「マミ」と呼んでいる人がいたのである。この方も、アナグマのことを「太り過ぎのタヌキ」だと思っていたらしく、私がタヌキとアナグマが別の動物だということを、図鑑を示しながら繰り返し説明したが、最後まで信じてもらえなかった。人の思い込みは、図鑑を使った説明でも十分に理解が得られない事例があることを実感した事例であった。このように、タヌキとして集めていた情報の中には、アナグマの情報が相当に混ざっている可能性があるかもしれないことにのちに気づいた。一般の人を対象としたこの調査では、動物の種類を確認するため、図鑑の写真を使用して調査をしているが、このような間違いが起こってしまうことがある。ためしに野生動物についてあまり知識のない友人に、タヌキとアナグマの写真を見せたところ、なんと両方とも「タヌキ」と答え、私は夕飯を食べ終わるまで、その違いを延々と説明したのを覚えている。

一般の方を対象とする調査においては、事前調査として中型動物の呼称を

確認することや、野生動物の種類を判別する写真を複数持って調査する必要があることを痛感した。

3. 分布調査で感じた野生動物の問題

「最近、シカがダイコンを食べちゃって、出荷できるようなものが育たないんだ」。そう話す農家の女性に、聞き取り調査で出会った。くわしく話を聞くと、都内の大学に進学した子どもの学費をダイコンの収入で賄っており、「もっとシカを捕ってもらわなくちゃ」と本当に困っている様子は、農家である自分の親の姿と重なって見えた。

会社を定年退職し、第二の人生を家庭菜園と養蜂で楽しみながら別荘で暮らす男性は「畑にクマが出て怖かったんだよ。奥の林で養蜂をやっているから寄ってくるのかな？」と言ったあと、「怖くて養蜂箱まで行けないよ。ワナを仕掛けてもらえないのかな？」と尋ねられることもあった。

山中の集落に暮らす老齢の男性は「夕方、車で家の前の道を軽トラで走っていたら、横からシカがぶつかってきたんだよ。保険が効かなくて、修理代が高くついたよ。シカが増え過ぎて本当に困るね」と窮状を訴えていた。

なかには、聞き取り調査をお願いするために、「野生の動物を……」と話しかけただけで、「困ったもんだ！」と怒り出してしまい、話すら聞いてもらえなかったこともあった。また、長年溜まり続けた不満を、強い口調で1時間近くも聞かされたこともあった。

このように、調査を通じてどれだけ多くの人々が野生動物とのつき合いかたに苦しんでいるかを実感したのである。調査時間以上に心理的な負担が大きかった調査であり、多くの苦しみや怒りを聞くたびに、何度もくじけそうになった。そのたびに私の愚痴を聞き助けてくれたのは、小金澤教授や研究室の同級生、経験豊富な先輩方であった。また、奥日光まで車を走らせ、農地や草原に出没しているシカの姿を見て、野生動物に対する自分の気持ちを確かめ、心の整理をしながら元気を出していたことを思い出す。ときには人の優しさに触れ、学生であった私を応援してくれる励ましの言葉を何度もいただいた。

「この調査が終わったら、結果を知りたいから教えてね」

「調査が進んで、野生動物の被害が減るといいね」

「シカの被害はどうやって防げばいいか、分かったら教えてくれる？」

この調査をとおして、一般の人々が

栃木県の野生動物についてどう感じ、何に困り、どうしたいのかを知ることができたのである。さらに、日ごろからお世話になっていた日光市の農家さんに、「調査結果を被害対策につなげて欲しい」と言われた言葉を、いまでも鮮明に思い出すのである。

　皆さんの言葉やこれらの経験と実感は、私に大きな影響を与え、野生動物の被害対策に従事する現在の職業へのきっかけともなり、私を大きく成長させてくれた。

　分布調査は、過去の結果と現在の結果の比較ができることで本来の意味をなすものであり、正確な分析や今後の分布予測に必要な情報の蓄積であることから、有効な対策に欠くことのできない資料となるものである。また、なによりも重要なのは、分布の変遷を把握するために、定期的に情報を得ることであり、調査の体制を構築することである。そして、これらを単なる分布図として見るのではなく、そこに住んでいる人の気持ちや被害にも思いを致す必要があり、そのことから野生動物管理が始まるのではないだろうか。

〈引用文献〉
(1) 相沢美砂子．1979．東京農工大学1979年卒業論文．
(2) 栃木県．1978．第2回自然環境保全基礎調査動物分布報告書（哺乳類）．
(3) 小金澤正昭．1989．栃木県における中大型哺乳類の分布（1988）．栃木県立博物館研究紀要 6: 49-63．
(4) 姉崎智子・坂庭浩之・小野里光・戸塚正幸・中嶋薫・竹内忠義・富田公則・木滑大介．2009．群馬県立自然史博物館研究報告 13: 119-128．
(5) 下野新聞県南版．1996/6/11．
(6) 小金澤正昭．1998．林業技術 680: 19-22．

栃木県が行ってきたシカ対策

松田　奈帆子

1. 栃木県のニホンジカ

栃木県に生息しているニホンジカ（以下、シカ）は、県北西部から群馬県北東部にかけて分布する日光・利根地域個体群の一部である（図❶）。栃木県におけるシカの分布の中心は日光鳥獣保護区にあり、この地域の生息密度は奥日光地域で1995-2000年度までは10-15頭／km^{2}であったが、近年は概ね5頭-10頭／km^{2}で推移している。県内の他の地域の生息密度は4頭／km^{2}程度である。また、日光鳥獣保護区周辺では季節移動が知られており、夏に奥日光地域にいるシカが冬には足尾地域や表日光地域または奥日光地域

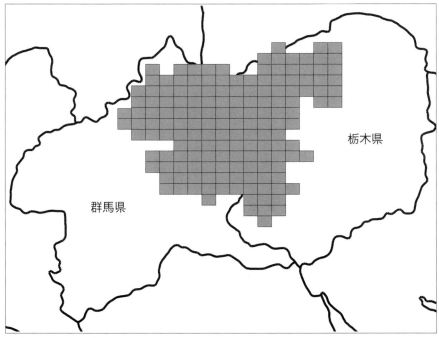

図❶　シカの日光・利根地域個体群の分布

の南斜面の積雪の少ない場所で越冬す
る。越冬地ではシカが集まるため夏期
よりも高密度となる。1994-1998年ご
ろは冬期のシカの生息密度調査中に
100頭近くの群れと出会うこともあっ
たが、現在ではそこまでの群れは見ら
れていないようである。かつてはこの
地域個体群は不定期に訪れる大雪に
よって大量に餓死することで、個体数
の増減を繰り返していたと考えられて
いる。しかし、1984年の豪雪による大
量餓死以降は、多少積雪の多い年はあ
るものの大量死と呼べるような状況は
確認されていない。このこともシカが
増加した一因と考えられている。

分布の中心部における生息密度は最
盛期よりも低下しているが、分布は拡
大傾向にあり、以前はシカの情報のな
かった那須町や宇都宮市などにおいて
も、狩猟や有害鳥獣捕獲等によりシカ
が捕獲されるようになっている(図❷)。
現在では、尾瀬の湿原でもシカによる
被害が見られるようになっており、足
尾地域から尾瀬への季節移動ルートも
環境省の調査などにより明らかになっ
てきている(P185〜参照)。

2. 保護管理計画の策定と対策

1980年代より、シカによる農林業被
害や日光国立公園内のシカの採食圧に
よる自然植生への影響が顕在化し、対
策が求められるようになった。このこ
とから、栃木県では、自然生態系への
影響や農林業被害の軽減を目的として
1994年度に「栃木県シカ保護管理計画」
を策定した。当時、鳥獣保護法に特定
鳥獣保護管理計画の位置付けがないな
かで、自主計画として策定されたこの
計画には、基本方針として、緊急避難

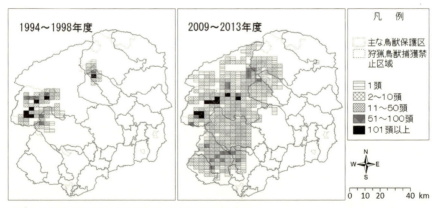

図❷　栃木県における有害鳥獣捕獲等によるシカの捕獲数の分布

的に個体数調整を行うこと、シカの生息地を確保すること、モニタリング調査を継続し翌年の対策に反映させることなどが明記されている。個体数調整にあたってはシカの個体群を過度に減少させないよう「あくまで慎重に行う」ということが繰り返し記載されており、いまではシカの対策には不可欠となっている個体数調整が、当時は国立公園内での実施という前例のない事業であったこともあり、大きな期待と不安、そして大変な苦労を伴っていたことが伝わってくる。

当時学生だった私は、捕獲個体のモニタリングに参加し、県内各地を回って体格の測定をしたり切歯や腎臓などのサンプルを収集したりした。この経験は、私にとってはシカについての知識を得るだけでなく、捕獲に従事している方々とのコミュニケーションを通じて多くのことを学べた貴重なものであった。1994年度から開始された個体数調整は、現在も毎年行われている。

栃木県では、個体数調整の実施だけでなく、狩猟による捕獲の規制緩和も実施してきた。1997年度からは、狩猟期間の延長とメス可猟区の設定を行った。現在では法改正によりメスジカは全国的に狩猟鳥獣となっている。また、2000年度から捕獲上限頭数（1日1頭）を1日2頭に引き上げている（現在はメス無制限）。さらに2001年度からは「狩猟鳥獣捕獲禁止区域（シカを除く）」を設定した。この区域は、鳥獣保護区をシカ以外の狩猟鳥獣の捕獲を禁止する区域、つまりシカのみ捕獲できる区域として設定することで、シカ以外の狩猟鳥獣への影響を抑えつつ狩猟による捕獲を促進するものである。この区域は当初2地区の設定だったのが、現在では8地区に増加している。

3. 個体数と被害状況の把握

保護管理計画の基本的な考え方として、フィードバック管理があげられる。さまざまな対策を行った結果、現状が改善されているか否かを把握し、次の対策につなげていくというやり方である。このためには、被害状況を把握することはもちろん、シカの状況も把握することが必要である。1994年度の保護管理計画策定から現在まで、区画法によりシカの生息密度を調査してその増減傾向を把握している。また農業被害、自然植生などの状況も毎年調査を行い分析している[3]。

農業被害については、これまで市町単位で被害額などが把握されているが、どの地域がより被害が深刻かまたは軽

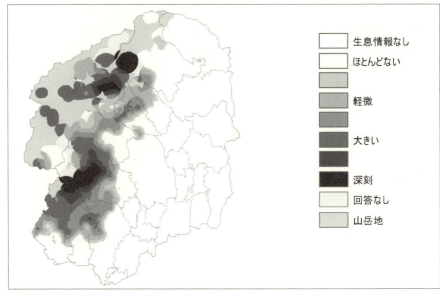

図❸　シカによる農業被害の分布（2013年度）

微かという被害の分布までは把握されていなかった。そこで2014年度からは、被害度合いなどを集落単位のアンケートにより調査し、被害の状況をより細かく把握、分析できるようになった。この結果は地図で表現され、県全域での被害の分布が目で見てわかるようになった（図❸）。今後、同様の調査を継続していくことで、被害が深刻な場所での対策の強化や、その効果の評価を行うなど、より効率的に対策を進めることが期待される。

シカの増減傾向については、これまでは生息密度で把握しており、県全体の生息頭数は推定していなかったが、2014年度から新たにベイズ推定によりシカの生息頭数を把握することとした。この結果、2013年度末時点で栃木県内のシカは23600頭（中央値）と推定された（図❹）。また同時に今後の予測も行っており、現状と同程度の捕獲では増加に歯止めがかからず、10年後には98700頭にまで増加すると推定されている。

4. 捕獲の担い手

栃木県においても捕獲の担い手である狩猟者は減少傾向にあり、高齢化が進んでいる（P199〜参照）。農業被害

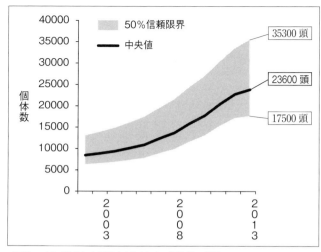

図❹ ベイズ推定により算出されたシカの個体数の推移

成に努めているところであるが、趣味の多様化や従来の狩猟のイメージなどもあり、すぐに狩猟者が増加するわけではない。また、特にシカについては銃を用いて捕獲する巻狩りという方法が行われており、この方法には少なくても1グループ10人程度が必要である。そこで近年は、1人でもシカの捕獲が可能なワナの使用を勧めるためのリーフレット(図❻)を配布するとともに、試験研究機関(林業センター)において効率的な捕獲技術の開発などの対策の一つとして捕獲も重要であることから、狩猟の持つ社会的意義のPR(狩猟免許出前講座やテレビ番組放映(図❺))の実施や、狩猟免許試験の回数や会場を増やすなどして、狩猟免許取得者の増加を図っている。また新規に狩猟免許を取得した人向けに、捕獲技術の研修を開催している。

このように捕獲の担い手の確保・育

図❺ 栃木県が狩猟PRのために作成した番組「君も森の番人になろう〜とちぎの自然と共に生きる〜」YOUTUBEで閲覧可能

図❻ リーフレット「「くくりわな」でシカを撮る方法」栃木県ホームページ(2015年6月現在)

発なども進めている。

5. 大学との連携と人材育成

前述のような対策の結果、捕獲数については計画を策定した1994年度に1735頭であったものが、2013年度には5306頭となっている。この一方で、栃木県においてはニホンザル、イノシシ、ツキノワグマの他、ハクビシン、アライグマなどの被害も発生しており、その対策には捕獲のみではなく被害防除も重要である。栃木県では2007年度から野生鳥獣保護管理指導者養成研修を開始したが、これは柵設置や調査方法などの年6回のみの実習であり、加害種の生態や対策手法を体系的に学べる場とはなっていなかった。そこで宇都宮大学と連携し、野生鳥獣の被害対策の専門的な知識と技術を持つ人材を育成する「里山野生鳥獣管理技術者養成プログラム」を2009年度から開始した。このプログラムは文部科学省から交付金を受けて実施しており、2013年度までに73名が修了した。修了者は、野生鳥獣管理対策の専門家として（一社）鳥獣管理技術協会から「鳥獣管理士」の認定を受け、対策技術を地域に普及していく役割を担う。現在、「里山野生鳥獣管理技術者養成プログラム」は終了しているが、栃木県が現地実習を、宇都宮大学が公開講座として講義を開催することにより、人材育成を継続している。

6. 日光地域シカ対策共同体

栃木県におけるシカの分布の中心が日光鳥獣保護区にあることは、前述したとおりである。この地域は鳥獣保護区でもあり、日光国立公園と重なる地域もある。さらにこの地域の大部分は国有林である。また栃木県においては、2007年度から捕獲許可権限を市町に移譲している。このように、関係機関が多岐にわたる地域でのシカ対策をそれぞれの機関で個々に行っていたのでは、効率的とはいえない。さらに行政機関では担当者が数年で異動となるため、それまでの経緯や課題などに対して継続的な取り組みが行いにくい面があった。これらのことから、シカ対策についての情報共有と対策を連携して行うことを目的として、環境省、林野庁、県、市の関係機関を構成員とする「日光地域シカ対策共同体」が2014年4月に設立された。各機関は他の機関が行う事業内容や調査結果を共有するとともに、他の機関が捕獲などの対策を実施する際には人員協力や許認可手

続きの支援などを行うことにより、対策がよりスムーズに実施できるようになった。また、各機関の担当者すべてが同時に異動になることはないと考えられるため、「共同体」として継続的な対応が行えるという利点もある。

この「共同体」の設立の前段として、環境省日光自然環境事務所が開催した「尾瀬日光シカ対策ミーティング」の意義は大きかったと考える。「尾瀬日光シカ対策ミーティング」は、各関係機関の担当者が参加し、シカに関する情報と各機関が抱える課題などを共有するための集まりである。日光自然環境事務所にシカ対策担当のポストがあり、この担当者の尽力で集まりが複数回開催されたこと、日光森林管理署に森林専門官がおり機動的に各機関から情報収集して署内で共有する体制が整っていたことが、「共同体」の設立には不可欠であったと思う。

今後もこの「共同体」があることにより、日光周辺のシカ対策を効率的に継続して実施することができると考える。

7. 野生動物対策には連携が重要

シカの増加や被害は栃木県独自の問題ではなく、全国で起きていることである。分布も拡大しているため、これまではシカがいなかった場所でも被害が発生するおそれもある。さらに県境や市町村界を越えて移動するので、シカの問題はある一部の行政機関だけで解決できることではない。

少子高齢化や中山間地域の過疎高齢化といった日本全体の社会が直面している問題と、野生動物の分布拡大や被害の問題は直結している。栃木県でも中山間地域では高齢化が進み人口も減少しているので、被害対策を行うにも労力が不足している。

このような現状を踏まえ、地元の方々、市町や県、国の行政機関、大学等の研究機関が、シカのみではなく野生動物との軋轢の軽減に向けて連携していくことが今後ますます重要となってくるだろう。

〈引用文献〉
(1) 栃木県.2000.栃木県シカ保護管理計画（二期計画）.
(2) 栃木県.1994.栃木県シカ保護管理計画.
(3) 栃木県自然環境課.2015.平成25年度栃木県ニホンジカ保護管理モニタリング報告.
(4) 栃木県自然環境課.2013.「君も森の番人になろう〜とちぎの自然と共に生きる〜」.
(5) 栃木県自然環境課.2014.「「くくりわな」でシカを捕獲する方法」.
http://www.pref.tochigi.lg.jp/d 04 /eco/shizenkankyou/shizen/hogoku-syuryou-top.html

環境省が行ってきたシカ対策

千葉　康人

1. 全国的なニホンジカの被害と分布拡大の状況

　ニホンジカ（以下、シカ）による自然植生への被害は、我が国の生物多様性の屋台骨である国立公園にまで及んでいる。現在では、全国の32公園のうち、知床や南アルプスなど20公園で何らかの被害が確認されており、下層植生やお花畑の消失、樹皮剥ぎ、森林衰退、さらには土壌流出や斜面崩壊の発生など、その影響は全国的に極めて甚大となっている。

　シカは1980年代以降、急激な分布拡大と個体数の増加が起こり、全国における1978年と2014年のシカの分布データを比べると、36年間で約2.5倍に拡大し[1]、いまなお全国的に拡大していると推測される。水平方向への拡大のみならず、これまで生息していなかった高山帯へ進出するなど、分布が垂直方向へも広がっていることは注目すべき点だろう。

2. 日光、尾瀬での取り組み

　こうした分布拡大等の傾向は栃木県内でも同様である。県では、個体数増加や被害の発生を踏まえ、1994年にいち早くシカ管理計画を策定し、計画的なシカ管理を開始するとともに、奥日光の小田代原湿原をシカ被害から守るため、1998年に湿原全体を囲う防護柵を設置した。その後、環境省では、日光国立公園の核心部であり、貴重な湿原植生を有する戦場ヶ原湿原をシカ被害から守るため、周辺一帯に防護柵の設置を計画し検討を開始した。そして、多くの関係者と調整を図ったうえで、2001年に湿原とその周辺の森林植生等を一体的に保全するシカ侵入防止柵を設置した。その規模は設置面積約900ha、総延長約14kmにも及び、全国でも例のない大規模なものとなった（2010年に小田代原付近を延長したことにより現在は約980ha、延長約17kmとなっている）。柵設置後は、単に柵のメンテナンスを行うだけでなく、

柵内外におけるシカの生息状況調査や植生等のモニタリング、柵内に生息する個体の捕獲（2006年以降）、車道や河川などといった柵開放部での侵入防止対策、さらには繰り返し侵入される箇所における柵の増設による移動経路のコントロールなど、絶えず変化する状況に合わせ各種対策を柔軟に実施することにより、きめ細かく管理を行っている（表❶❷❸）。これらの対策実施の成果により、近年の植生モニタリング調査の結果では、柵内の植生は回復傾向にあることが確認されている。なお、この柵はあくまで緊急避難的な位置づけであることから、今後柵外での捕獲等の対策を一層強化するなど、関係機関との連携により地域全体で大幅な密度低下を図り、植生への影響を低減していく必要がある。

一方、栃木県北西部から群馬県北東部にかけて分布する日光・利根地域個体群の分布拡大により、1990年代の半ばにはこれまでシカの生息していなかった尾瀬国立公園への侵入が確認され[2]、それに伴いニッコウキスゲやミツガシワ等の貴重な湿原植物に食害が生じ始めた。そこで、環境省は、シカの分布が連続して確認されている4県（福島

表❶　シカ侵入防止柵の維持管理

各種対策／時期		目的
戦場ヶ原シカ侵入防止柵 （2001年度〜） ※柵の構造強化（2006年度〜）		・柵内へのシカの侵入を防ぐことによる湿原を中心とした森林植生等の一体的な保全 ・スカートネット（ネットの二重化と地面に垂らすことにより侵入を防止）とFRP（強化プラスチック）支柱の設置により構造を強化
柵開放部シカ忌避対策	道路グレーチング （2005年度〜）	柵と道路や河川の交差部にできる柵開放部からの柵内へのシカの侵入防止
	湯川シカ侵入防止柵 （2006年度〜）	
	湯滝上シカ侵入防止網 （2012年度〜）	・湯滝上の河川（湯滝）による開放部 ・湯滝下の河川による開放部 ・逆川橋の道路（国道上の橋）による開放部 ・御沢橋の道路（県道上の橋）による開放部 ・裏男体の道路（林道）による開放部 ・竜頭上の道路（国道）による開放部 ・湯川の河川による開放部 ・小田代の道路（日光市道）による開放部
	シカ返し・柵増設 （2005・2007・2010年度増設）	
	超音波装置 （2006年度〜）	
	シカ忌避音発生機 （2013年度〜）	
柵内シカ個体数調整 （2006年度〜毎冬実施） ※シカの集結状況等により日時・回数を調整		柵内への侵入や柵内での繁殖で増加したシカ生息数の調整による植生等の保護
柵外周シカ侵入予察捕獲 （2011年度〜冬期,2014年度〜は通年）		・柵外周を回遊しネットを突破して侵入、または開放部から侵入する可能性のある個体の捕獲 ・柵外で実施するシカ個体数調整への貢献

表❷　柵の効果検証

各種モニタリング・調査／時期	目的
柵内シカ生息数調査 （2006年度〜） ※10月中旬に実施	秋期の柵内シカ生息数と性別や年齢構成を把握し、柵内のシカ個体数調整に役立てる
植物群落（植生）調査 （2001年度より数年おき） ※8月下旬から9月上旬 鳥類相調査 （2001・2007・2013年度） チョウ類相調査 （2001・2007・2013年度）	戦場ヶ原湿原周辺における柵の各調査対象への影響の把握やシカ食圧排除後の回復状況を明らかにするとともに、柵設置による周辺への波及影響の有無を明らかにする
簡易植生モニタリング調査 （2008年度〜） ※5月下旬から10月上旬	柵内外におけるシカの食圧や踏圧等の影響により衰退した植生の回復状況を把握することで、柵の効果および撤去の時期を検証するための基礎資料を得る
開放部シカ侵入調査 （2005年度〜）	開放部からの侵入個体の把握

表❸　柵周辺のシカ動向調査

各種モニタリング・調査／時期	目的
ライトセンサス調査 （2002年度〜）	柵内および柵周辺のシカ生息数変動と個体の性別、年齢構成の把握
GPSシカ行動解析調査 （2013年度〜）	柵外周辺のシカの越冬地、季節移動経路・時期の、夏期生息地での行動様式の把握
シカ道利用状況調査 （センサーカメラ調査） （2013年度〜春期・秋期に実施）	柵外周のシカの動向として、特に季節移動経路としてより利用頻度の高い地点（シカ道）の把握
足尾ラインセンサス調査 （2006年度〜毎冬実施）	冬期に奥日光や尾瀬等から集まるとされる越冬個体数の把握、耳標等装着個体の追跡
季節移動調査 （2006年度〜2013年度まで）	柵内外で捕獲された個体の放獣後の行動圏と季節移動の把握

県、栃木県、群馬県および新潟県）の関係者とともに2000年「尾瀬地区におけるシカ管理方針」（同方針は2009年に改訂され現在は第2期）を策定し、尾瀬において生息状況調査や植生被害調査、尾瀬内外での捕獲など、関係機関と役割分担を行って対策を実施している。また、捕獲個体への発信器装着による移動経路把握調査により、これまで示唆されていた栃木県の足尾・日光と尾瀬の間の季節移動の実態が明らかとなり、越冬地が解明されつつある[3]（写真❶）（P185〜参照）。

1都4県にまたがりシカ地域個体群が分布する関東山地においては、2007年より環境省が事務局となり都県担当者とともに広域連携の取り組みを進めている[4]。また、日光、尾瀬においても、2012年より、関係する国や県、村、市の担当者が一堂に会し「尾瀬日光シカ

写真❶ 尾瀬で捕獲されGPS発信器を装着された個体(奥日光のカメラ調査で確認)

対策ミーティング」を定期的に開催し、情報の共有化を図り、効果的な対策実施を目指している。

　シカに県境は関係なく、日光から尾瀬の間で県をまたいでダイナミックに移動を行う実態が明らかとなったことから、問題の根本的な解決のためには、今後、これまで以上に日光、尾瀬の両国立公園の関係各主体が共通の目標に向かい、より広域的な視点をもって夏と冬それぞれの生息地において真に連携して効果的な対策を実施していくことが重要であろう。

3. 保護から管理へ
―鳥獣法改正と鳥獣行政のパラダイムシフト―

　各関係者の努力により、全国各地でさまざまなシカ対策の取り組みみが進められているものの、多くの地域では依然として改善が見られず、シカの分布拡大と個体数増加に対策が追い付いていない状況である。特に狩猟者の減少・高齢化による鳥獣捕獲の担い手不足は深刻である。環境省では各地域の取り組みを支援するため、人材育成や効率的な捕獲手法の検討、個体数推定精度の向上など、さまざまな取り組みを実施している。問題解決のためには、できるだけ正確にシカの個体数やその動向を把握したうえで、計画的に対策を実施していくことが重要であることから、2013年には、捕獲数等のデータから、初めて全国(北海道を除く)のシカの個体数や将来予測について、統計的な推定が行われた。その結果をみると、推定値は中央値で261万頭(2011年度)となり、現在の規模の捕獲を継続した場合、10年後には約2倍まで増加するという予測結果が公表された[5]。これを踏まえ、環境省と農林水産省が共同で取りまとめた「抜本的な鳥獣捕獲強化対策」(2013年12月)では、「ニホンジカ、イノシシの個

体数を10年後（2023年度）までに半減」することを当面の捕獲目標としている。

また、2015年5月に、改正鳥獣法（名称変更：鳥獣の保護及び管理並びに狩猟の適正化に関する法律）が施行となった。改正法では、抜本的に捕獲を強化するため、新たに都道府県が捕獲を行う事業の創設や、捕獲を担う事業者の認定制度の導入を図るなど、積極的な管理への大転換を行った。加えて、各地域での取り組みを促すため、都道府県に対する新たな交付金制度の設立や狩猟税の減免措置の拡大、さらには都府県ごとに詳細な個体数推定を行うなど、問題解決の突破口を開くために環境省が強い意志を持ち、法改正と同時にさまざまな施策の導入に踏み切ったことを強調しておきたい。

いまからちょうど15年前、私は宇都宮大学大学院で小金澤研究室に所属し、県内全域での密度調査など、県のシカ管理計画に直接関わる研究を行っていた。当時、たくさんの方々にお世話になりながら積んだ経験や学んだことは、私のなかで本当に大きな糧となっている。この20年間で県内のシカ対策は大きく前進しており、あらためて関係者の努力に敬意を表したい。

最後に、今後に向けて、全国的なシカによる深刻な被害状況と、今後急速に少子高齢化が進んでいくと推測される我が国の社会状況を考えると、あと5年10年という短いスパンでの取り組みの強化が不可欠である。シカ問題をこのまま放置すれば、日本の森林はすべてシバ草地へと変わり、土壌流出や斜面崩壊の発生等による土壌保全機能や水源涵養機能の消失といった国土保全上の深刻な問題発生も懸念される。シカの増加原因の多くが人間側にあると考えられることから、人と野生動物が将来にわたって共存していく社会を構築するために、我々に課せられた責任は大きく、この問題への対応がその真価を問われていると思えてならない。いまこそ、国、地方公共団体、NGO、地域住民などの各主体が総力をあげて対策を実施すべき時期であると断言したい。

〈引用文献〉
(1) 環境省自然環境局. 2015.「いま、獲らなければならない理由―共に生きるために―」
(2) 小金澤正昭. 1998. 林業技術 680: 19-22.
(3) 環境省関東地方環境事務所. 2014. 平成26年度尾瀬国立公園及び周辺域におけるニホンジカ移動状況把握調査業務報告書.
(4) 奥村忠誠・羽澄俊裕. 2013. 哺乳類科学 53: 155-157.
(5) 環境省. 2014. 平成26年度版環境白書: 191-192.

日光と尾瀬を行き来するシカを追う

淵脇(加藤) 恵理子

1. 尾瀬地域のニホンジカはどこから来たのか？

　私は学生のころ、尾瀬沼(福島県桧枝岐村および群馬県片品村の県境)に隣接する大江湿原において、ライトセンサス法によるシカの個体数変動に関する研究を行っていた。尾瀬地域において、本来生息しないと考えられていたニホンジカ(以下、シカ)の生息が確認されたのは1990年代半ばごろで、植物の採食による湿原の掘り起こしや、泥あびによってできるヌタ場による湿原の裸地化などの被害が問題になっていた。現在でも被害は継続しており、近年は植物の葉や花が食べられてしまうなどの被害が顕在化している。

　群馬、福島、新潟の3県にまたがる尾瀬地域は、一見栃木県とは無関係に思える。しかし、2003年当時までに行われた発信器による行動調査やDNA解析による研究成果などで、春から秋に尾瀬地域で生息するシカは栃木県の足尾・奥日光地域において越冬している可能性が高いことが知られていた。近年は、環境省が実施している尾瀬の核心地域周辺での生体捕獲・GPSテレメトリ(2008-14年)調査による結果から、ほとんどの個体が栃木県の奥日光・足尾地域で越冬することが解明されている(図❶)。南は栃木県の鹿沼市北部、北は新潟県の平ヶ岳および福島県の桧枝岐村周辺まで季節移動しており、標高2000mを越える山岳地帯を直線距離でおよそ40km移動していることには驚かされる。

2. 研究のきっかけ

　私は、野生動物のことが学びたいという漠然とした理由で、宇都宮大学に3年次編入制度で入学した。入学と同時に小金澤研究室に所属し、尾瀬で行っていたライトセンサス調査に友人と同行したことで、尾瀬でのシカ調査を知った。また、尾瀬周辺を取り巻くシカ問題に興味がわき、調査を引き継ぐ形で始めた。

　尾瀬には、小学生のころに一度か二

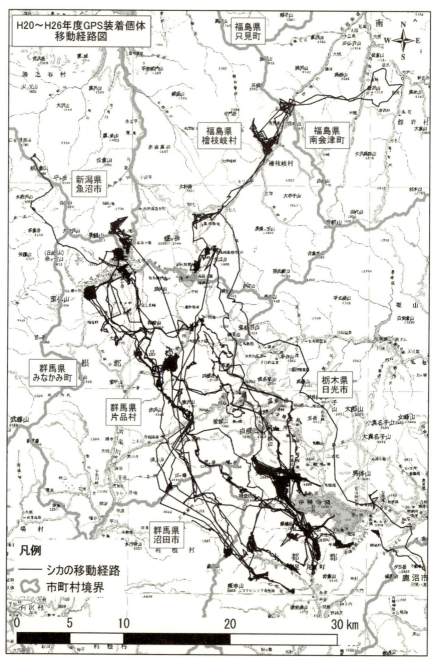

図❶ GPS装着個体移動経路図（尾瀬国立公園シカ対策協議会資料（2015）より改変）[1]

度訪れたことがあったが、私は運動が不得意だったので、森林科学科に編入学した際には、勉強以外に体力という大きな不安があった。当時のライトセンサスに使用する鉛バッテリーは非常に重く、それを肩にかけて平地を歩くことすらままならなかった。しかし、修士課程に進学したころまでには、何度も休みながら登っていた坂道も休まずに登れるようになっていた。私の卒業後は、この研究を引き継いだ学生はいなかったようだが、尾瀬のパークボランティアによる活動や環境省の事業により、大江湿原と尾瀬ヶ原ではライトセンサスによる個体数の把握が現在も継続的に実施されている。

3. シカはなぜ季節移動をするのか？

私が調査を実施していた大江湿原は、東北地方最高峰で日本百名山に選定されている燧ヶ岳（2356m）の南側、標高はおよそ1650mに位置する。気候は日本海型気候に属し、冬季の積雪は

調査協力者（左：藤田旭美氏、中：松尾浩司氏、右：本人）。尾瀬沼にて

3m前後に達する豪雪地域であるため、積雪期はシカの生息が非常に困難な地域である。一方の越冬地である奥日光周辺地域は太平洋型の気候に属し、気象庁の奥日光気象観測所で観測された1981-2010年の30年間の積雪深の平均は20cmに満たない地域である。年により南岸低気圧の影響を受けて、一時的に積雪が50cmを超える年も見られるが、尾瀬地域と比較すれば非常に積雪量は少ない地域である。シカは積雪深45cm、あるいは50cm以上の多雪を避ける傾向があることが知られている。尾瀬では積雪が多く、餌の確保や移動が困難で越冬できないため、本格的な降雪前に奥日光や足尾地域に移動するのである。越冬地となるこの地

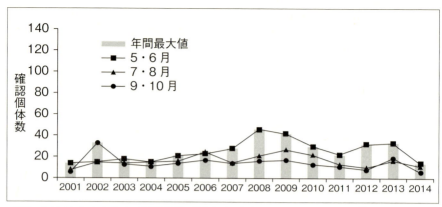

図❷　ライトセンサスによるシカの確認個体数の推移（尾瀬沼）（環境省関東地方環境事務所[5]より作成）

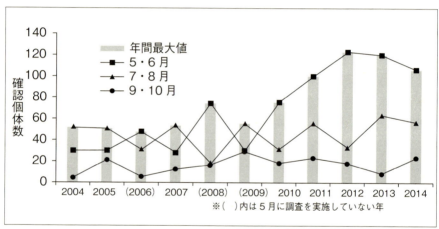

図❸　ライトセンサスによる確認個体数の推移（尾瀬ヶ原）（環境省関東地方環境事務所[5]より作成）

域では、樹木の樹皮剝ぎやササ類の減少・消失といった植物群落の衰退がみられている。また、夏緑性の植物も強い採食圧の影響で矮性化して景観的に消えてしまい、不嗜好性の植物だけが目立つ地域も多く見られるようである。積雪がなくなる春から夏にかけて、子育ての場、新鮮な食草を求め再び尾瀬に移動してくるのである。[3-4]

4. ライトセンサス調査

シカの数を正確に把握することは非常に難しい。一般的には区画法や糞粒法といった一定の手法に従い調査を実施し、そこから得られた数値を決めら

れた計算式に当てはめることで密度・個体数の推定が可能となる。しかし、植生が密集している場所や急峻な地形も多い。尾瀬地域において、区画法や糞粒法といった人員が必要になるような大規模な調査は、学生レベルではなかなか実施できない。そこで私は、少人数でも実施可能なライトセンサス法によって、相対的な生息数の変化を把握することとした。私は大江湿原に限り、2002-05年まで実際に調査を行ったが、大江湿原と尾瀬ヶ原においては、前述したように環境省による調査が現在まで継続されている（図❷❸）。尾瀬沼周辺（大江湿原および浅湖湿原、ライト照射ポイント11箇所）および尾瀬ヶ原（山ノ鼻～見晴～東電分岐、ライト照射ポイント31箇所）において、5月下旬から10月中旬にかけて月2回（5月と10月は1回）、日没1時間後から調査が開始され、確認個体数、雌雄、年齢、確認位置等が記録されている。

　大江湿原の確認個体数の推移をみると、ここ10数年のピークは2008-09年に確認された5～6月の約40頭である。記録は緩やかに減少しており、2014年は私が実際に調査を実施していたころと同じ位の値になっている。しかし、これは2014年6月に調査地の一部である大江湿原において、林野庁が湿原植物の保護を目的したシカ侵入防止柵を設置したことによる影響と考えられる。実際には調査で見える範囲にいなくなっただけだろう。一方尾瀬ヶ原では、5～6月に確認されるシカの頭数が2009年以降増え続け、2012年に120頭を超え、現在は頭打ちの傾向が見られているようである。群馬県が尾瀬へのシカ侵入を防ぐため、移動経路上（国道401号線戸倉～大清水間や丸沼スキー場周辺）で2013年に151頭、2014年に205頭を捕獲するなど、関係機関が対策に乗り出したため増加が抑えられている可能性が考えられるが、私が調査を実施していた10年程前に比べると春先の確認頭数は高い水準となっている。

5. 分布を拡大するシカ

　図❷❸に示した確認頭数の推移は、春先に多くのシカが確認されるが、夏場の個体数には変化が見られない状況が続いている。これは、春先に確認される個体は季節移動個体であり、尾瀬に定住する個体も含まれていると考えられている。尾瀬地域のさらに北側方面へ移動している個体もみられている（図❶）ので、今後さらに新潟県や福島

県南会津地方へ分布を拡大することが予想されている。実際に尾瀬の北側に位置する桧枝岐村や南会津では、シカによる農林業被害がここ数年で顕在化しているようである。年間数件程度だが、近年はさらに北上した飯豊山地をはじめとする山形県でもシカの生息が確認されている。

以上のことから、栃木県に生息する一部のシカには、季節移動とともに新たな生息地を求めて、県境はおかまいなしに分布拡大する個体が多くいることがわかる。今後、地球温暖化による降雪量の減少などが進行すれば、尾瀬地域で越冬するシカが出てくる可能性もあり、さらに越冬地での植生の衰退が進めば、より餌の豊富な地域を求めて分布拡大はより一層スピードを増すことになるだろう。国は2023年までにシカなどの指定管理鳥獣の半減を目指しているが、この施策が人間の視点に偏らず、野生鳥獣、野生植物などとの共存が十分に図れるものとなることを願う。

〈引用文献〉
(1) 環境省関東地方環境事務所. 2015. 平成27年度尾瀬国立公園ニホンジカ植生被害対策検討業務報告書. 環境省関東地方環境事務所, 埼玉.
(2) 丸山直樹. 1981. ニホンジカの季節移動個体と集合様式に関する研究. 東京農工大学農学部学術報告 23: 1-85.
(3) 高槻成紀. 2006. シカの生態誌. 東京大学出版会, 東京.
(4) 長谷川順一. 2008. 栃木県の自然の変貌―自然の保全はこれでよいのか. 自費出版, 栃木.
(5) 環境省関東地方環境事務所. 2014. 平成26年度尾瀬国立公園及び周辺域におけるニホンジカ移動状況把握調査業務報告書. 環境省関東地方環境事務所, 埼玉.

シカによるニッコウキスゲの採食痕

センサーカメラでシカを数える

金子　賢太郎

1. カメラトラップ法

　カメラトラップ法とは、フィールドに設置したカメラの前に現れる動物を赤外線センサー等により感知し、自動的に撮影する調査手法である。この手法に関する記録は、1950年代から確認することができるが、当時は一部の研究者が使用する比較的マイナーな手法であった。しかし、システムの改良と共に実用性が向上し、近年は、野生動物調査の分野においてもっとも一般的な手法の一つになっている。たとえば、国土交通省の河川水辺の国勢調査では、基本調査マニュアルにおいてすべての調査地区において無人撮影法（カメラトラップ法）を実施することが示されているほか、環境省のモニタリングサイト1000では、中大型哺乳類の調査手法としてカメラトラップ法が採用されている。このようにカメラトラップ法が広く用いられるようになった背景には、本手法が、従来の調査方法にはない長所を有していることと、ここ10年の間に安価で信頼性の高い市販の自動撮影カメラが普及したこと[1]が大きく影響している。

　カメラトラップ法の特徴としてまずあげられるのは、写真として記録が残り、撮影された写真に撮影日時を記録することができることである。これにより、対象となる動物の活動周期や出現頻度などのさまざまな現象の発生時刻を認識できる。また、従来の調査方法（直接観察や痕跡調査等）では得られにくいデータを得ることができる点も優れている。たとえばクマのように警戒心が強く、遭遇すると危険な動物に対してはより安全に調査を実施できる点や、植物が密生し見通しが悪い樹林内、悪天候、夜間でもデータが得られるという点、また対象となる動物を傷つけない等の利点があげられる。さらに、従来の調査方法と比べて時間と労力を節約することができることや調査者の熟練度の影響を受けにくい点でも優れている。

　次に、安価で信頼性の高い市販品が

普及した要因についてみると、カメラ性能の向上やデジタルカメラの普及による影響がもっとも大きいと考えられる。カメラトラップ法もかつてはフィルム式のカメラを用いた機材が主流であったが、現在ではデジタル式の製品が数多く販売されるようになっている。デジタル式はフィルムが電子媒体へ代わったことで、フィルム費用等（フィルム購入費、現像・プリント費）が大幅に軽減されるようになった。また、1台あたりの撮影可能枚数が大幅に向上した。これにより、フィルムを交換するための見回り等の作業を軽減することができるほか、より長期間のモニタリングが行えるようになり、さまざまなフィールドで用いることができるようになった。安田[1]はカメラトラップ法が活用された事例を、①種の判別と生物多様性の把握、②個体識別、③雌雄と繁殖状態の判別、④体サイズの推定と成長の軌跡、⑤活動時間の推定の五つのカテゴリーに分類して紹介している。これらのなかでも特に、調査地域における生息種の確認を目的とした調査手法として広く活用されている。一方、応用的な手法として、個体群の生息数や生息密度を推定する手法も古くから検討されてきた。具体例としては、あらかじめマーキングされたグリズリーベアの撮影頻度から生息密度を推定する方法[2]や、トラの縞模様から個体を識別し生息数を推定する手法[3]などが報告されている。

2. カメラトラップ法によるシカのモニタリング

筆者らは、2003年から栃木県奥日光に生息するニホンジカ（以下、シカ）の生息密度のモニタリングを目的として、カメラトラップ法による調査を実施している[4,5]。

シカの生息密度を推定する手法としては、区画法やスポットライト調査等の直接観察による方法や、糞粒法等の痕跡による手法が、一般的な調査方法として広く用いられているが、カメラトラップ法による事例は乏しく、調査手法として多くの課題が残されていた。シカが多く生息する地域の方が、そうでない地域より多くの個体が撮影されると予測されるが、撮影されたシカの頭数と、生息密度（もしくは個体数）との関連性については不明であった。そこで、筆者らは2001年から2002年にかけて、奥日光の市道1002号線（戦場ヶ原から千手ヶ原へ抜ける車道）沿いにおいてスポットライト調査を実施し、推定されたシカの生息密度と、同時期に実施したカメラトラップ法によ

る撮影頻度との比較を行った。本地域に生息するシカは、積雪期に南部の足尾地区に移動し、春季に足尾地区から戻ってくる季節移動を行うため、晩秋から春季にかけてはほとんど見られなくなるが、初夏から秋季には多くのシカが生息している。季節によってシカの生息密度が大きく変動するので、生息密度との比較を行うのに適した地域である。

スポットライト調査とは、低速（時速10-20 km）で走行する自動車から手持ちのスポットライトで車道の両側を照らし、発見したシカの頭数をカウントする方法で、中型以上の哺乳類を対象に広く用いられている。調査では、車道から左右50 m（両側100 m）の内側を調査範囲とし、この中に現れたシカをカウントした。調査は5回／月の頻度で行い、カウントした頭数と調査範囲（面積）から月ごとに生息密度（頭数／km²）を推定した。カメラトラップ法は、スポットライト調査で走行する車道沿いに250 m以上の間隔で、車道から30 m離れた場所に10台設置した。機材はTM1500アクティブ赤外線トレイルモニター（GOODSON & ASSOCIATES社製）を使用し、地上高60-70 cmの高さに設置した。撮影された写真からシカの撮影頻度を表す指標として、撮影頭数を有効カメラ台数（調査期間中に正常に作動していたセンサーカメラの述べ台数で、カメラナイト（CN）で表示される）で割った値（単位：頭数／CN）を算出した。スポットライト調査による推定密度とカメラトラップ法による撮影頻度を比較したところ相関がみられ、撮影頻度は生息密度の指標に

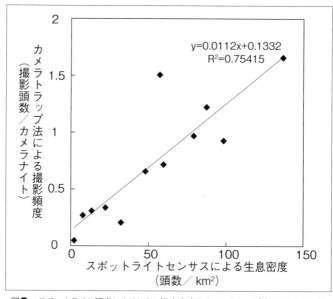

図❶　スポットライト調査によるシカの推定密度とカメラトラップ法によるシカの撮影頻度

なることが明らかになった(図❶)。これにより、カメラトラップ法を継続的に調査することで、撮影頻度の増減から生息密度の変動を推定できることが分かった(ただし、撮影頻度は相対的な生息密度の指標であり、生息数を表しているわけではないことに注意)。その後、同地域において、栃木県県民の森管理事務所(組織再編に伴い2013年より林業センターに研究業務を移行)により、カメラトラップ法によるシカのモニタリング調査が継続的に実施されているのでその成果を紹介したい。調査地は中禅寺湖の西にある千手ケ原で、250mの正方形グリッド状に15台のセンサーカメラが設置された。使用機材は、2003年から2009年まではフィルム式のフィールドノートⅡ(麻里府商事、以下、FNⅡ)を、2010年以降はデジタル式のD50(モルトリー)が使用されている。デジタル式のD50が用いられた2010年から2012年にかけての月別の撮影頻度の変化をみると、4月から6月ころにかけて撮影頻度が上昇し、10月以降に急激に低下していた(図❷)。前述したとおり、積雪による季節移動によって冬季の生息密度が減少している様子が反映されていた。晩秋に撮影頻度が減少する様子は、各年で同様の傾向を示しているのに対し、春季に増加する様子は年ごとに違いがみられた。特に2012年の6月は撮影頻度が他の年に比べて高かった。この年は3月に季節外れの大雪が降っており、

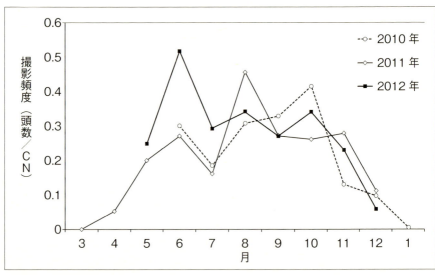

図❷　シカの月別撮影頻度の変化

この積雪がシカの移動に影響を与えた可能性が報告されている[(5)]。次に、シカの性別ごとの撮影頻度の変化をみると、オスジカとメスジカで撮影頻度に違いがみられた(図❸❹)。成獣オスは成獣メスと比べると、春季から夏季にかけては撮影頻度が低いが、秋季に急激に増加・減少していた。これは、本地域

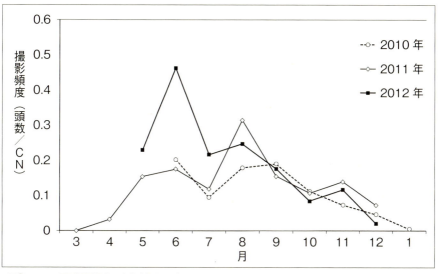

図❸　シカの月別撮影頻度の変化(成獣メス)

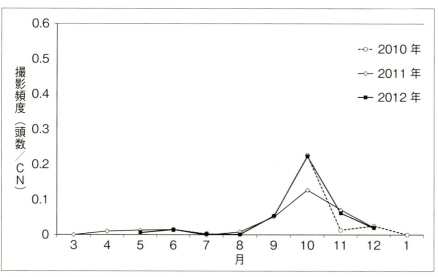

図❹　シカの月別撮影頻度の変化(成獣オス)

では、おもに成獣メスが生息しているが、秋季には多くのオスが訪れる様子を表している。一般にシカは、春季から夏季にかけてはオスとメスは別々に生息しているが、発情期である秋季になるとオスがメスを求めて活動的になり、優勢なオスと複数のメスからなるハレムを形成することが知られている。秋季における成獣オスの撮影頻度の上昇は、このようなシカの生態を反映したものと考えられた。これらのデータを、直接観察法や痕跡調査等の従来の調査方法で行うと、多大な労力を要するため、現実的には不可能であることが多い。本地域では、直接観察法の一つである区画法が年に1から2回程度実施されているが、1回の調査に10名程度の調査員を必要とするため、毎月実施するとかなりの労力が必要になる。比較的少人数で行うスポットライト調査でも、一回につき2人から3人の調査員が必要である。一方、カメラトラップ法では、本地域の15台のセンサーカメラの見回りに必要な人員は、1回あたり1人・日の作業量であった。フィルム式では1週間から2週間ごとにフィルムを交換する必要があったが、デジタル式になってからは、撮影可能枚数が大幅に向上したため、1カ月に1回程度の見回り頻度になり、大幅に作業量が軽減された。また、直接観察法では、一瞬しかシカが観察できない場合も多く、そのような場合には雌雄の判別が困難であることや、調査員の技量によって識別や発見の精度が左右されることがあるが、カメラトラップ法では、撮影された写真から判別するためデータの精度を確保しやすい利点がある。このように、カメラトラップ法はシカをモニタリングするうえで非常に優れた手法であるが、いくつか注意すべき点がある。一つは、解析に必要な調査日数を満たすことである。丸山らは、本地域のシカの撮影頻度が安定するのに最低でも200CNが必要であると報告している[5]。つまり、15台のセンサーカメラを設置しているので、14日分のデータを要することになる。必要なCN数については、対象種や調査地ごとに推定することが必要である。また、区画法やスポットライト調査が1日の調査で結果が示されることと比較して、時間がかかることも考慮する必要がある。

撮影頻度を相対密度の指標として用いるためには、それぞれの調査地域において、撮影頻度と生息密度との間に相関関係があることを確認する必要がある。また、撮影頻度は相対的な密度指標であることから他地域や、他の調

査事例との比較を行う場合には十分に検討する必要がある。他の調査事例と比較する場合、もっとも注意する点は、調査機材の違いである。現在、さまざまなセンサーカメラが販売されているが、製品ごとの仕様に注意する必要がある。センサーの検知範囲やレンズの画角、フラッシュ光量や感度による最大撮影距離については製品ごとに仕様が異なる。これらによって、調査結果にどのような違いが現れるかを検討する必要がある。また、同一製品が使用されていても、設置方法（機材の設置高や向き）や設置環境（地形や植生）によって、撮影範囲（検知範囲）に差が生じることを考慮すべきである。

3. カメラトラップ法による生息密度の推定

カメラトラップ法によりシカの生息密度（絶対数）を推定する手法について紹介する。生息密度を推定する手法の多くは、撮影画像から個体を識別し、それら識別された個体の撮影率から捕獲―再捕獲法に基づき生息数を推定している。個体識別の手法としては、ジェイコブソンらがオジロジカを対象として、センサーカメラの前に誘引餌を置き、撮影された個体の角の形状から個体識別を行う手法を報告してい

る。誘引餌を置くことで、効率的に多くの個体を撮影できることや、同一個体が繰り返し撮影されるので、個体を識別しやすい利点がある。小金澤はニホンジカを対象に、センサーカメラを地上4mに吊上げて、上から下に垂直に見下ろすように設置し、シカの背面の模様（鹿の子模様）から識別する手法を報告している（写真❶❷❸）。真上から撮影することで、常に動物の背面を撮影できること、カメラから動物までの距離が一定であるため被写体の大きさを比較しやすいことや、雌雄が判別しやすい等の利点がある。一方、個体

写真❶　俯瞰撮影法の設置風景写真

写真❷　栃木県奥日光において撮影したシカの写真

識別を必要としない生息密度の推定方法として、モデルを使った手法が報告されている。このモデルは、対象動物の集団サイズと移動速度、センサーカメラの検知範囲（検知角度と検知距離）等のパラメータからシカがセンサーカメラの検知範囲内に入る確率によって生息密度を推定する手法である[9]。これらの手法に関する日本国内での報告は少なく、ニホンジカへの有効性には不明な点が多いため、今後の検証に期待したい。

センサーカメラの機械的性能は日進月歩で向上しており、いままで見ることができなかった動物たちの営みを目にすることができるようになっている。これに伴い、多くのフィールドで用いられ、さまざまな解析手法が検討されている。カメラトラップ法は今後も野生動物の主要な調査手法であり続けるだろう。

〈引用文献〉

(1) 安田雅俊. 2012. 野生動物管理―理論と技術―（羽山伸一・三浦慎吾・梶 光一・鈴木正嗣, 編）, pp. 195-201. 文永堂出版, 東京.
(2) Mace, R. D., Minta, S. C., Manley, T. L. & Aune, K. E. 1994. Wildl Soc Bull 22: 74-83.
(3) Karanth, K. U. 1995. Biol Conserv 71: 333-338.
(4) 丸山哲也・金子賢太郎. 2006. 野生鳥獣研究紀要 32: 41-45.
(5) 丸山哲也・矢野幸宏. 2012. 野生鳥獣研究紀要 39: 31-38.
(6) Jacobson, H. A., Kroll, J. C., Browning, R. W., Koerth, B. H. & Conway, M. H. 1997. Wildl Soc Bull 25: 547-546.
(7) 小金澤正昭. 2004. 哺乳類科学 44: 107-111.
(8) 金子賢太郎・小金澤正昭・丸山哲也. 2003. 野生鳥獣研究紀要 30: 34-42.
(9) Rowcliffe, J. M., Field, J., Turvey, S. T., & Carbone, C. 2008. J Appl Ecol 45: 1228-1236.

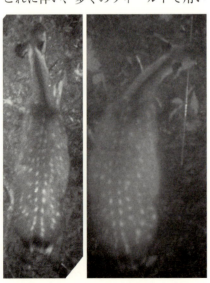

写真❸　栃木県奥日光において俯瞰法で撮影したシカの背面の白斑による個体識別

新たなシカ捕獲手法を求めて

丸山　哲也

1. シカが増えたが捕獲者は？

　日光国立公園の中心地域である奥日光地区では、1980年代後半からニホンジカ（以下、シカ）の個体数増加と分布拡大による自然植生の衰退が確認されている（P120～参照）。栃木県では1994年よりニホンジカ保護管理計画を策定し、捕獲の強化を図っており（P173～参照）、これまでおもに巻狩りによる管理捕獲が行われてきたが、計画当初は年間200頭を超えることもあった捕獲数が、近年は100頭前後で推移している（図❶）。その結果、計画当初に13頭／km²程度であった生息密度は、2006年ころには約5頭／km²まで低下したが、近年は微増傾向が続き、10頭／km²程度まで増加している(1)。このため、林内にはシカの不嗜好性植物が優占し、依然として自然植生の回復には至っていない(1)。

　一方、捕獲の担い手である狩猟者は、1970年代をピークに年々減少し、上述した計画策定当初の1994年から2013年にかけて登録件数は半数程度にまで減少している（図❷）。同時に高齢化も進行し、現在は60歳以上の狩猟者が7割を占める状況である（図❸）。シカの捕獲は、これまでおもに巻狩りによって行われてき

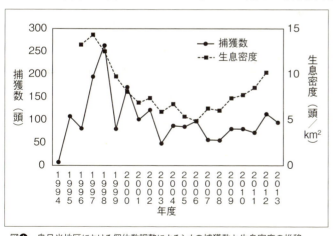

図❶　奥日光地区における個体数調整によるシカの捕獲数と生息密度の推移
　　　捕獲手法はおもに巻き狩りによる。生息密度は区画法によるもので(1)、3年間の移動平均

第3章　動物が引き起こす問題を知る～野生動物管理　　199

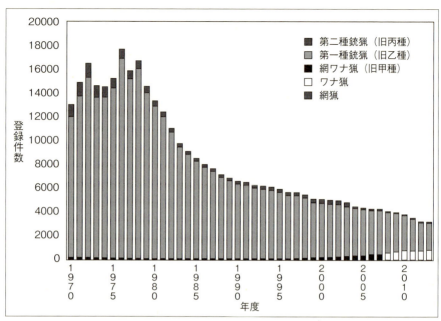

図❷ 栃木県における狩猟免許種別登録件数の推移
　平成19(2007)年度より、網猟免許とワナ猟免許が分離している

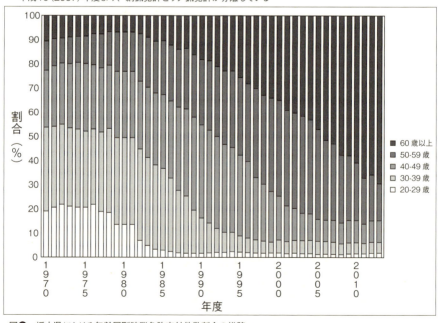

図❸ 栃木県における年齢層別狩猟免許交付件数割合の推移

た。この手法は、山を囲い込んでシカを追い出す「勢子」と、それを待ち受けて仕留める「タツ」に分かれて行うため、一度に10人から20人程度の狩猟者の従事が必要となる。また、当然ながら山中の道なき道を踏破できる体力が必要である。前述の狩猟者の状況は、巻き狩りを継続していくうえでマイナスの面ばかりであり、今後のシカ管理に暗雲が立ちこめていることを示している。

2. 新たな捕獲手法の模索

これまでのシカの管理捕獲は、趣味として狩猟を行っている狩猟者に担っていただいていた。しかし、近年はシカやイノシシの個体数削減が全国的な緊急課題となっている。2015年には捕獲の強化を制度として促進するための改正鳥獣法が施行されているなかで（P180〜参照）、趣味としての狩猟者と同時に、高度な技術を有する専門的・職能的捕獲技術者の必要性が指摘されている。シャープシューティングは、後者が従事する捕獲手法の総称であり、餌による誘引を伴う手法や車両を使った手法など、さまざまな試みが始まっている。いずれも少数の捕獲技術者がいれば実施可能であり、今後も捕獲を継続していくうえで有効であると考えられる。そこで、奥日光でも使える方法がないか、検討することにした。

3. 待ち受け型誘引狙撃

待ち受け型誘引狙撃とは、1名の射手がブラインドテント（写真❶）の中に待機し、餌付け地点に出没したシカを狙撃する手法である。シカを銃で仕留める場合、通常は胸を狙うが、着弾後すぐに倒れることは少なく、大抵数十メートル走ってから倒れる。この「走らせてしまう」行為により、餌場に集まっている他の個体の警戒心は高まり、その場から逃走したシカは、最悪の場合、二度とその場所に寄り付かなくなる可能性がある。たとえ数頭は捕獲できても、警戒心の強いシカが増えると、そのあとの捕獲は困難になる。このため、出没した群れは全頭捕獲することを目指し、頭を狙って狙撃することに

写真❶　誘引狙撃に利用したブラインドテント

した。頭は胸に比べると的が小さく、高度な射撃技術が必要であるが、シカを走らせることなくその場に倒すことが可能であり、他の個体への影響を最小限にすることが期待できる。また、出没頭数が多い場合には全頭捕獲は困難であることから、5頭以内の出没時のみ射撃を実施することとした。

　捕獲は、2011年から2013年にかけて、奥日光の柳沢沿いでは秋に、越冬地である足尾の久藏沢や安蘇沢では冬に、述べ24日間実施した。捕獲場所は、ブラインドテントから餌付け地点までの距離がおおむね50〜80m程度で見通しがよいこと、流れ弾を防ぐために餌付け地点の背後が弾着可能な地形（バックストップ）となっていることを考慮して選定した。射手は猟友会日光支部より推薦いただいた、いずれもベテランばかりである。私は記録員として、射手と一緒にブラインドテント内に待機した。お昼過ぎから日没までの半日間、シカが出てくるのをひたすら待つのである。冷える時期であったため、背中と足先に貼るカイロの装着は必須であった。トイレに出ることもできないため、水分摂取は控えめにする配慮も必要であった。ときには睡魔に襲われながらの待機であったが、シカがあらわれた瞬間、緊張感が一気に最高潮に達し、自分の心臓音が聞こえるくらいに感じられた。弾が頭に命中するとシカはその場に倒れこみ、動かなくなる。一緒にいたほかのシカは、発射音に驚いて少しは移動するものの、逃走せずにその場にとどまる個体も多く、その隙に2頭目、3頭目を狙撃していく。多い日は1カ所で7頭捕獲されることもあった。もちろん、シカが餌場に出てこなければ射撃のしようがなく、捕獲がゼロの日もあった。

　捕獲の効率を示す指標として、捕獲数を従事者の延べ人数で割った数字（捕獲効率）が用いられる。今回の捕獲は、述べ34人（半日実施の場合は1回あたり0.5人で計算）の射手により66頭捕獲されており、捕獲効率は1.94頭／人と計算される。狩猟では0.1〜0.2頭／人程度、奥日光や足尾で行われている管理捕獲でも1.0頭／人程度（いずれも栃木県データ）であるのに比べ、高い値であったといえる。

　待ち受け型誘引狙撃法は、高い捕獲効率のほかに、最低1名の射手により実施可能であることや、従事者の移動労力が少ないこと、射撃範囲が限られることから安全管理が容易であることが利点として考えられた。一方で、シカの餌付けの状況は現場により異なり、夜間は出没するが昼間はあまり出てこ

ない個所もあったことから、事前にセンサーカメラなどを利用して出没状況をモニタリングしたうえで実施個所を決定すべきと考えられた。これらのモニタリングや餌付けを行う要員が新たに必要となるが、狩猟免許は必要でないことから、行政職員等が協力して行うことも可能である。

4. モバイルカリング（車両を用いた流し猟）

待ち受け型誘引狙撃は、文字どおりシカの出没を待つ方法であり、シカが餌場に出没しない限り射撃の機会はない。もっと積極的にシカを探しに行ける方法はないものかと考えていた。近年、車両を用いた流し猟であるモバイルカリングが、北海道や静岡県で実施されている。モバイルカリングは、道路沿いでのシカの出没が多い地域において、車両を用いてシカを探索しながら順次射撃していくものであり、高い捕獲効率が期待される手法である。奥日光の千手ヶ原を通行する日光市道1002号線沿線では、昼間でもシカがたびたび目撃されており、モバイルカリングに適していると思われた。しかし、道路上からの発砲は法律で禁止されており、そのための許可手続きが必要であるほか、当然ながら十分な安全管理が求められる。実施に向けてのハードルは高そうであるが、なんとかやってみようと考えた。

日光市道1002号線は国道120号を起点とし、小田代原、弓張峠を経由して中禅寺湖岸の千手ヶ浜に至る約10kmの舗装路である。道路外への車の乗り入れを防ぐため、1993年4月より一般車の通行が禁止されている。入山者は徒歩や自転車のほか、毎年4月26日から11月30日まで運行している低公害バスを利用している。本路線のうち国道と接続する起点から小田代原までは、環境省が設置した大規模防鹿柵の内側であることから、その先の弓張峠〜千手ヶ浜間（4.8km）を捕獲実施箇所とした。

本地域は非積雪期のシカの生息地であるため、融雪後の4月中旬から、降雪が始まる12月中旬までが捕獲の適期となる。ただし、低公害バスが運行している時間帯は、入山者が存在する可能性が高いと考えられる。そこで、バスが運行を始める前の2014年4月22日から24日を実施日とし、夕方16時から18時20分までの間に捕獲を行った。

道路の使用については、管理者である日光市の了解を得た。道路の目的外使用について、県警本部交通規制課に

おいて、実施日時や手法、安全管理体制について説明のうえ、了解を得た。そのうえで、道路交通法に基づく道路使用許可と荷台乗車許可を、日光警察署に申請した。また、銃刀法では公道上での発砲が禁じられていることから、県警本部生活安全企画課において、完全に閉鎖した道路上での発砲であること、矢先の確認は射手のほか運転手と記録員もあわせて行うことを説明のうえ、了解を得た。捕獲許可は、日光市がすでに実施している個体数調整の一環として行うこととし、あらためて取得しなかった。さらに、安全確保のために、捕獲の実施について地元自然関係施設、自治会長、旅館組合、観光協会等23団体に対し、文書またはファックスにて事前に周知を行った。

射撃は、トラックの荷台に設けた射台に1名の射手が乗車し、低速で走行しながらシカ発見時に停車、エンジン停止の後に発砲する体制とした。射台は既存の2トントラックにあわせ、自作した（写真❷）。射撃車両には運転手（総指揮）、記録員、射手の3名が乗車し、無線機によりシカの位置、発砲の可否、発砲順序について連絡をとれるようにした。射撃車両とは別に捕獲個体回収用のトラックを用意し、捕獲班の数百メートル後方を走行しながら無線を受け、捕獲班が残していった目印を参考に、回収を行うこととした。

銃器は、射撃の精度や発砲音を考慮し、狩猟で使用できるもっとも小口径の6mmライフルを使用し、猟友会日光支部から推薦のあった、いずれも射撃大会での上位入賞者である2名の射手に交代で従事いただいた。また、撃ち漏らしたシカの警戒心を高めないように、待ち受け型誘引狙撃と同様に、頭部狙撃により即倒させることと、群れサイズが5頭以内のときのみ発砲す

写真❷　モバイルカリングに使用した射台（左）と実施状況（右；日光森林管理署提供）

ることを原則とした。

　捕獲時の安全管理として、車道閉鎖地点両端および林道分岐点には人員を配置し、市道に合流する歩道には規制線を張ることにより通行止めにした。これらの規制地点には、1週間前から予告の表示を設置した。また、捕獲当日には午前中から小田代原に人員を配置し、入山者に捕獲実施を知らせるチラシを配布した。

　交通規制や回収など、射手以外に10名以上の人員が必要になる。ちょうど2014年4月より、日光地域のシカの個体数管理を共同で行うことを目的として、日光地域シカ対策共同体（環境省日光自然環境事務所・林野庁日光森林管理署・栃木県県西環境森林事務所および林業センター・日光市農林課および各総合支所）が組織されていた。今回の捕獲は同共同体との共催事業として行い、各機関から人員の応援をいただいた。

　これだけのお膳立てをしての、捕獲当日である。私は捕獲車両の運転手として、緊張しながらハンドルを握っていた。シカが現れなかったらどうしようという心配をよそに、スタート地点に到着したとたんに発見した1頭を射手は正確に仕留め、その後も記録が追い付かないくらいに出没があった。初日は千手ヶ浜に到着するまでの70分間に14頭の捕獲があり、大きな成果であった。後日射手の方に聞いたところでは、大人数が参加しての捕獲であるが、その成否は自分の射撃にかかっていることから、大変なプレッシャーであったとのことである。

　結局3日間で合計35頭捕獲でき、1時間あたりの捕獲効率は7.7頭（1日8時間あたりに換算すると61.6頭！）という、極めて高い捕獲効率であった。これに気を良くし、同年11月と12月にも捕獲を実施したところ、春よりは出没数が少なかったため捕獲効率は減少したものの、6日間で18頭（1時間あたり2.1頭）捕獲できた。

　実施にあたっては、射手以外にもさまざまな人員が必要であるが、これらは狩猟免許を有する必要がないことから、今回のように行政機関の職員が従事することも可能である。狩猟者が高齢化・減少傾向にあるなかで、狩猟者と行政が協力して捕獲を実施できる手法である。

5. 誘引式くくりワナ

　待ち受け型誘引狙撃を実施していたとき、餌付け地点のセンサーカメラを解析すると、どうしても夜間の出没の

ほうが多い傾向がみられた。鳥獣法により銃の使用は日の出から日没までに限られている。せっかく誘引したシカを捕獲できる手法はないものかと考え、くくりワナを試してみることにした。決まった場所に餌付けをしていると、そこに至る何本かの獣道が形成される。その獣道にワナを仕掛けるのである。ワナ猟を行ったことがない私は、まずは経験者にお願いし、シカが足をつきやすいポイントやワナのかけ方について教えていただいた。そのうえでワナを設置したところ、10基程度のワナで1週間あたり数頭は捕獲できたが、誘引されている頭数が多い割には捕獲が少ないという印象であった。くくりワナはシカが足を踏み込む位置を予想して設置する必要があり、位置の選定には経験が必要である。ワナ猟初心者である自分には、この程度が限界かと感じていた。

そのころの哺乳類学会で岐阜大学の

写真❸　誘引式くくりワナの設置例

森部絢嗣さんが、丸太の上に餌を置き、それを食べに来たシカを捕獲する手法を紹介していた。これを参考に、餌を用いた誘引を伴うくくりワナによる捕獲を、足尾地区で試みることとした。具体的には、獣道の周辺で、岩や立木、間伐材等がありシカの進入方向が限定される箇所にヘイキューブ（固形の牧草）をおき、採食時に足をつくと想定される場所にワナを設置した（写真❸）。2014年1月から2月にかけて16基のワナを11晩設置した結果、19頭が捕獲された。ワナ猟の捕獲効率は、捕獲数を延べワナ設置数（TN：トラップナイト）で割った数字で示される。今回の捕獲効率は0.108頭／TNであり、県内の狩猟（2013年：0.001頭／TN・栃木県データ）に比べはるかに高かった。

栃木県の最高峰である奥日光の白根山（標高2578m）においては、以前からシカの増加に伴う自然植生の退行が指摘されていた（P120～参照）。シラネアオイを保護するための電気柵設置は行われてきたものの、車道から徒歩で2時間以上要するという地理的な制約から、これまで捕獲は実施されていなかった。くくりワナの利点の一つに、持ち運びの容易さがある。そこで、2014年9月に、足尾で効果のあった誘引式くくりワナを試してみることにした。

くくりワナと餌のヘイキューブを担ぎ上げ、五色沼の避難小屋に宿泊しながら2晩で延べ20基設置したところ、幼獣を1頭捕獲することができた（捕獲効率0.050頭／TN）。たった1頭ではあるが、白根山での初の管理捕獲である。当日は避難小屋で、シカ肉を肴に祝杯をあげた。

誘引式くくりワナは、前述の誘引狙撃やモバイルカリングと異なり、高い捕獲技術を有する銃猟者を必要とする手法でなく、むしろ初心者の捕獲効率上昇に寄与するものである。近年は、銃免許所持者が減少するなかで、被害対策を目的としてワナ猟免許を取得する人が増えている。(3) なかでもくくりワナは、安価であり持ち運びも容易であるうえに、1人でも設置可能であることから多く使われているが、設置場所の選定には知識と経験が必要であり、免許を取得してもなかなか捕獲に結びつかない現状がある。誘引式くくりワナは高い捕獲効率に加え、初心者でも場所を絞りやすいことや、獣道を利用しないことから錯誤捕獲が発生しにくいことが利点として考えられる。その一方で、捕獲場所のシカの嗜好性を踏まえつつ、他の動物を誘引しにくい餌を選定する必要がある。ヘイキューブはカモシカも誘引するため、両種が同所的に生息する地域においては注意が必要である。

6. 今後に向けて

これまで三つの手法を試してきたが、これ以外にも囲いワナを用いることも考えられるし、従来型の巻き狩りも否定するものではない。重要なのは、捕獲場所の状況や、従事できる人員・資材等の体制を踏まえて、適した手法を選択することである。人員については、これまでどおり狩猟者の協力をいただく必要があるのは当然だが、奥日光では国と県、市が管理に関わっており、関係者が連携すれば大きな力になるはずである。その意味で、前述の日光地域シカ対策共同体の果たす役割は大きくなってくるだろう。

シカの増加は待ったなしである。試験的な実施から継続的な事業化に向けて、検討を始める時期に来ている。

〈引用文献〉
(1) 栃木県. 2015. 平成25年度栃木県ニホンジカ保護管理モニタリング報告書. 栃木県, 栃木.
(2) 鈴木正嗣. 2013. 野生動物管理のための狩猟学（梶 光一・井吾田宏正・鈴木正嗣, 編）, pp.81-88. 朝倉書店, 東京.
(3) 上田剛平・丸山哲也・松田奈帆子. 2010. 野生鳥獣研究紀要 36: 1-6.

Topics
わたしの"ケモノ道"

　私がケモノ道に足を踏み入れたのは、大学3年のときだった。

　本来植物が専門のはずの環境緑地学科のくせに『野生動物の調査がしたい！』その一心で、たどり着いた足尾。幸運にも卒論で、足尾山中の5頭のメスのニホンジカのテレメトリ調査ができることになり、"まんが道"ならぬ、"ケモノ道"に足を踏み入れ、哺乳類研究者にとっての"トキワ荘"である、"足尾ステーション"に通うことになった。ここには、さまざまな立場の野生動物のスペシャリストが集っていた。

　林道を車で移動、シカの発信器からの電波を受信し、シカの位置を地図に落としていく。24時間調査をしようとしても寝過ごしたり、林道の鋭い砂利にタイヤがパンクしたり。当時は足立ナンバーだったので、オウム真理教の逃亡者と勘違いされ、真っ暗闇の久藏沢のどん詰まりでパトカーの職質にあったりした。

　しばらく通って、だんだん調査に慣れてくるうち、いつしか私はシカではなく、発信器の電波を追いかけるだけになっていた。ある時、「シカを、シカがいるところを、ホントに見てるのか？」とステーションで指摘されてハッとした。「私はまったく自分の追っているシカを見ていない…」それから、林道のあちこちから双眼鏡で探すも、結局見ることができなかったので、『よし、歩いてみよう』いつも彼女たちが昼間居るはずの久藏沢の斜面を、ケモノ道をたどって行った。

　歩けば歩くほど、しっかりとケモノ道が見えてくる。慣れない斜面をしばらく歩き、疲れたので休憩しようと思ったそのとき。目の前に、生まれて数日と思われるシカの仔（Fawn）

半矢のシカと小金澤先生

「奥日光での調査中に撮影された一枚」先生愛用のセーターが懐かしい。手前の鍋にはトン汁か、カレーが入っている。男体山の丸山先生の小屋（当時東京農工大学が国有林から借りていた）だと思われる

がうずくまっている。思わず息をのんだ。びっくりしているのか、状況がわかっていないのか、向こうもじっと動かない。「こんなところに生まれたての仔がいるのか……」しばらく私はその仔の隣に座って、同じ風景を眺めた。──生きているニホンジカにあんなに近づいたのは、後にも先にも、このときだけだった。

あれから、23年。詰めの甘い研究生活を終えた後、すっかりケモノから遠ざかってしまった（子育て中は子ザル3匹とボスザルといった態で自らがケモノのようだったが）。昨年、一番下の子ザルが中学にあがったのを機に狩猟免許を取得した。『あのころの不勉強・不真面目を挽回できるよう、私なりのケモノ道を歩いて行こう』と、長い長い遠回りの末に、私はいま再びケモノ道へと足を踏み入れた。

（藤浪　千枝）

Topics
サーモトレーサをシカの調査に活かす

 シカのモニタリング手法の一つとして、赤外線センサスがある。これは、動物が発する熱を赤外線サーモグラフィで検出・可視化（写真❶）することにより動物の個体数を調査する手法である。国内では、これまでに冬季のシカのエアセンサスで用いられている。[1]しかし、赤外線センサスの研究例はまだ少なく、下層植生が密生している環境において適用できるのかは不明だった。そこで、下層植生が繁茂している7月から8月の夜間に、奥日光の市道1002号線にて、サーモトレーサ（手持ちの小型赤外線サーモグラフィ）を用いたラインセンサス（以下、サーモセンサス）とライトセンサスを2年間実施し、サーモトレーサの有効性について検討した。

 調査の結果、サーモセンサスではライトセンサスよりもシカの発見頭数が多く（延べ発見頭数は、それぞれ299頭と221頭）、行動別にみると伏せている個体が多く発見された（延べ発見頭数は、それぞれ81頭と29頭）。この時期の下層植生の高さは50～70cmであり、伏せているメスジカの頭までの高さは60cmほどである。このように、サーモセンサスは、下層植生によってシカが発見されにくい環境でもより多くの個体を発見できるため、個体数調査の有効な手法であると考えられた。ただし、サーモトレーサでは、シカの性別や年齢の識別が困難な場合があった。そのため、サーモトレーサとライトを併用することで、下層植生が繁茂している環境でのモニタリングの質をより高めることができるだろう。

（岩本　千鶴）

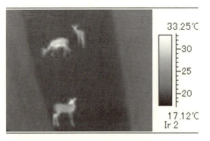

写真❶　赤外線サーモグラフィで撮影されたシカ

〈引用文献〉

(1) 小金澤正昭. 2002. ワイルドライフ・フォーラム 7: 113-119.

イノシシはどこへ向かうのか

橋本　友里恵

1. よく食べ、よく増える？隣人

　イノシシを見たことはあるだろうか？近年、西日本では日常的に街中に出没する地域も増えてきており、たびたびニュースに取り上げられている。また、牡丹鍋やシシ垣など昔から人間の生活になじみのある動物でもある。しかし、本来の習性や暮らしぶりはあまり知られていない。では、いったいどのような動物なのだろうか。

　多くの方はイノシシを夜行性の動物と思っているかもしれないが、本来は昼行性の動物である(1)。しかし、警戒心が非常に強いため、人間活動が活発な地域では夜に行動し、昼はやぶなどに潜んでいることが多い。そのため、あまり目にすることはないが、メスは2歳になると、毎年平均4.5頭もの子どもを出産するため、好適な環境下では著しく個体数が増加する。しかし、初期死亡率が高く、1歳まで生き残る子どもは半数と言われており、個体数の変動は激しい。

　農地や道路脇などで地面が掘り返された跡を見たことはないだろうか？これはイノシシが餌を探索するために掘り返したものだ。雑食性のため、ジャガイモやサツマイモ、タケノコを掘り返して食べるだけでなく、イネや果樹など、さまざまな農作物に対して被害を及ぼす。特にイノシシのイネの被害額は、鳥獣害全体の半数を占めているのが現状である(2)。栃木県では、近年イノシシによる農作物被害額が増加してきており、1995年度には521万円だったのに対し、現在（2013年時点）ではその約20倍の1億922万円に達している(2)。被害額の増加とともに捕獲数も増加しており、1995年度には91頭であったのに対し、2012年度にはその約87倍の7893頭に達した(3)。この数値からも、栃木県におけるイノシシの管理は喫緊の課題となっている。

2. 広がるイノシシの分布域

　イノシシによる被害増加の要因の一

つとして、分布域の拡大があげられる。栃木県では、県内を約2.5km×2.5kmの格子状の区画（メッシュ）に分け、そのメッシュごとにイノシシの捕獲数を集計している。それを見ると、イノシシの捕獲メッシュ数は1998年度には31だったのに対し、2008年度にはその約7倍の218に増加していた（図❶）。特に、県東部と西部での拡大が顕著だった。

栃木県においてイノシシは、1988年には県東部の八溝山地のみに分布していた(4)。しかし、1993年に佐野市（佐野林務事務所管内）でイノシシが捕獲されたのを皮切りに(5)、県南西部の被害が深刻化していった。その後、県西部の鹿沼市や日光市南部でも生息が確認されるようになった(6)。

栃木県での11年分のイノシシの捕獲データを見ると、必ずしも同心円状に分布が拡大しているわけではなさそうだ。それはいったいなぜなのだろうか。

他県の先行研究によると、イノシシの生息を規定する要因として積雪と土地利用があげられている。積雪に関しては、積雪30cm以上が70日以上続く場所では、物理的にイノシシの行動が制限されるため、生息には不適であるとされている(7)。では、土地利用についてはどうだろうか。まず植林地は、隠れ場所や食物を提供する下層植生が乏しいため、イノシシの生息には不適である(8)。一方、広葉樹林や竹林、耕作放棄地には隠れ場所や食物が豊富に存在するため、イノシシの生息に適している(8)。特に、耕作放棄地に関しては、多くの研究においてイノシシの重要な生息場所となっていることが指摘されている(9)。耕作放棄地は、この30年の間に面積が3倍にも増加しており、近年のイノシシの被害増加の要因の一つとして、問題視されている(10)。

では、栃木県では、これらの環境条件が、どのくらいイノシシの分布を制

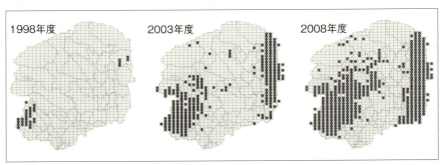

図❶　各年度におけるイノシシの捕獲メッシュ

限もしくは促進しているのだろうか。私の学生時代の研究は、この問いへの挑戦だった。

3. イノシシたちはどっちへ向かう？

イノシシたちはどのように分布拡大してきたのか。この問いに答えるため、私は修士論文のテーマとして、イノシシの生息に影響すると考えられる環境条件と捕獲地点との関係を調べることにした。環境条件としては気象庁の積雪深データ(11)と、環境省の土地利用データ(植生タイプや市街地、耕作地など計13種類)(12)、農林業センサスより耕作放棄地面積のデータ(13)、国土地理院の標高・傾斜のデータ(14)を用いた(図❷)。これらのデータはいずれもインターネット上で公開されている。また、捕獲地点のデータは、1998～2008年度にかけて栃木県内において狩猟および個体数調整等によってイノシシが捕獲された場所のデータを用いた。環境条件の影響力は生息適地推定モデルによって求めた。これは、対象とする動物種が実際に生息している場所の環境条件か

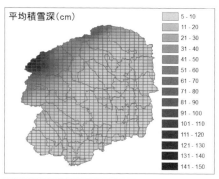
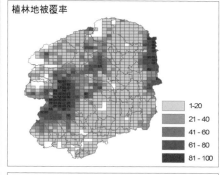
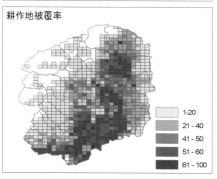
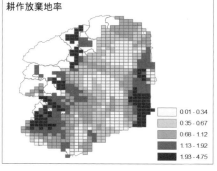

図❷ 栃木県内における積雪深と土地利用分布

ら、対象地におけるその種の生息確率を推定する解析であり、その種の生息に影響力を持つ環境条件を知ることができる。解析ソフトにはMaxEntを用いた。[15]

その結果、イノシシの生息に対して「負」の影響力を持つ環境条件として、「積雪深」と「耕作地面積」があげられた。つまり、積雪が深く、耕作地の面積が広い場所にはイノシシは生息しにくく、これらが分布拡大の制限要因となっていることが示唆された。積雪の多い場所ではイノシシの行動が物理的に制限されることと、広大な耕作地ではイノシシの隠れ場所が少ないことから負の影響力として作用していると推察できる。

一方、イノシシの生息に対して「正」の影響力を持つ環境条件としては、「耕作放棄地の面積」と「植林地の面積」があげられた。つまり、耕作放棄地が広がっている場所や、植林地に覆われている場所(写真❶)がイノシシの生息場所となっており、これらが分布拡大の促進要因となっていることが示唆された。耕作放棄地は、イノシシに隠れ場所や食物を提供するため、「正」の要因として選ばれる理由がある。これに対して、植林地はイノシシの生息には適した環境ではないことが指摘されている。たとえば、小寺ほか(2001)は島根県においてテレメトリ法による追跡[8]

写真❶　植林地と耕作放棄地に覆われた環境

調査と痕跡調査からイノシシの選択性を調べ、針葉樹林は広い面積を占めるにもかかわらず、イノシシの活動点と掘り起こしが少なかったことを明らかにし、その理由として林床植生が乏しく、休息・避難場所としての機能に欠ける上、餌が少ないことをあげている。また、高橋(1977)[16]は広島県のある国有林からイノシシが減少した理由として、天然林から植林地への転換によって食物や隠れ場所を確保できなくなったことをあげている。

では、なぜ植林地にも強い正の影響力が示されたのだろうか。他との複合的な要因を探ってみることにした。他との複合的な要因として、たとえば、耕作放棄地が関係している可能性がある。耕作放棄地の有無が植林地に対する選択性に影響しているのかどうか、同じモデルを使い検証を行った。すると、やはり「植林地と耕作放棄地が同所的にある」という環境条件が非常に強い正の影響力を示し、「植林地のみ」という条件は弱い負の影響力を示す結果となった。つまり、イノシシの生息には適さない植林地が多い場所でも、耕作放棄地が同所的に存在すると、イノシシの分布拡大の促進要因として機能すると考えられた。

4. データ解析という面目さ

私の研究は、野生動物を扱う研究には珍しく、ほとんどフィールドに出ず（自分ではデータ収集を行わず）、おもに机上でデータ解析を行う研究だった。野生動物の研究の醍醐味はやはりフィールドで実際に動物を観察することや痕跡を探すことだと思うが、じつはデータ解析も奥が深いのだ。生態系や自然を相手にした研究の場合、欲しいデータは自分で採りにいかなければならない。特に野生動物の場合、植物や地形と違い、対象物が動き回るため、データ収集が大変である。季節性、地域性、周辺環境、個体群特性、はたまた個体差までさまざまな要因が関係するため、できるだけ多くのデータが求められる。そうして収集したデータを用い、さまざまに見方を変えて解析することで、未知の傾向や関係を思いがけず発見することがある。一般性を検証することは大きな目的だが、その土地独自の環境やそこに住む動物たちだけに現れる事象の発見も非常に重要である。経験的に感じる動物たちの傾向について仮説を立て、実際の数値を用いて検証できたときは、それまでの苦労を忘れるくらいの喜びがある。

私の研究では、生息適地推定モデル

MaxEntでの影響力(寄与率)の値のみに注目したが、この解析を用いれば、動物の生息適地となる場所を地図上に示すことができる。こうした生息適地マップを作成することで、ミクロスケールでの研究を実施する際の調査地選びなどにも役立つだろう。研究対象が希少動物の場合、必要なデータを効率的に収集するためには、事前にこのような生息適地マップが作成してあれば役に立つ。また、鳥獣害対策の観点からみると、生息適地マップは被害リスクマップとしての機能も果たすだろう。これを実際の被害軽減・予防のためにどう活かしていくか、現在追求すべき課題の一つである。

〈引用文献〉

(1) Singer, F. J., Otto, D. K., Tipton, A. R. & Hable, C. P. 1981. J Wildl Manage 45: 343-353.
(2) 農林水産省. 2013. 全国野生鳥獣による農作物被害状況について(平成25年度). http://www.maff.go.jp/j/seisan/tyozyu/higai/h_zyoukyo2/h25/index.html
(3) 栃木県. 2009. 栃木県イノシシ保護管理計画(二期計画). 栃木県林務部自然環境課, 栃木.
(4) 小金澤正昭. 1989. 栃木県立博物館研究紀要 6: 49-63.
(5) 栃木県. 1998. イノシシ等被害対策連絡協議会1998年1月13日会議資料. 佐野林務事務所, 栃木.
(6) 栃木県自然環境調査研究会哺乳類部会. 2002. 栃木県自然環境基礎調査とちぎの哺乳類. 栃木県林務部自然環境課, 栃木..
(7) 常田邦彦・丸山直樹. 1980. 第2回自然環境保全基礎調査動物分布調査報告(哺乳類)全国版(その2)(財団法人日本野生生物研究センター, 編))環境省自然保護局生物多様性センター. http://www.biodic.go.jp/reports/2-6/ad097.html
(8) 小寺祐二・神埼伸夫・金子雄司・常田邦彦. 2001. 野生生物保護 6: 119-129.
(9) 本田 剛・林 雄一・佐藤善和. 2008. 哺乳類科学 48: 11-16.
(10) 本田 剛. 2007. 日林誌 84: 249-252.
(11) 気象庁. 2002. メッシュ気候値2000 (気象庁, 編), 財団法人気象業務支援センター, 東京.
(12) 環境省自然環境局生物多様性センター. 2005. 自然環境情報GIS 第2-5回植生調査重ね合わせ植生. 環境省自然保護局生物多様性センター. http://www.biodic.go.jp/trialSystem/top.html
(13) 農林水産省. 2005. 2005年農林業センサス. http://www.maff.go.jp/j/tokei/census/afc/2010/05houkokusyo.html
(14) 国土地理院. 基盤地図情報(数値標高モデル)10mメッシュ(標高). http://fgd.gsi.go.jp/download/GsiDLSelItemServlet
(15) Maxent software for species habitat modeling. https://www.cs.princeton.edu/~schapire/maxent/
(16) 高橋春成. 1977. 地理科学 27: 15-24.

イノシシが広がる背景と対策 そして原発事故後の課題

小寺　祐二

1. イノシシはどのように日本列島に渡ってきたのか

イノシシ（写真❶）は広大な分布域を持っており、現在はユーラシア大陸の温帯を中心に、西はポルトガルから東は日本列島まで広く生息している。さらに本種が野生化した地域を含めれば、ほぼ全地球的に分布していることになる。日本国内では本州以南に野生個体群が生息しており、本州、四国、淡路島および九州に分布するニホンイノシシと、南西諸島の奄美大島、加計呂麻島、請島、徳之島、沖縄本島、石垣島および西表島に分布するリュウキュウイノシシの2亜種に分類され、遺伝的な隔たりが大きいことが知られている。リュウキュウイノシシはベトナムの大型ブタと遺伝的に近い関係にあり、琉球列島が大陸と陸続きだった時代に渡ってきたイノシシの遺存種で、

写真❶　イノシシの親子

成獣オスでも40〜50kg程度と小型である。一方、ニホンイノシシは北東アジアの系統と非常に近い関係があり、三つのグループに区分できることが明らかになっている。(2)これらの内、二つのグループは、それぞれ36万7千〜20万4千年前と30万7千〜17万年前に、朝鮮半島と九州の間に存在した陸橋を通じて日本に渡来し、大陸のイノシシとは異なる遺伝的な変化を遂げたと考えられている。残る一つのグループは、陸橋が存在していなかった2万1千〜1万2千年前に日本に渡ってきたと見られている。この時期のイノシシの渡来については、氷河期であったことから海水面の低下による影響のほか、人為的な移入などがあげられているが、確たる証拠は存在していない。いずれにしても、日本列島への渡来以降から江戸時代までは、本州全域および四国、九州、対馬、五島列島、琉球列島にイノシシの野生個体群が分布していた。(3)

2. 明治以降の分布は人との関係を写した鏡

ところが、明治時代に入るとイノシシは全国的に減少し、その分布は中部地方南部から近畿地方、山口県西部、四国山地、九州地方南部、南西諸島に限られた。(4)本種の分布域縮小の原因の一つには、人間による過度な国土利用がある。太田は、日本における森林の(5)荒廃や劣化は明治時代中期にもっとも進んでいたと指摘しているが、それはイノシシの生息適地が縮小したことを意味する。また、明治政府による野生動物の捕獲解禁も本種の分布域縮小に拍車をかけたと考えられる。明治後期には村田銃が普及したが、1870年の段階で、すでに150万挺の旧式火縄銃が存在したという推計を踏まえると、強(6)烈な捕獲圧がかかっていたことが想像できる。好適な生息環境ならば、イノシシは強い再生産能力を発揮できるが、生息環境の質・量ともに劣化した状況では高い捕獲圧に耐えられなかった。さらに、開国直後の明治時代の動物防疫体制の不備もイノシシの減少に関係した可能性もある。イノシシの分布域縮小は明治以後100年ほど続き、日本での農業普及以降、初めてイノシシによる農作物被害が局所的問題となった。(7)また、この間は狩猟資源としての利用も近畿地方などに限定された。(8)

しかし、太平洋戦争後にその様相が急変した。第一に1960年代の燃料革命による木炭需要の激減によって森林の過度な利用が止まり、全国的に植生が回復し始めた。小寺ほかは、人手が(9)入らずに伐採後40〜50年経過した落

葉広葉樹林では休息・避難場所および食糧資源がイノシシに提供されており、本種の生息適地になっていることを指摘している。さらに、日本が高度経済成長を成し遂げた間、機械化などによって農業の生産性は飛躍的に上昇した。特に水稲は1970年には国内自給率100％に達し、減反政策が開始された。これにより耕作放棄地は全国的に増加したが、そこでも休息・避難場所、食糧資源に加えて水資源がイノシシに提供された。水田の耕作放棄と同時に隣接する竹林も管理されなくなり、そこはイノシシにとって季節的な食糧資源を獲得する絶好の環境となった。こうして好適な生息環境に囲まれたイノシシは、その強い繁殖能力を存分に発揮し、1970年代以降に急激に分布域を回復させた[7]。2012年時点において、野生個体群の分布は42都府県で確認されている。また、1950年から1960年代の半ばまで3～4万頭の水準だった捕獲数は1990年代後半には10万頭を超え、2010年度には48万頭に達した。このように高い捕獲圧の下でも個体群の衰退は見られず、分布域は回復し続けており、イノシシの狩猟資源としての価値は高まったといえる。その一方で、水稲を中心に穀類、野菜類、果物類に加え、椎茸や牧草など多くの作物に対する採食などの被害が増加した他、餌付け個体および市街地出没個体による人身被害などが問題となっている。

3. イノシシの個体群を管理するには

こうした状況に対して、34府県（2012年時点）が特定鳥獣保護管理計画を策定しているほか、鳥獣被害防止特別措置法に基づく被害防止計画が各地で作成され、問題解決を図っている。特定鳥獣保護管理計画制度では、生態系保全を含む科学的で計画的な保護管理事業の推進を通して農林業被害の軽減と地域個体群の存続を図ることを骨子としている。しかし、現在のイノシシに対する特定鳥獣保護管理計画では、多くの地域が農林業被害の軽減を目標に掲げており、科学的な個体群管理については重要視されていない。その結果、特定鳥獣保護管理計画では農林業被害額等はモニタリングするものの、地域個体群の状態は十分に評価せずに個体数管理を中心とした事業が進められる傾向にあり、その目標が個体の捕獲にすり替わっている事例もある。こうした傾向は、鳥獣被害防止を主眼に置いた鳥獣被害防止特別措置法に基づく被害防止計画で一層強く表れている。

日本のイノシシ管理における当面の

重要課題は農林業被害の軽減だが、現在実施されている対策は成功しているとは言い難い。なぜならば、イノシシ捕獲数は右肩上がりなのに対し、農林業被害は減少していないからだ。イノシシによる農林業被害の対策としては、進入防止柵設置などの「被害防除」、被害の原因となる個体が人間領域に出没しにくくする「生息地管理」、加害群を捕獲するなどの「個体群管理」があり、これらの対策を適切な配分で進める必要がある。しかし、現状では生息数の低減に主眼をおいた個体群管理が対策の中心になっている。また、生息数の低減による農林業被害軽減の可能性について、生態学的データに基づいた議論が行われていない場合が多い。

4. 高い捕獲圧による イノシシ生息数低減の可能性

1994年から2000年にかけて筆者らは、島根県浜田市において、イノシシに対する捕獲圧および捕獲がイノシシ個体群に及ぼす影響について評価したことがある。同地域は森林面積の半分以上を広葉樹林が占め、本種にとっては好適生息地が広がる地域となっていた。この調査では、脚くくりワナや箱ワナ、囲いワナで捕獲したイノシシに、番号と連絡先を記載した耳標を装着し、その場で放獣した。狩猟者から、標識装着個体を捕殺した旨の連絡を受けることで、狩猟による死亡個体数を把握したのである。最終的には、108個体に標識を装着した。その結果、標識個体の40％が狩猟期間（3カ月）中に捕獲され、70％が2年以内に捕獲されたことが分かった（小寺ほか　未発表）。この地域では1970年前後から捕獲した個体を兵庫県の丹波篠山に出荷して収入を得ており（写真❷）、本種に対する高い捕獲圧が生じたと考えられる。この高い捕獲圧がイノシシ個体群にどう作用しているのかを明らかにするため、2002年度の狩猟期間に脚くくりワナで捕獲された167個体（オス：89個体、メス：78個体）を対象に生存時間解析を実施した。調査期間中の同地域におけるイノシシ捕獲総数は828個体だったことから、捕殺個体の20％程度が調査対象だった。イノシシの分析では、捕殺個体の歯牙の萌出状況より齢査定を行い、推定出生時期を基準時刻、死亡を目的の反応として、イノシシの寿命を評価した。

実際の分析では、性別ごとの死亡率および生存率、平均寿命、メスの純繁殖率を算出した。その結果、平均寿命がメスで20.8カ月、オスで18.7カ月となった。この値は、高い狩猟圧がか

写真❷　兵庫県のイノシシ肉問屋へ出荷するため処理されたイノシシ（島根県浜田市）

かっていたニュージーランドの個体群（メス：25.6〜29.1ヵ月、オス：26.8〜32.1ヵ月）[10]と比較しても短く、浜田市ではより高い捕獲圧がかかっていたことが明らかとなった。その一方で、メスの純繁殖率は1.20に達した。これは、イノシシの個体数が1世代で1.2倍になることを意味し、個体群が増加することを示している。この状況を整理すると、イノシシのメス100個体が生息する場合、狩猟期間中に40個体が捕殺されても、次の狩猟期間前までに120個体に増えている計算になる。つまり、極めて高い捕獲圧がイノシシにかかっても、好適な生息環境下では個体数増加を抑止できない可能性がある。さらに、1970年代以降のイノシシの急激な分布域回復とその要因を踏まえると、個体数管理を中心とした対策で農林業被害の軽減が期待できるのは、広大な人工林地帯や多雪地帯などに限定されると考えられる。その一方で、いくらかの課題はあるものの農作物被害については、進入防止柵の設置と環境整備を行ったうえで、加害個体を狙って捕獲すれば解消できること[11]が明らかにされている。イノシシにとって好適な生息環境が広がる地域では、個体数管理による被害軽減効果の程度を考慮し、生息地管理や被害防除を対

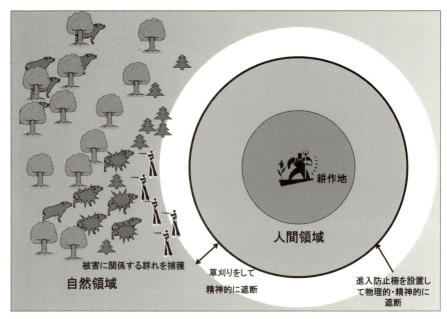

図❶ イノシシの生息適地が広がる地域での農林業被害軽減対策の理想像
耕作地周辺の草刈りによって精神的に遮断し、耕作地の周囲に進入防止柵を設置して物理的・精神的に遮断する。そして被害の原因となる個体をターゲットにして個体数調整する。被害対策では、被害が激化する前に、いかに理想の形に近づけるかが重要である。こうした方法では甚大な経費と労力がかかるため、農家個人での実施は困難である。また、被害防除に成功したとしても、本種による被害を受けやすい中山間地域の農業が抱える経済的な競争力の弱さ、高齢化などの問題が解決されるわけではない。対策の実施にあたっては、地域が連携して将来を考え、土地利用の見直しも含めた議論を行うことが必要である

策の中心にすべきである（図❶）。また、日本の総人口の減少に伴い、イノシシの生息適地がさらに増加すると考えられる。本種による農林業被害への対策を講じる際には、対象地域の将来像を踏まえたうえで、土地利用の再配置について考慮する必要があるだろう。

5. 地域ごとの個体群評価が必要である

イノシシの管理における別の課題として本種に関する生態学的研究の遅れがある。これにより、森林生態系におけるイノシシの位置付けは不明瞭になっているほか、地方自治体で実施可能な地域個体群の評価方法が限られ、管理計画の設計や効果検証に生態学的データが組み込まれないという問題が生じている。森林生態系における本種の位置付けの解明については基礎的な研究の進展を待つ必要があるが、地域個体群の評価方法に関しては、近年い

くつかの解決策が見いだされつつある。例えば、坂田ほか[12]は捕獲効率や目撃効率を用いてイノシシの生息動向を評価する方法を提案している。この方法には社会的条件の変化に強く影響され、単年度ごとの評価が難しい、個体群の状態を直接的に評価できないという課題がある。しかし、地域個体群の齢構成や繁殖などの指標と合わせて用いることで、イノシシの中長期的な生息動向をより実態に則した形で評価できる可能性がある。

このほか個体数や密度指標以外のパラメーターを用いた地域個体群の評価方法もある。小寺ほか[13]は、八溝山系イノシシ個体群において、詳細な週齢査定による出生時期推定を実施しており、低頻度出生期間の長さを比較することで個体群動態を評価する方法を提案している。この方法では、イノシシの歯牙の乳歯と永久歯を正確に区別する高い技術が求められる。そのため、週齢査定技術者を育成する必要はあるが、比較的短期間に少数サンプルで結果が得られる可能性がある。また、詳細な週齢査定結果を基に生存時間解析を行えば、死亡リスクの年間差について統計的な比較が可能となり、より直接的に個体群動態を評価できる。

これらの新たな評価方法に、卵巣や胎子の状況に基づく繁殖状態の評価や、腎脂肪指数、皮下脂肪厚などの指標を用いた栄養状態の評価といった基礎的研究を合わせれば、実用性の高い分析結果が得られる可能性がある。このように地域個体群の評価方法については新たな手法が開発されつつあるが、イノシシに関する生態学的研究全体を通して見ると遅々として進展していない。この状況を打破するためには、イノシシ研究に携わる人材の養成が必要だろう。

6. 原発事故後の新たな課題

平時であれば、イノシシの管理における課題は上述の通りだったが、2011年3月の原発事故によって新たな課題が提起された。イノシシの管理を進めるうえで、放射性核種による汚染の影響を無視できなくなった。チェルノブイリ原子力発電所事故後に実施された研究では、特にイノシシは長期間に渡って放射性セシウム（おもに137Cs）に高濃度汚染されやすい種であることが指摘されている。たとえば、ドイツ南西部の森林で2001年から2003年にかけて行われた研究では、イノシシの筋中137Cs濃度が季節的に大幅に変動しており、冬期には放射能が低下す

るものの夏期にはドイツの基準値600 Bq/kgを大きく上回ることが確認されている(14)。これと似た季節的変動は他の研究でも見られ、一年の内で2桁から3桁オーダーの振れ幅で放射能が変動することが明らかになっている。

また、イノシシ肉の放射能について性差は見られないものの、内蔵抜き体重10 kg未満の個体で高くなることや、137 Csを高濃度（平均：6030 Bq/kg、最高：18800 Bq/kg、最低：800 Bq/kg）に集積して地中に子実体を作るツチダンゴというキノコの摂食がイノシシ肉汚染の主原因であることが明らかにされている(14)。植物やキノコへの137 Cs集積は、土壌の汚染レベルや土壌の基質、湿度、事故後の経過時間、土壌のイオン蓄積、微生物の生物量などに影響されるうえ、日本に生息するイノシシの食物で高濃度に137 Csを集積するものが存在するのかは不明であり、欧州で発生している状況が日本でも再現されるかは分からない。しかし、チェルノブイリ事故後の研究例を見れば、放射性核種による汚染状況のモニタリングが、日本のイノシシ個体群管理においても欠かせないことは明らかである。

7. 八溝山系イノシシ個体群の放射性セシウムによる汚染状況

放射性核種汚染がイノシシ等の野生動物に及ぼす問題としては、繁殖機能の低下や食肉利用への影響のほか、狩猟者など個体群管理に関わる人材の行動の変化とそれが対象種に及ぼす影響などが想定される。八溝山系イノシシ個体群を対象に調査した事例では、咬筋における放射性セシウムの放射能が2011年8月から11月中旬までの期間には食物の暫定規制値500 Bq/kgを超える個体も確認されたが、その後は低位を維持し、多くの個体が新基準値100 Bq/kgを下回った(15)（図❷）。チェルノブイリ原発事故と比べれば、八溝山系個体群では低い汚染度合いであり、繁殖機能の低下や食肉利用への影響については、2012年8月末日までの段階では限定的となっている。

その一方で、胃内容物および直腸内容物の放射能については、咬筋とは異なる経時的変化が確認された。胃内容物では2011年12月ころを境に低下した様子が確認できるが、その後も放射能の高い胃内容物が一部存在し、咬筋のように低位安定とはなっていない（図❸）。また、直腸内容物の放射能は依然として高い値を示している。既存の研究では、イノシシが高い効率で放射

性セシウムを筋中に吸収することや、胃内容物と筋肉の放射能に強い相関が見られることが報告されており[14]、イノシシの筋肉の放射能の季節的変動は、放射性セシウムの筋肉への速やかな蓄積速度と、若干緩やかな排出速度の差によって生じると考えられている。しかし、八溝山系個体群では食物中の放射性セシウムがイノシシの体内に吸収されず、単に濃縮して排出されている

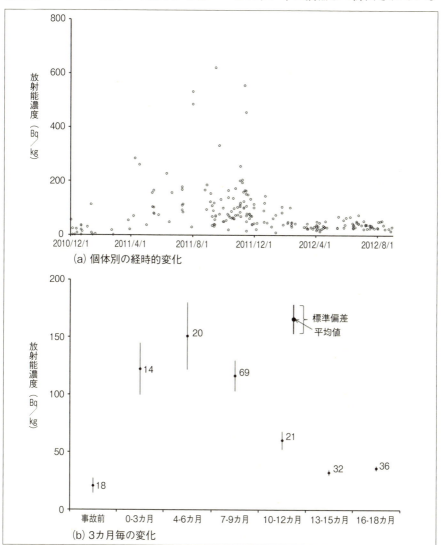

図❷ 八溝山系イノシシ個体群の咬筋における放射能濃度の経時的変化
(a)は個体別の値、(b)は原発事故前の試料および事故後3カ月ごとの平均値。図中の数字は試料数を示す

第3章 動物が引き起こす問題を知る～野生動物管理

可能性もある。また、一部ではあるが未だに放射能の高い胃内容物が確認されることや、咬筋や胃内容物と比較しても直腸内容物の放射能が高いことは懸念すべきである。胃内容物の放射能が高ければ、筋肉の放射能が高まる危険性は排除できないし、イノシシが放射性セシウムの濃縮装置として機能するかもしれない。イノシシの糞を利用する糞虫や菌類等によって放射性核種

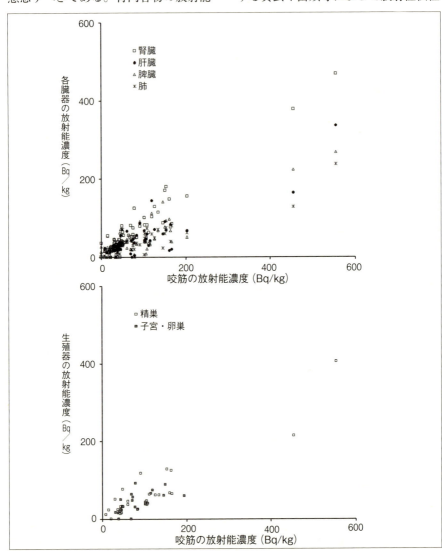

図❸ 八溝山系イノシシ個体群の胃内容物および直腸内容物、咬筋における放射能濃度の経時的変化

がさらに濃縮される危険性も考えられる。こうした経緯でイノシシの採食対象が高濃度に汚染されれば、将来的に本種の汚染状況が悪化する可能性もある。さらに、糞虫や菌類等によって濃縮された放射性核種が地下深くに移動することも考えられるが、これにより放射性核種の濃縮システムが複雑化し、一層解決が難しい課題になることも考えられる。食肉利用の観点からも生態系保全の観点からも、本種の放射性核種による汚染状況については長期のモニタリングが必要だろう。

また、八溝山系個体群では、生存時間解析も行われており原発事故前後（2010年度と2011年度）の生存時間が比較された。その結果、原発事故前後で生存時間の統計的な差は確認できなかった。つまり、狩猟者など個体群管理に関わる人の原発事故による行動の変化は不明だが、人の行動変化がイノシシに及ぼす影響については、現段階で存在しないか検出できない程度であると考えられる。イノシシに限ったことではないが、放射性核種による汚染については、現在得られている情報に安心することなく、汚染状況のモニタリングや生態系における放射性核種の移行経路・濃縮システムの解明はもちろん、人々の行動変化が野生動物に及ぼす影響の把握についても長期間継続する必要があるだろう。

〈引用文献〉

(1) Hongo, H., Ishiguro, N., Watanobe, T., Shigehara, N., Anezaki, T., Long, V. T., Binh, D.V., Tien, N.T. & Nam, N.H. 2002. Zool Sci 19: 1329-1335.
(2) Watanobe, T., Ishiguro, N. & Nakano, M. 2003. Zool Sci 20: 1477-1489.
(3) Tsujino, R., Ishimaru, E. & Yumoto, T. 2010. Mamm Study 35: 179-189.
(4) 高橋春成. 2006. 人と生き物の地理. 古今書院, 東京.
(5) 太田猛彦. 2012. 森林飽和　国土の変貌を考える. NHK出版, 東京.
(6) いいだもも. 1996. 猪・鉄砲・安藤昌益. 農山漁村文化協会, 東京.
(7) 小寺祐二. 2010.日本列島の野生生物と人（池谷和信, 編）, pp. 217-234. 世界思想社, 東京.
(8) 神崎伸夫・大束-伊藤絵里子. 1997. 野生生物保護 2: 169-183.
(9) 小寺祐二・神崎伸夫・金子雄司・常田邦彦. 2001. 野生生物保護 6: 119-129.
(10) Dzieciolowski, R.M. & Clarke, C.M.H. 1989. Acta Theriol 34: 525-536.
(11) 小寺祐二. 2009. 生物科学 60: 94-98.
(12) 坂田宏志・鮫島弘光・横山真弓. 2008. 哺乳類科学 48: 245-253.
(13) 小寺祐二・竹田　努・都丸成示・杉田昭栄. 2012. 哺乳類科学 52: 185-191.
(14) Hohmann, U. & Huckschlag, D. 2005. Eur J Wildl Res 51: 263-270.
(15) 小寺祐二・竹田　努. 2013. 畜産の研究 67: 17-21.

Topics
茂木町でみつけたイノシシ対策を成功させるための鍵

　私が宇都宮大学の修士課程のときに研究フィールドとした茂木町は、栃木県南東部の八溝山系に位置し、町の約65％を山林が占める、まさに「中山間地域」である。全国共通の悩みであるが、この町でも少子高齢化が進み、人口減少が顕著化している。しかし、茂木町はそんなことを感じさせないくらい活気に満ちている。地元特産のユズやウメは、近年流行りのオーナー制度で認知が広まっている。また、都市住民を呼び寄せる都市農村交流事業にも力を入れている。このように、茂木町は「問題」に対して地域住民がタッグを組んで精力的に解決策を探る気質を有している。それは鳥獣被害対策に対しても同様で、イノシシによる被害の増加とともに、町をあげてさまざまな対策に着手していった。しかし、なかなかうまくいかないのが鳥獣対策である。

　「この状況をなんとかしたい」、これが私のイノシシ研究への道の第一歩であった。農家さんが丹念に育てた作物が、収穫間近になってイノシシの被害に遭ってしまう（写真❶）。そんな状況を目の当たりにし、イノシシの被害を軽減できればと思った。ただ、農地にやたらめったら防護柵を張り巡らすだけの人出もお金もない。どうするか。まずは、イノシシの被害を受けやすい農地はどのような環境にあるのか明らかにしようと考えた。それが明らかになれば、被害を受けやすい農地から効率的に対策を講じていくことができるためである。そこで、町役場により実施された、全世帯を対象とした「鳥獣による被害対策アンケート」の結果をお借りし、イノシシの被害を受けやすい農地の周辺環境特性を調べることにした。その結果、イノシシの被

写真❶　トウモロコシ畑の被害に茫然と立ちすくむ

害を受けやすい農地は、林縁と河川が近くにある水田や、耕作が放棄されたやぶ・住宅などの建物・面積の大きな林地が近くにある畑地であることが分かった(1)。つまり、農地の周りになにがあるのかによってイノシシの被害が発生するリスクが異なる可能性があり、周辺環境を考慮した対策をする必要があると考えられた。この研究を通して、確かにイノシシの被害が発生しやすい農地を明らかにすることはできた。しかし、この結果をどのようにして茂木町に還元していくのかという点までは進めることができなかった。まだまだ解決できていない課題はたくさんある。

上記の研究は、多くの方の協力なしでは実現できなかった。宇都宮大学の教員や野生鳥獣管理学研究室の皆様をはじめ、現場へ案内してくださった多くの町民や町役場職員の皆さんには大変お世話になった。私が研究を継続することができたのも、単なるデータ解析だけでなく、町民や行政の皆さんと現場に入り楽しく調査ができたからである(写真❷)。また、「道の駅もてぎ」に立ち寄ることも楽しみの一つであった。直売所

写真❷　住民と行政の皆さんとの現地調査の様子

で野菜を購入した後に、オリジナルジェラートの「おとめミルク(12月～5月末までの季節限定)」を食べるのが好きだった(時期によってイチゴの酸味が異なり、それによって味も変わるので、イチゴ好きな方にはぜひ食べてもらいたい)。鳥獣対策も同様で、もうダメだと疲弊したり怒りをぶちまけたりするのではなく、ちょっとした遊び心を持って、楽しく実施していくことが重要なのだろう。そのためには、行政や研究者、関係機関など多くの人の協力体制を作ることが必要なのかもしれない。

(奥田(野元)　加奈)

〈引用文献〉
(1) 野元加奈・高橋俊守・福村一成・小金澤正昭. 2010. 哺乳類科学 50: 129-135.

クマ剥ぎ被害は解決できるのか？

中山　直紀

1. ツキノワグマについて

　日本にクマは何種類いるのだろうか？そう尋ねると意外にも考え込む方が多い。私が働いている動物園のスタッフに尋ねてみても、「1種類じゃないの？」「ヒグマって本州にいないの？」といった答えが返ってくることが多々ある。動物に興味を持ち、動物のそばで生きている人間でもよく分かっていないことがある。ましてやほとんど動物に関わることなく生活を送っている方々にとっては、どこにどんな野生動物が生きているのか知らないことの方が多いのではないかと思う。じつは私もそんな人間の一人であった。そんな中、宇都宮大学で初めて野生動物について学んだことで、動物たちが野生下でどのように生き、我々人間とどう関わっているのかに興味を持ち始めたのである。この同じ地球に暮らす人類が、野生動物について知らないでいていいのだろうか？そんな気持ちが私にとって野生動物について学び始めた

きっかけとなった。なかでも特に興味を持ったのはクマ類である。日本国内でも特に大型で悠然としたその姿に一目惚れしてしまった。こんな大きな動物が日本にいるなんて信じられない。この大きな動物はどんな生活をしているのだろう。クマのことが知りたい！私はいとも簡単にツキノワグマに魅了されていたのだ。

　現在日本には、北海道にはヒグマ、そして本州以南にはツキノワグマの2種類のクマが生息している。ツキノワグマはおもに東日本では生息頭数が増加し、西日本では減少傾向にある。九州では絶滅したとも言われており、地域個体群ごとに生息状況が大きく異なっている。本州以南に生息する哺乳類のなかでは特に大型で、頭胴長は1～1.5m、体重はオスで50～120kg、メスでは40～70kgある。身体的な特徴として全身黒い剛毛で覆われているが、胸の部分だけ三日月状に白毛が生えており、それが彼らの名前の由来となっている。この三日月状の白毛は個

体差があり、個体識別にも役立つことがある。食性は雑食性で、季節ごとにそこにあるものをあるだけ食べて生きているため、行動圏は餌資源の量で異なる。なわばり意識は比較的低いが、他個体との無駄な接触は多くのリスクがあるようで、行動圏は重複しても極力接触しないようにうまく生きているという動物である。

2. ツキノワグマによる被害

ツキノワグマと我々人間は、昔からさまざまな場面で関わりを持ち、多くの問題を抱えながら現在に至っている。特に重要視されている問題は、クマによる人身被害と農林業被害である。直接クマに出遭ってしまい負傷や場合によっては死に至る可能性もある人身被害はインパクトが強く、報道でも目にする機会があるかもしれないが、栃木県の事故件数は年にゼロから数件である。それよりも頻度・規模ともに増加しているのが農林業被害である。さまざまな農作物や植林木が被害にあっており、農林業従事者はその被害対策に頭を痛めているのが現状である。こうしたクマと人間の間に存在する軋轢に対応し、うまく付き合っていくことが大変重要な課題となっている。

なかでも近年関東地方でも増加傾向にあるのが植林木への被害である。人身被害や農作物被害はイメージしやすいが、植林木への被害というものがどんなものか知らない人もいると思われる。いわゆる「クマ剝ぎ」と呼ばれる農林業被害であり、おもに春先にヒノキ・スギ・カラマツといった針葉樹の幹の樹皮をツキノワグマが引き剝がしてしまう被害である。特に造林地内の樹木への被害が増加している。クマ剝ぎ被害を受けた樹木は、材質が劣化し市場価値が下落してしまうため、造林地を経営育成するうえで頭の痛い問題になっている。クマ剝ぎ被害は、北陸、近畿地方（京都、石川、福井、滋賀）、紀伊半島（三重、奈良）、四国や中部地方（岐阜、長野）では、1960～1970年代にかけてピークに達した後は減少傾向にあるが、関東地方においては1990年代に入り、栃木、群馬、神奈川で増加してきている（写真❶❷）。

ツキノワグマがクマ剝ぎを行う理由は未だはっきりと解明されたわけではないが、どうやら樹木の樹皮を剝いで内側の部分をかじって食べているという説が有力である。ツキノワグマは冬眠明けから夏にかけておもに樹木の新芽や草花等を食べながら生きているが、樹木の樹皮を剝いでみたら案外おいし

売り物に傷を付けられてはたまらないので、クマ剥ぎを防ごうとこれまでにさまざまな対策が実施されてきた。クマ剥ぎの防除対策としてもっとも手軽で有効とされているのが、狩猟やクマ檻による捕獲・捕殺であり、これまでに広く行われてきた歴史がある。しかし、クマの捕殺が必ずしもクマ剥ぎ被害の減少につながっていないのではないかという意見や、一度頭数が減るとなかなか増えにくく、地域によっては絶滅の可能性のある哺乳類であるため、保護管理の観点からも捕殺は極力避けるべきと言われている[8-9]。そこで現在では、樹木の周囲にテープやネット等のクマ剥ぎ行動にとって障害となるものを巻きつける方法が各地で試験され、一定の効果を得るものとして評価されており、商品開発も進んでいる。その他にも樹木にクマが嫌うニオイの薬剤を塗布する方法等、さまざまな対策が考案されている[9]。それでもどの土地のどの樹木が狙われるか予測することは難しく、模索的に対策しても根本的解決にはなっていないため、対策してない樹木が被害に合ってしまう。総合的に言えば被害地域を拡散させているだけであるため、被害が減少しているとは言いにくいのが現状である。そのせいで防除に要する労力・コストの割に

写真❶　クマ剥ぎ被害を受けた樹木

写真❷　クマ剥ぎ被害を受けた樹木（拡大）

かったのかもしれない。特に造林地は食べるものが少なく、食べられそうなものは何でも食べて生きているということが容易に想像できる（写真❸）。

　しかし、林業従事者側から見れば、

写真❸ 樹皮（矢印部分）を舐めるクマ（撮影者 小金澤正昭）

メリットを感じにくく、対策を取らずに放置してしまっている林業従事者もいるなど、画期的な対策の開発が待たれている。

3. 栃木県高原山でのクマ剥ぎ調査

栃木県においても平成10年以降被害は増加傾向にあり、被害面積が250ha余りに達しているほか、実損面積も毎年数十ha報告されている。被害は日光

第3章 動物が引き起こす問題を知る〜野生動物管理

市等の北西部の地域や、中央に位置する高原地域の矢板市や塩谷町で発生している。2010年には関東森林管理局による「クマ・シカとの共存に向けた生息環境等整備モデル事業報告書」にて県内の国有林でのクマ剝ぎ被害について報告された。私も各地のクマ剝ぎ被害を確認しようと調査に参加させていただいたが、初めて見たときはあまりの被害量に驚きを隠せなかったことを覚えている。被害量がその林分内の5割を超えると見た目としても大変多くの被害を受けている印象を受けた。7〜8割もあるともう壊滅状態に見えてしまう。これがもし自分の所有する土地であったならと考えると、怒りや悲しみ、もしくは喪失感といった感情に襲われ、精神面へのダメージが相当あるだろうというのが正直な感想である。これは非常に深刻な問題だと感じた私は、クマ剝ぎについてしっかり知ろうと考えた。

そこで私は、栃木県高原山地域のクマ剝ぎ被害量の調査を開始した。高原山地域は北西に釈迦ヶ岳（1795m）、鶏頂山（1765m）、西平岳（1712m）などが位置し、南部には西立室（973m）、東立室（957m）、鶏岳（668m）、尚仁沢、東荒川ダム、西荒川、東古屋湖、大名沢などが位置する全体的になだらかな山岳地形である。周辺部は農地や市街地に囲まれ、人家が点在しており、畜産業を営む牧場や家畜の飼料用作物を栽培する畑、牧草地等がパッチ状に点在している。この高原山地域においてテレメトリ調査[10]により判明していたツキノワグマ個体群の行動圏内を、クマ剝ぎ被害量の調査地とした。1ヵ所0.25ha（50m×50m）のプロット17ヵ所において、樹種、胸高周囲長、立木本数を毎木調査し、そのうちクマ剝ぎ被害が確認された樹木の位置と剝皮された幅・高さ・方角を計測した。

調査を開始したころ、やる気に満ちていた私は意気揚々と山へ入って行ったのを覚えている。なぜかわからないがとても大きなものに挑もうとしているようで気持ちが高揚していたのだ。当初の頭のなかでは1日で2ヵ所、もしくは3ヵ所は調査できるだろうと甘くみていたと思う。その甘い考えは見事に調査初日で打ち砕かれた。まずランダムに設定した調査地へたどり着くまでの山歩きが大変だった。日ごろ山歩きはよくしていたのであるが、調査道具をたくさん持った状態で道なき道をガサガサと分け入っていくのは非常に体力を使った。調査ポイントにたどり着くころにはヘトヘトになっていることも多々あった。そして次に、0.25ha

という調査プロットを設置したあとの感想である。どれだけの本数の樹木があるのだろうと唖然としてしまった。少なくとも300本。多い場所では700本程度の毎木調査をこなし、1日かけてやっと1カ所調査が終わるといった日がほとんどであった。夕暮れまで調査が長引いてしまったときは林内が異様な速さで暗くなり、非常に恐ろしく感じたものだ。ツキノワグマに遭遇しないかという心配も常にあった。なるべく一人で山に入るのは避けた方がよいと人には言われていたが、身を持ってその通りだなと感じた。いろいろと大変な思いもしたが、こうした経験を通して心身ともに大きく成長でき、個人的には最後までやって良かったという思いが強い。

4. クマ剝ぎ発生に影響する要因

　クマ剝ぎ被害地の特徴を評価するために、高原山地域の調査結果と、栃木県国有林でのクマ剝ぎ被害量調査の結果(11)を比較した。調査地ごとに被害率には差があり、この差を生んでいる要因が解明できればクマ剝ぎへの対策に役立つのではないかと考えたからである。データを見比べていると国有林と高原山地域の間の被害量に明らかに違いがあった。国有林の方が高原山地域に比べて被害量の多い場所が多かったのだ。この被害量の違いを生んでいるのは何なのだろうか。さまざまな周辺環境とそれぞれの調査プロットの被害率との関係を解析していったことで、面白い条件が見えてきた。それは牧場の存在である。栃木県には高原山地域、那須高原地域、日光地域に複数の牧場が存在しており、過去にクマに侵入された経験のある牧場が高原山地域に集中しているのである。そんな被害経験のある牧場施設までの距離が近い調査プロットの方が、クマ剝ぎ被害が少なかったのである。(12)高原山地域では、牧場施設に侵入し給餌飼料を食べているツキノワグマの存在が報告されており、(10)これらのツキノワグマにとっては牧場施設の給餌飼料は容易に利用できる餌場になっていたと考えられる。牧場を利用していたツキノワグマは頻繁に牧場飼料を食べることができたため、樹皮を剝ぐという行為は単純に無駄な労力であったのかもしれない。ツキノワグマは餌が豊富な場所に執着し、多個体が一つの地域に集中することもあり、(1)簡単に言ってしまえば豊富に利用できる餌さえあればクマ剝ぎ被害は減ることが考えられる。アメリカでは代替餌を用意することでクマ剝ぎ被害が減少

しており、この方法に類似した状況が高原山地域では偶然起きていたと考えられるのである。

5. これからの課題

　餌が豊富にある地域に多くのツキノワグマが集まってきていると考えた場合、さまざまなことが予測される。もし牧場施設が本格的にツキノワグマの侵入防止の対策を実施した場合、餌が入手できなくなったツキノワグマによって同地域のクマ剥ぎ被害が爆発的に増加する可能性がある。侵入防止対策を行わなかったとしても、同地域のクマの個体数が増加し、それを賄えるだけの家畜飼料がなければクマ剥ぎ被害は増加していくことも考えられる。さらには牧場という餌資源の利用が遮断されれば、利用可能な餌資源が少なくなる。すると新たな餌資源を求めて行動圏を移動させ、人里に出没し不要な事故をさらに増加させてしまう可能性もある。このように、当地域には牧場の家畜飼料を餌資源としてよく利用する個体がいることが予想されるので、牧場への侵入対策を行う場合には慎重な計画が求められる。

　そこで課題となるのが餌の確保である。牧場の家畜飼料に代わる豊富な餌資源を供給できる、ツキノワグマにとってよい生息環境が必要となる。こうした環境を整備するためには、現在放置されている多くの植林地において林内施業を施し、自然食物を増加させることである。現状では多くの植林地は十分な施業が行われておらず、下層植生が生育していない。ツキノワグマの餌資源となる下層植生が十分に育つ環境整備を、早急に行わなければならないと考えられる。しかし、施業を行ったとしてもすぐに効果が現れるわけではない。下層植生が生育し、十分にクマの春季食物として利用される見込みが立つまでは、代替餌を用意する必要がある。日本では群馬県において試験的にアメリカの給餌法を導入した例があり、改善の余地はあるもののさらなるクマ剥ぎ対策として一歩踏み出そうとしている。この給餌法は、今後日本の気候に合った代替餌や、ツキノワグマの生態を踏まえた餌の配置などを検討する必要があるが、非常に期待のできる方法であると考えられる。さらには従来のテープやネットなどを用いた樹木への資材巻きによる対策を行うと、効率よく守りたい樹木を守れるかもしれない。そのうえで牧場への侵入防止柵や電気柵等の対策を行なうことが重要であると考えられる。

ツキノワグマに限らず、このように一つの問題にはその他の多くの問題が複雑に絡み合っていて、さまざまな取り組みを同時に行っていかなければ健全な生態系を守ることは難しい。事実、これまでの野生動物の保護管理には、劇的な効果を生み出す対策というものはほとんどなく、試行錯誤と一進一退を繰り返して現在に至っている。直接関わっている人間はもちろん、我々一般人も興味を持つことは非常に大切だ。入り口は「かわいい」や「かっこいい」という好奇心からでもいいと思う。そこから野生動物のさまざまな行動や生き方に興味を持ち、どんな動物なのかを少しずつ理解を深めていくことが、人間と野生動物の共存には必要だろう。

〈引用文献〉
(1) 米田一彦. 1998. 生かして防ぐクマの害. 農山漁村文化協会, 東京.
(2) 橋本幸彦・高槻成紀. 1997. 哺乳類科学 37: 1-19.
(3) 米田政明. 2001. ランドスケープ研究 64: 314-317.
(4) 栃木県. 2015. 平成25年度栃木県ツキノワグマ保護管理モニタリング結果報告書. 栃木県, 栃木.
(5) 羽澄俊裕. 2003. 森林科学 39: 4-12.
(6) 吉田　洋・林　進・堀内みどり・坪田敏男・村瀬哲磨・岡野　司・佐藤美穂・山本かおり. 2002. 哺乳類科学 42: 35-43.
(7) 八神徳彦. 2003. 石川県林業試験場研究報告 34: 36-41.
(8) 羽澄俊裕. 1985. 哺乳類科学 50: 11-16.
(9) 山中典和・中根勇雄・大牧治夫・田中壮一・上西久哉・川那辺三郎. 1991. 京都大学農学部演習林集報 22: 45-49.
(10) 村田麻理沙. 2009. 宇都宮大学大学院修士論文.
(11) 関東森林管理局. 2010. 関東森林管理局業務報告書.
(12) 中山直紀. 2011. 宇都宮大学大学院修士論文.
(13) Ziegltrum, G. J. 2008. Human-Wildlife Conflicts 2: 153-159.
(14) 坂庭浩之・姉崎智子・中山寛之. 2010. 群馬県立自然史博物館研究報告 14: 103-110.

Topics
カメラの前でクマを立たせるために

　野生動物の個体識別ができれば、その個体の再捕獲率から個体数を推定することができる（標識再捕獲法）。ツキノワグマ（以下、クマ）については、蜂蜜などで誘引し、有刺鉄線でからめとった体毛のDNA分析により個体識別を行う手法が用いられているが、野外ではDNAの劣化が進みやすいうえに、分析には多大な手間と経費がかかるなどの問題があった。近年は、センサーカメラを使って胸の斑紋を識別することが個体識別に有効であると報告されている[1]。この手法では、いかにクマをカメラの前で立たせて胸の画像を撮るかが問題である。そこで、立木の間にぶら下げた蜂蜜の直下に、木杭を地上高90cmになるよう立ててみたところ、安定した撮影が可能であることが判明した[2]。さらに、クマをカメラの方に向けて立たせるためには、木杭を蜜の真下から等高線上に30〜40cm、山側へ30〜40cmずらして打つことが有効であることが分かった[3]（写真❶）。栃木県はこの技術を活用し、2014年に県内4地区（トラップ数は各地区35カ所内外）で調査を行い、県内の生息数を272〜649頭と推定している[4]。

　　　　　　　　　（米田　舜・丸山　哲也）

〈引用文献〉
(1) 自然環境研究センター. 2012. クマ類の個体数を調べる　ヘア・トラップ法とカメラトラップ法の手引き（統合版）. 環境研究総合推進費成果物.
(2) 米田　舜・高橋　健・丸山哲也・小金澤正昭. 2013. カメラトラップ法を用いたツキノワグマの個体識別. 日本哺乳類学会岡山大会講演要旨集, p211.
(3) 米田　舜・丸山哲也・小金澤正昭. 2014. 野生鳥獣研究紀要39: 18-24
(4) 栃木県. 2015. 栃木県ツキノワグマ管理計画（三期計画）.

写真❶　クマの胸部斑紋撮影状況。ひもでつるしたお椀の中に、蜂蜜が入っている

サル問題の「解決」に向けた次の一手

江成　広斗

1. 害獣としてのサル観

　栃木のニホンザル（以下、サル）と言えば日光。日光のサルと言えば、猿回しや東照宮の三猿。「よそ者」視点からは、こうしたポジティブな動物観も存在するのが栃木のサルの特徴だろう。しかし、住民視点でサルを観れば、「害獣」という言葉が即答されるかもしれない。確かに、すでに1980年代には、サルによる農作物被害や生活被害（民家・商店への侵入、人身事故やロードキル）は県内各地で社会問題として表面化しはじめている。そうしたなかで、2003年から、保全地区（群れや生息地の保護を行う地域）・中間地区（群れの特性に応じた管理を行う地域）・排除地区（群れの排除を行う地域）に分類されたゾーニングによるサルの個体群管理計画を全県的に進めている（日光・今市地区では1997年から開始）。また、その他の対策事業（侵入防止柵の設置や、集落ぐるみの追い払い活動、緩衝帯整備など）も近年各地で見られるようになった（写真❶）。県が取りまとめている農業被害額をみると、その年間総額はピーク時の約5000万円から、現在の2000万円以下へと大きく低下している（図❶）。しかし、問題は「解決」したという実感はなかなか得られず、「サル＝害獣」という動物観が地域住民の間で依然として主流であると

写真❶　集落ぐるみのサル対策のために実施されている集落環境点検（那須塩原市）

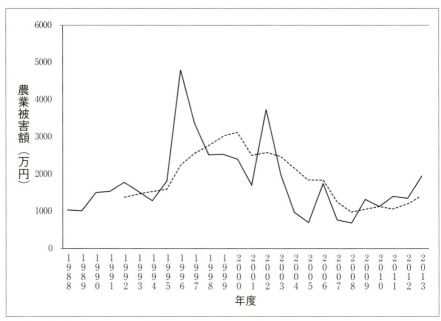

図❶　栃木県内のニホンザルによる農業被害額の推移。実線は被害額の実数、破線は移動平均（区間＝5年）を示す

いうのが実態ではないだろうか。それはなぜか。この理由を考察するなかで、問題の「解決」に繋がる次の一手を探っていきたい。

2. 農業被害額が意味するもの

　県内のサルによる農業被害額はピーク時の半分以下にまで減少したことはすでに述べた。しかし、これをすべて対策事業による成果と考えてよいのだろうか。たとえば、農業被害額がピーク時ころ（1995年）の中山間農業地域（≒サル分布域と接する農村集落）における耕作放棄地面積は約1000haであったのに対し、2010年にはその面積は約3倍の2700haにまで増加している事実は無視できない。2700haという数値は、県内の中山間農業地域における経営耕地面積の17.9％に該当する。これは、農業被害リスクが特に高い地域で耕作放棄が進行した結果、農業被害総額は減少しているものの、残された農地に対する被害は依然として継続されている可能性を示唆するものであるとも読み取れる。

　また、農業被害額には自家用作物などは含まれていない点も、被害額の推

移を評価する際に注意が必要である。農業集落における農家割合は近年減少しており、被害額に加算されない非農家や自給的農家の小規模農地（家庭菜園を含む）におけるサル被害は継続している可能性はある（統計データが存在しないため、その実態は不明である）。こうした小規模農地では、被害対策コストを十分に負担できず、販売農家が所有する農地よりも被害が深刻化しやすい。

　上記2点からも明らかなように、農業被害額の推移だけで、サル被害問題の現況把握は難しい。そのため、解決すべきサル問題の本質を見極めるためには、被害の実態を示す新たな指標が必要だろう。

3. ゴールの不透明化

　全国的な鳥獣被害の社会問題化を受けて、市町村が主体的に利用可能な被害対策予算（たとえば、「鳥獣による農林水産業等に係る被害防止のための特別措置に関する法律」に基づく市町村への交付金）は近年増加している。その結果、被害対策は比較的容易に実施しやすくなったはずである。しかし、問題は解決しそうにないと考える市町村も多い。この背景として、そもそも問題解決の「ゴール（＝どの地域において、どの程度の被害を軽減できれば、対策事業を「成功」とみなすのか）」が明確にされていないという農村集落の事情がある場合も多い[1]。多くの地域住民が合意できる明確なゴールがなければ、上記のような交付金を活用し、人的コストを投じて対策事業を懸命に実施しても、問題が解決したという「実感」を得ることは難しいだろう。すなわち、何らかの目的を達成するための「手段」であるサル対策において、ゴールを定めずに「取りあえず対策を実施すること」だけが継続されている（継続させようとしている）現状が、問題解決を困難にさせているといえるかもしれない（写真❷）。こうした傾向は、上述のような予算が年々拡充されるにつれて、各地の市町村で散見されるようになってきている。結果的にサル対策が地域を疲弊させる結果を招いているケースさえみられることがある。

　ではなぜゴールを設定できないのか。サルを含む鳥獣の対策は、「従来どおりの生活・生業の維持」が少なからず主眼にあるはずである。しかし、「従来どおりの生活・生業の維持」は、サル被害の発生如何に関わらず、急速な人口減少や高齢化による担い手不足に伴って、苦境に直面している農村集落

写真❷　集落支援の一環として地域外部の担い手によって設置されたサル浸入防止柵。地域住民が合意できる明確な目的がないままはじまった対策では、管理はおろそかになり、被害対策効果は短期的に低下する場合も多い。上記写真では、ネットの一部がすでに破損している

も多い。その結果、サル被害に対する対症療法は実施されても、対策事業の中・長期計画やその先にあるゴール（被害を抑制できたとして、その先にどのような農業経営や集落設計がありうるのか、など）が不明瞭であり、少なからず住民間でそれらの合意を図ることが困難な状況にある。人口減少時代に適合した新たな農村デザインなしには、サル対策をいまより先に進めることはできない。(2)

4. 次の一手を考える

　話をまとめたい。統計情報として提供される被害額と被害実態（被害認識）のズレ、さらにはサル対策のゴールの不明瞭化の二つが、地域住民が対策事業のさまざまな試みに対して「充足感」を得られない原因として考えられることを指摘した。前者については、従来の農業被害額とは異なる新たな評価基準が求められる。そこで、被害額に反映されないサル被害（自給用作物被害や生活被害等）のモニタリング体制の

構築、さらには地域住民の意識（被害認識）の定量化が喫緊の課題である。やや評価が難しそうに思われるかもしれない「被害認識」についても、地域住民へのアンケートなどを通じて評価可能な簡便法に関する研究も進んでいる[3]。

　後者については、未来を創造し、そこからいまなすべきことを考えるという思考プロセス（＝バックキャスティング）が必要である。すなわち、サル問題という個別の枠組みで考えるのではなく、地域社会の現状や将来を直視し、それに即した新たなグランドデザインを住民同士で作り上げることがまず求められる。そして、合意が形成されたデザインのもとで、サルとの共存に求められる選択肢（実現可能かつ持続可能な対策手法）を模索するという思考プロセスがいま求められている。農山村を取り巻く現状は、近年の農作物価格の低下や不安定化、担い手の高齢化や減少に伴い、年々悪化している。そしてこの状況は、全国規模のさらなる人口減少に伴い、今後ますます厳しくなることが予想されている[4]。そのため、こうしたバックキャスティングの作業は今後ますます厳しさを増していくだろう。だからこそ、地域住民間の合意形成に対する支援、さらに人口減少対策（必ずしもこれは人口減少を抑制させる対策だけを意味しない）などを、行政や関連民間組織が強力かつ早急にサポートしていくことが喫緊の課題となるはずである。

〈引用文献〉
(1) 江成広斗・渡邊邦夫・常田邦彦. 2015. 哺乳類科学 55: 43-52.
(2) 江成広斗. 2010. 撤退の農村計画（林直樹・斎藤　晋, 編）, pp. 154-161. 学芸出版, 京都.
(3) 桜井　良・江成広斗. 2010. ワイルドライフ・フォーラム 14: 16-21.
(4) 増田寛也. 2014. 地方消滅—東京一極集中が招く人口急減—. 中公新書, 東京.

栃木県にもアライグマ出現！あなたの隣にもいるかもしれない？

安斎　春那

1. アライグマはどんな動物か

　野生動物に興味関心のある方や研究者、行政関係の方であれば、「アライグマ」と聞くと「特定外来生物」「農業被害や人家侵入による衛生被害」「生態系への影響」「埼玉や神奈川などで増えて大変」といったキーワードがパッと浮かぶのではないかと思う。一方で、一般の人たちの場合、連想されるイメージとして一番多いものは「ラスカル」ではないだろうか。実際、私は調査中など、一般の方と話をするときに「アライグマ」と言って通じなかった場合、「あのテレビアニメでやっていた『あらいぐまラスカル』の『ラスカル』ですよ」と説明していた。すると、たいていの場合「ああ、あれね！」となるのであった。アライグマに関する情報はあまり知られておらず、「えっ、この辺にいるの？」という反応が一般的であろう。また、日本の在来種で昔話でもお馴染みのタヌキと混同されていることも多い。まずは、アライグマがどのような動物で、どんな問題を引き起こしているのかについて紹介しよう。

　アライグマは、北米原産で、カナダ南部から中米にかけて広く分布する。

写真❶　アライグマの全身（左）と前足（右）

本来は日本にいない動物である。食肉目アライグマ科に属し、大きさはタヌキよりもやや大きく、中型犬くらいである。目の周りの黒いマスク模様と尾の縞模様が特徴である。特にこの"シマシマのしっぽ"はとても分かりやすい（写真❶）。浅い水辺を好むが、湿地、草原、森林から農耕地、市街地まで多様な環境に生息することができる。雑食性で、通常出産は年一回で、産仔数は3-6頭である。

日本で最初に野生化が確認されたのは1962年で、愛知県犬山市の施設で飼育されていた個体が逃げ出したからと言われている。(1)1977年にアライグマを主人公とするテレビアニメ「あらいぐまラスカル」が放映されて以降、ペットとしての人気が高まり、大量に輸入された。しかし、成長すると粗暴になる個体が多く、飼育が困難になって野外へ捨てられたり、器用な手先で飼育施設から逃げ出したりして、全国各地で定着が進んだ。一時的な目撃情報も含めると、これまでにすべての都道府県で生息情報が得られている。(2)

各地に定着したアライグマによって引き起こされる問題としては、農作物や家畜などへの農水産業被害、住居侵入による生活被害、人と動物の共通感染症の媒介、競合による在来種の排除・置換、捕食による在来種の減少といった五つに整理される。(3)このような問題から、アライグマは、2005年に施行された外来生物法に基づき、「特定外来生物」に指定され、飼養、栽培、保管、運搬、輸入といった取扱いが規制された。

2. 栃木県での分布を調べる

私がアライグマと関わるようになったのは、大学院卒業後の2010年、宇都宮大学里山科学センターに所属していたときである。このとき、栃木県からの委託調査として、アライグマ・ハクビシン（写真❷）の分布調査を担当し

写真❷　ハクビシン

た。この調査の背景としては、栃木県において、近年ハクビシンの被害が増加しており、年間数千万円単位の農業被害が発生しているということ。また、アライグマについても、各地で散発的な轢死体や生体の目撃情報があることから、今後全県的な分布拡大が懸念されるということがあった。そのため、今後対策を行っていくうえでの基礎資料とするために、両種の分布状況についての現状把握を早急に実施する必要があった。

調査内容としては、栃木県内の社寺を回り、アライグマとハクビシンの爪痕や足跡等の痕跡を探し出し、生息の有無を確認するというものであった。野生動物の調査でなぜお寺や神社を調べるのか疑問に思われるかもしれない。原産地でアライグマは、樹洞をねぐらや繁殖場所として利用し、人家周辺では木造建築物の外壁と内壁の間や屋根裏を利用する習性がある。日本のアライグマの侵入地域では、社寺に爪痕や泥のついた手足型がつけられることが多く、それらを調査することで、本種の侵入を早期に検知できるとされている。(4.5) 調査箇所は、山間部を除く栃木県内一円を対象に、概ね500メッシュ（1メッシュは、約2.5km×2.5km）に対して、1メッシュにつき2カ所（合計1000カ所）の社寺で調査を行うというもので、なかなか気の遠くなる調査だった。

3. アライグマなの？ハクビシンなの？

痕跡調査では、まずアライグマとハクビシンの痕跡の特徴を知っておく必要がある。アライグマもハクビシンもともに5本指であるが、その形態は大きく異なり、アライグマの指は人間の指のように細長い（写真❶）。そのため、足跡は人間の手形のような足跡となる。足跡の幅は5cmほどで5本の爪痕がつく（ただし、第1指の爪痕がつかず4本しか認められない場合もある）のが特徴とされている。(5)

一方、ハクビシンの足は、丸みを帯びた形状で、人間でいう手のひら部分がへこんだ形をしている（写真❸）。このため、足裏で押さえつけるとぴったり密着し、この密着力を活かして登るため、登る際にあまり爪を利用しない。(6.7)

以上のことから、調査を開始した当初は、「柱に爪痕や人間の手形のような足跡があったらアライグマ、丸みを帯びた足跡があったらハクビシン」と単純に考えていた。

しかし、調査を進めていくにつれ、違和感を持つようになった。それは、

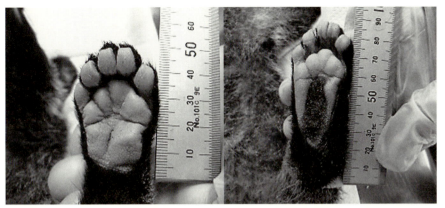

写真❸　ハクビシンの前足（左）と後ろ足（右）

調べる柱のほとんどに爪痕があったからだ。一方、ハクビシンはと言うと、柱を登る際に地面がぬかるんでいるという条件でないと柱に足跡が残らないため、なかなか痕跡を見つけられずにいた。「栃木県ではまだアライグマは侵入初期のはずなのに、こんなにどこにでもいるのだろうか？」「ハクビシンの方が広く分布しているはずなのに、この方法だと痕跡を見つけられない」「この痕跡は本当にアライグマなのか？」と日に日に疑問が増していった。そしてある日、足跡の形は明らかにハクビシンのものであるが、同時に5本の爪痕もついているという痕跡を発見した（写真❹）。これでは、爪痕があるというだけでアライグマと断定することはできない。そこで、分布調査と並行して、アライグマとハクビシンの爪痕を

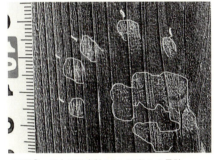

写真❹　5本の爪痕付きのハクビシンの足跡

判別するための痕跡実験を行うことにした。

4. 見分け方の鍵は爪あとのつき方と幅だった

　痕跡実験には栃木県農業試験場で電気柵の試験用に飼育されていたハクビシンと、宇都宮動物園および宇都宮市八幡山公園で飼育されていたアライグマを使用した。飼育施設内に柱を設置し、それを上り下りさせて痕跡の採取

を試みた。しかし、飼育下のアライグマはなかなか柱を登ってくれず、ほとんど痕跡が採取できなかった。一方で、ハクビシンについてはさまざまな痕跡が採取でき、その特徴を掴むことができた。

この実験でハクビシンの痕跡でも柱にはたくさんの爪痕が付くことが分かった。それらは点状のものから、線状のもの、曲線状のものなど、さまざまな形態で、アライグマの特徴とされていた5本の爪痕がつくことも明らかとなった（写真❺）。ただし、幅が5cmを超えることはなかった。ハクビシンは、後ろ足の第3指と第4指が密着しているため、第3-4指間が近い爪痕が残る（写真❻）。また、食い込むような点状の爪痕が残るのもハクビシンに特徴的と言える（写真❻）。この痕はネコと同じように爪が出し入れできるため、必要なときには不規則に爪を立てることによってできるものである。一方で数は少ないが、採取できたアライグマの

写真❺ アライグマのようなハクビシンの5本の爪痕

爪痕をみると、必ずしもはっきりした5本の爪痕ではなかったが、5本の場合には5cm以上の幅を持っていた（写真❼）。これらのことから幅5cm以上の5本の爪痕であれば、アライグマと判断できると考えられた。また、アライグマとハクビシンの指の形態の違いから、1指だけ向きの異なる5本の爪痕や、部分的に幅がしぼんでいる爪痕（写真❽）がつく場合、アライグマの痕跡であると推測された。

写真❻ ハクビシンの特徴的な爪痕

写真❼　アライグマの5本の爪痕

写真❽　部分的に幅がしぼんでいるアライグマらしき爪痕

5. アライグマの分布と主要道路との関係

アライグマとハクビシンの痕跡実験の結果から、"アライグマと判定した痕跡"および"アライグマの可能性が高い痕跡"の分布を図❶に示した。この結果から、散在的ではあるが、県の南部から北東部にかけての広い範囲にアライグマが分布していることが明らかになった。(8) 一つ興味深いこととしては、分布と道路地図を重ね合わせると、高速道路や国道に沿っているように見える。首都圏から伸びる高速道路が、郊外に出たあたりの最初のインターチェンジやサービスエリア付近において、ペットのアライグマを捨てようと目星をつけるのではないかと指摘されている(6)。今回の結果は、この説を支持し、河川や森林伝いに分布しているわけではないことから、既定着地域から移入してきているのではなく、人為的に放獣されていることの現れと考えられた。こうした傾向については、隣県の茨城県でも指摘されている(9)。

なお、ハクビシンは県全域に広く生息しており、傾向としては宇都宮市や小山市の市中心部の市街地よりも山林と接している地域の方が多いようであった。また、痕跡数の多さから、県内各地の社寺の屋根裏でハクビシンが繁殖しているようであった。ハクビシンにとって繁殖に適している場所は、アライグマにも好適と考えられるため、今後、アライグマが増加できる潜在力は高いと警告しておきたい。

6. アライグマ対策の推進に向けて

冒頭で述べたように、アライグマに関する情報は一般の方にあまり知られていない。そのため侵入初期段階では、アライグマの生息や被害が認識されにくい。アライグマが入り込んでいない

図❶ 栃木県内で発見されたアライグマの痕跡の分布。
☆：アライグマの痕跡と判定された痕跡、▲アライグマの可能性が高いと判断された痕跡

のであれば、それでも問題はないかもしれない。しかし、アライグマがすでに入り込んでいる地域の場合、知らないということで対策のスタートが遅れることになる。被害が目立つようになり、多くの住民に認識されるようになったときには、抑え込むことが極めて困難になってしまう。そこで、予防的な対処として情報提供が重要となる。そして、人間側の心構えがとても大切になってくる。

　私は野生動物そのものにも興味があるが、野生動物に対する人の意識や行動にも関心がある。自然資源管理には七つの側面・観点（経済・社会・政治・法律・制度・技術・生物物理）があるとされ、そのほとんどは人間に関連したものであり、そのときその場所によって変化するものである(10)。このため、野生動物の保護管理を考えるうえ

で、問題の的確な理解や対策、管理計画の実行のためには、野生動物の生態という側面だけではなく、人間にかかわる側面も考える必要があると言える。欧米では"ヒューマン・ディメンション"という学問分野がある。これは、一般市民や利害関係者の意見やニーズを反映させた野生動物管理を実現するための社会科学的アプローチを行うものである。(11)

そこで、今後アライグマ対策の普及啓発を図るうえでの基礎資料とするために、アライグマおよび、アライグマと混同されやすいハクビシンに対する住民の認識調査を行った。調査を実施したのは、2009年に栃木県内で初めてアライグマの繁殖が確認された小山市東野田地区六軒地域および隣接の高谷地域、八の割地域である。アライグマとハクビシンの被害や出没状況について聞き取り調査を行い、両種に対する地域住民の認識についてアンケートを行った。アンケートの内容は、両種の形態・生態・痕跡・生息状況等（各地での被害問題や捕獲・目撃が県内でもあることなど。以下「状況」とする）全14項目に関する認識の有無、その情報源（テレビ・新聞・知り合い・家族・今回の捕獲・その他）、今後のアライグマ対策に対する考えについて質問した。

アライグマとハクビシンの出没・被害状況の異なる3地域間で、両種に関する住民の知識や認識を比較することで、次のことが分かった。両種ともに、姿や大きさといった「形態」や他県で起きている問題などの「状況」については、おもにテレビや知り合いから情報を得ていたが、爪痕や足跡、農作物被害の特徴といった「痕跡」についてはほとんど知らなかった。そして、被害が増えてきてからようやく、自身の経験や知り合いからの情報により、「痕跡」についての知識を得るようになることが示唆された。これらのことから、侵入初期段階において生息や被害が認識されにくいのには、姿を確認することが難しいことに加え、痕跡についての知識がないためであり、そのことが対策の遅れに繋がるものと考えられた（写真❾）。痕跡を知ることでいち早くアライグマの侵入に気づくことができるはずだが、痕跡について認識し始めたころには、すでに被害も相当数増えているという状況に陥っている。これでは侵入初期の段階でアライグマの増加・分布拡大を抑え込むということが難しいだろうという現実が見えた。

侵入した外来種を排除するための捕獲を進めるには、地域住民の理解と協力が不可欠である。また、人間によっ

写真❾　センサーカメラで姿がとらえられたアライグマ（左）とハクビシン（右）

てもたらされる豊富なエサ資源と良好な巣穴となる人工構造物の存在は、アライグマの個体数増加の要因となるため、これらを徹底的に管理することで、効率的に個体数を減少させ、かつ影響を軽減できることが指摘されている。(1) しかし、このようなことを実現するためにもやはり地域住民の理解と協力が必要であり、そのためにはまずアライグマの正確な知識を知ってもらう必要があるだろう。栃木県においては、2012年2月に栃木県アライグマ防除実施計画が策定され、防除体制が整備された。問題が大きくなる前に、なんとか封じ込めたいところである。アライグマの姿・形や生態、引き起こす問題、痕跡などについて広く普及していくことで、より早期に生息を察知し、対策に乗り出すことが可能となるだろう。

〈引用文献〉
(1) 揚妻-柳原芳美. 2004. 哺乳類科学 44: 147-160.
(2) 環境省. 2011. アライグマ防除の手引き（計画的な防除の進め方）. 環境省　自然環境局　野生生物課　外来生物対策室, 東京.
(3) 池田透. 2006. 哺乳類科学 46: 95-97.
(4) 川道美枝子・川道武男・金田正人・加藤卓也. 2010. 京都歴史災害研究 11: 31-40.
(5) 川道美枝子・金田正人・加藤卓也・川道武男. 2009. 2009年アライグマ対策技術集（暫定版）—2. 関西野生生物研究所, 京都.

(6) 古谷益郎. 2009. ハクビシン・アライグマ おもしろ生態とかしこい防ぎ方. 農山漁村文化協会, 東京

(7) 關 義和・竹内正彦. 2015. 野生動物管理のためのフィールド調査法―哺乳類の痕跡判定からデータ解析まで(關 義和・江成広斗・小寺祐二・辻 大和, 編), pp. 144-155. 京都大学学術出版会, 京都.

(8) 戸田春那・岡田奈々・高橋安則. 2011. 野生鳥獣研究紀要 37: 43-48.

(9) 山﨑晃司・佐伯 緑・竹内正彦・及川ひろみ. 2009. 茨城県自然博物館研究報告 12: 41-49.

(10) Mitchell, B. 1989. Geography and resource analysis. Longman Scientific & Technical, Essex.

(11) 桜井 良・江成広斗. 2010. ワイルドライフ・フォーラム 14: 16-21.

Topics
栃木に出没したハリネズミ

　1993年4月から6月まで、栃木県立博物館で第43回企画展「日本の帰化生物〜海を渡ってきた生き物たち〜」が開催された。当時小金澤氏はすでに博物館から宇都宮大学に席を移し、脊椎動物は新たに林光武氏と私が担当することになった。新たな体制後、私たちが脊椎動物に関して初めて本格的に取り組む企画展だった。

　このころ栃木県内では、アライグマの捕獲事例、ヌートリアの捕獲や確認事例、ハリネズミの確認事例など、複数の外来哺乳類の情報が増え始めており、繁殖も含め栃木県に定着し始める兆しが現れていた。このなかでハリネズミは、1990年ごろから1993年まで真岡市を中心として、毎年のように交通事故や捕獲個体などの確認事例が相次いでいた。なかには、捕獲後飼育されていた個体もあった（写真❶）。これらのハリネズミは、捕獲された個体からヨーロッパに広く生息するナミハリネズミと考えられた。生息情報が多かったのは、市内の中心部を流れる五行川沿いの低木林や草地、家の庭などであった。当時の状況から野生で繁殖していることは、ほぼ間違いないと考えられた。このまま定着が進み、生息数や生息域が拡大すると、他の動植物への影響が危惧された。

　さて、その後ハリネズミはどうなっただろう。私は1994年に栃木県から福島県に移り、ハリネズミについて追加調査の機会もなく生息状況は不明であった。しかし、全国的に外来哺乳類のデータを収集していた鈴木欣司氏から連絡をいただいたのを機に、2004年ほぼ10年ぶりに、ハリネズミが生息していた場所を歩いてみた。かつて五行川沿いに広がっていた低木林や草地はすっかり様変わりし、その多くが人工的な河川敷へと改修されていた。真岡市内で何人か聞き取りもしたが、ハリネズミの情報は確認できなかった。鈴木氏にもこれを伝え、鈴木氏の著書には栃木県のハリネズミについては生息が危ぶまれるとの記載となった。

写真❶　飼育されていたハリネズミ

さらにその後、栃木県のハリネズミについては、2013年に橋本琢磨氏らにより現地で詳細な聞き取りが行われ、かつて生息していたいくつかの地域に、現在生息している可能性は低いとされた。その原因として、造成等による生息地の消失、もともとごく少数の個体が生息していたのみだったことがあげられた。(4) 外来種であるハリネズミの定着が避けられたのは、まずよかった。ただ、その原因が環境の改変にあるとすれば、ハリネズミだけでなく、在来種のネズミ類、モグラ類、イタチなど、同様の環境に生息していた哺乳類にも影響を与えた可能性もあり、果たしてこれで良かったのか少々疑問も残る。

（佐藤　洋司）

〈引用文献〉
(1) 栃木県立博物館. 1993. 第43回企画展　日本の帰化生物. 栃木県立博物館, 栃木.
(2) 佐藤洋司. 1994. 栃木県立博物館研究紀要11: 37-40.
(3) 鈴木欣司. 2005. 日本外来哺乳類フィールド図鑑. 旺文社, 東京.
(4) 橋本琢磨・藤井秀仁・青木正成. 2015. 栃木県立博物館紀要32：17-21.

野生動物問題は人の問題⁉

桜井　良

1. ヒューマンディメンションとは

　本章では、栃木県の人々による野生動物の被害を防ぐための取り組みと、その効果について、栃木県獣害対策モデル地区事業に焦点を当てながら紹介する。そして、本書の大半が栃木県の野生動物についての解説であるからこそ、ここではあえて栃木県の人々の素晴らしさについて執筆できればと考えている。

　本書をここまで読まれた方は、きっと栃木県の野生動物についてかなり詳しくなられたのではないだろうか。栃木県には多種多様な野生動物が生息しており、それぞれ魅力的な特性を有していること、そして一部の野生動物は農林業被害を起こすなど、人間との軋轢が生じていることもよくお分かりになったことだろう。人と野生動物が同じ地域に住んでいるからこそ問題が生じる。シカやイノシシによる農作物被害、まれに起こるクマによる人身事故、野生動物の個体数を管理するために不可欠な存在である狩猟者の減少など、問題は山積みである。よりよい野生動物管理を実現するために、どのようにさまざまな利害関係者の間を調整し、協働していけばよいのか？どのように獣害に強い地域づくりを実現するのか？人々の意識や行動、そしてニーズをどのように理解し、それらを実際の事業や管理に如何に反映させるのか？

　これらの問いに答えようと試みるのが、ヒューマン・ディメンション（Human Dimensions of Wildlife Management：野生動物管理における社会的側面）という研究分野である。野生動物を含む自然資源の管理は、じつは「9割が人間を管理することを意味し、自然資源自体の管理は1割にも満たない」と言われている[1]。これは海外の文献からの引用だが、日本でも、そして恐らく世界中でも同じであろう。タンザニアにおけるゾウによる農作物被害や人身被害、ケニアの国立公園内の密猟の問題、米国における増えすぎたシカ類の管理と狩猟者の減少の問題。すべて

「人」が関わるから問題になり、野生動物問題は結局のところ人と人との軋轢の問題（愛護団体と狩猟者との対立、野生動物の駆除を望む被害農家と保護政策を実施しなければならない行政との対立など）であることが多い。その解決のためには、利害が対立する関係者（シカを減らしたい被害住民、シカを見たい観光客など）がどのように問題を共有し、協働していくかが重要である。たとえば、農作物被害を解決するためには、地域住民が被害を防ぐために連携し、対策をしていくことが必要になってくる。つまり、野生動物問題とは、その大きな枠組み（人と人との軋轢）だけでなく、解決方法（人々の協働）も世界共通と言えるのではないだろうか。農作物被害など、地域レベルの問題の場合は、その解消のために、特定の部外者（研究者、行政など）が一方的にトップダウンで普及啓発や対策を進めるよりも、地域や住民が主体のボトムアップの取り組みとして進める方が、持続的かつ効果的であることを世界中の先行研究が示している。[23]

ヒューマン・ディメンションは、野生動物問題の解消を目標に掲げる学問であり、おもに社会科学の手法を用い、人々の意識や行動を明らかにしながら、軋轢が起きる原因の解明を試み、解決のための政策提言や普及啓発活動を行う。野生動物問題について社会科学の視点で分析する学問・領域としては、環境社会学や農村計画学などいくつかあるが、ここまではっきりと「野生動物問題の解決」を目標に掲げているのは、ヒューマン・ディメンションくらいではないだろうか。「人間社会のなかでの人々の絆、行為、関係、集団、制度などの過程、構造、変動を科学的に『解明』しようとする社会科学の一分野」[4]と定義される社会学と比べても、問題の『解明』だけでなく『解決』を、そして人々の意識や行動の『変革』を目指すヒューマン・ディメンションは特異であることが分かる。

野生動物問題の解決のためには、そもそも地域で行われている被害対策がどの程度効果をあげているのか、何を改善すればよいのかなどを理解することが重要になってくる。しかし、これがなかなか難しい。たとえば、野生動物の出没頻度や被害額を見ているだけでは、被害対策の効果を評価することは困難である。ある地域でサルが被害を起こしていたとしても、そのサルの群れが別の地域に移動してしまえば、住民の被害対策への参加率に関わらず、サルによる被害はなくなるだろう。クマが大量に里山に出没するかどうか

は、山の中の堅果類（ドングリなど）の豊凶具合によるところが多い。一方で、ヒューマン・ディメンションが明らかにしようとする地域住民の意識や行動は、その地域における被害対策の効果を測定するための一つの基準を提供する。地域住民が高い意欲と対策に必要なスキルを持って主体的に継続して被害対策を行っていれば、野生動物の行動や増減に左右されず、被害レベルをある程度低く抑えることができるからである。前置きが長くなったが、以下、栃木県獣害対策モデル地区事業に関して、私がヒューマン・ディメンションの視点から行った研究を紹介する。

2. 獣害対策モデル地区事業の取り組み

栃木県では、野生動物による農業被害等を軽減するための行政による積極的かつ先進的な取り組みが数多く実施されている。たとえば、2008年度から導入された「とちぎ元気な森づくり県民税」を活用した里山林整備事業では、県から市町を通じて、野生動物被害を軽減するために必要な費用を交付金として住民に支給している。県の自然環境課が2010年度から始めた「獣害対策モデル地区事業」（以下、モデル事業）は、交付金など特定の資金に頼ることなく、地域住民が主体的かつ持続的に被害対策に取り組める実施体制を地域に作ることを目指している点が特徴的である。モデル地区は、野生動物問題が多発している地区を市町が県に推薦し、県が地区の関係者に説明会を開き、地区内で合意が取れれば指定される。モデル事業に指定されると、専門家による講習会、住民参加型で被害状況を確認する等の集落点検、そして住宅地や農地周辺の下草刈りなどの活動が半年に一回程度実施される。

私は、このモデル事業を通した取り組みが地域や住民に与えた効果について調べることを目的に研究に携わった。野生動物管理の現場には、たいてい被害を防ぐために悪戦苦闘している地域住民と、野生動物の生態を分かりやすく説明し、住民に有効な対策手段を伝える専門家、そして地域がよりよい方向に向かっていくために邁進している行政の職員がいる。これらの人々が協働することで、その努力の結晶として、きっと地域にさまざまなよい効果が生まれているはずである。私は、社会科学の研究を通して、できる限り客観的に事業が生んだ効果を明らかにし、それらを現場の関係者にフィードバックすることを目的に調査を行った。以下、四つの調査の結果を簡単に紹介する。

事例1．講習会や勉強会の効果は？参加者のその後の行動は？［桜井ほかより(5)］

　県北部に位置する那須塩原市では、2010年2月からモデル地区の活動が始まり、野生動物を誘引する原因となる不要果樹の伐採など、住民参加型の取り組みが行われてきた（写真❶❷）。このなかで、2011年7月に行われたイノシシに関する講習会に私自身も参加し、参加者への聞き取りやアンケート調査を実施した。アンケートの回答者（17人）の過半数は、これまで野生動物に対する被害対策を実施してこなかったと回答していたが、回答者全員が講習会後に被害対策を実施しようと思ったと答えていた。およそ1カ月後に講習会に参加した5人に再度聞き取り調査を行い、モデル事業の感想や講習会後の行動について尋ねた。その結果、これらの方々は、モデル事業が始まり、自主的な被害予防対策を実施するようになり、「サルが出る回数が減った。効果あった」、「（住民が集まり、被害対策について話し合う）よいきっかけとなった」など、おおかた好意的な意見を持っていることが分かった。

　このほか、県中部の鹿沼市、栃木市、西部の日光市、そして東部の益子町のモデル地区でも、講習会への参与観察や聞き取り調査を実施した。その結果、こういった住民参加型の取り組みにより、単に住民の対策への意欲や関連する知識が高まり被害の軽減につながったということだけでなく、モデル事業により、野生動物という共通のテーマのもと多様な住民が集まり、交流するよい機会となっていることが分かった（写真❸❹）。

事例2．何が地域住民の被害対策行動に影響を与えるのか？［桜井ほかより(6)］

　どのようにして住民が主体となった被害対策を進めていけばよいのか、ま

写真❶　那須塩原市でのイノシシ講習会の様子

写真❷　那須塩原市での不要果樹の伐採作業の様子

写真❸ 鹿沼市におけるイノシシについて学ぶ親子の集いの様子。老若男女多様な住民が参加していることがわかる

た住民の対策へのモチベーションを高めていけばよいのか。これらを考えるうえで、住民の被害対策行動に影響を与える要因を明らかにすることが重要になってくる。そこで、日光市と鹿沼市のモデル地区で、自治会に加入している全世帯にアンケート調査を実施した。これらの地区の住民の「対策行動への意欲」（被説明変数）に影響を与える可能性がある以下の9項目（説明変数）を調べた：

1.「対策行動に対する態度」（対策をすることはよいことか）

2.「周りからの期待」（例：近所の人や家族は私が対策をすることを期待しているか）

3.「対策をすることへの自信」（例：被害を防ぐための方法を知っているか）

4.「行政への評価」（例：市や県は野生動物問題の対処方法を十分住民に説明してきたか）

5.「集落の諸問題への危機感」（例：集落における労働力の減少や高齢化は深刻か）

6.「性別」

写真❹ 益子町（写真左）と栃木市（写真右）における行政と住民と研究者が一体となった取り組み。栃木市では、全員で集落点検をした後に、共同で今後の被害対策を行うための地図を作成した

7. 「年齢」
8. 「農地所有の有無」
9. 「被害経験」

　これらのなかで、何が一番住民の被害対策行動に影響を与えていたか？答えは、2の「周りからの期待」であった。つまり、「家族や近隣の住民から被害対策を行うことを期待されている」と感じている住民ほど対策意欲が高く、(周りの目を気にしながら生きている？)いかにも日本人らしい結果となった。このことから、住民による被害対策を促進するためには、周囲からの働きかけが重要で、そのために対策をすることが地区の共通認識となっている必要があることが分かった。ちなみに、二つ目に住民の対策意欲に影響を与えていたものは、9の「被害経験」であった。被害を経験した住民ほど対策行動をとっていたのである。

事例3．モデル地区とそれ以外の地区を比較するとどんな違いがあるのか？[Sakurai et al. から][7]

　では、モデル地区として住民参加型の対策活動をしている地区と、モデル地区に指定されていない通常の地区を比較すると、どのような違いが出るのか？モデル事業が地区に何らかの影響を与えているのであれば、活動が始まり、ある程度の期間が経てば、他地域と比べ何らかの違いが生じるはずである。これを明らかにするために、鹿沼市のモデル地区と、モデル事業のような行政による積極的な取り組みが行われてこなかった近隣地区において、被害対策に対する住民の意識を比較した。両地区で住民へのアンケート調査を行い、事例2で説明変数として使用した「対策行動に対する態度」、「周りからの期待」、「対策をすることへの自信」、「行政への評価」と、被説明変数として使用した「対策行動への意欲」とともに、新たに「野生動物問題に対する危機感(例：イノシシによる被害が心配だ)」と「被害対策に関する知識レベル」を合わせて計7項目を比較した。このなかで、両地区の住民の意識の間に唯一違いが出たのは、「対策をすることへの自信」であった。つまり、モデル事業としての活動が1年以上行われてきたモデル地区では、近隣地区に比べ、住民の被害対策を行うことへの自信が高かったのである。両地区で被害のレベルや住民の属性(年齢、職種、性別などの割合)が同等であることを踏まえると、この違いはモデル事業により生じた可能性がある。

事例4．住民の対策行動は継続するのか？［桜井ほかより(8)］

モデル事業によって住民の対策行動が促進され、意識も高まる可能性があることが事例1や3から分かったが、その効果はどのくらい続くのであろうか？これを明らかにするために、複数年にわたってモデル事業の活動が行われている那須塩原市のモデル地区と、その近隣地区との被害対策に対する住民の意識を比較した。その結果、サル被害への対策をしている住民の割合は、モデル地区では2010年に61％、2011年に64％と高い参加率を保持しており、これらはいずれも比較した近隣地区の対策率（48％）よりも高かった。サルの目撃頻度は、モデル地区では2010年も2011年も、いずれも1年間で10回以上目撃している住民が全体の60％以上いて、近隣地区（66％）とともに高い数値を示した。サルの出現率は両地区ともに高いものの、モデル地区の方がより多くの住民が継続して（少なくとも2年間は）対策を講じていることが分かった。また、モデル地区では行政の取り組みに対する評価が近隣地区と比較して高かった（行政の取り組みを評価している住民の割合：モデル地区＝61％。近隣地区＝7％）。これらのことから、モデル事業を通して住民参加型の活動をすることで、住民の対策率は一定程度維持され、なおかつ行政と住民が一体となった活動を続けることで、住民の行政への評価が高まり、行政との距離感が縮まる可能性があることが推測できた。

3. モデル事業の成果と栃木県の人々の魅力

以上の一連の調査から、モデル事業は、住民が一体となって被害対策行動を行う契機を提供し、住民の対策への意識や行動を変化、促進させ、また行政と住民との連携が進み、双方の距離感が縮まる可能性があることが分かった。科学や研究では、何かを「証明」することは難しく、「可能性」があることを明らかにする程度しかできない。これは生物科学でも社会科学でも同じである。今回の研究でも、モデル事業の効果が出ている「可能性がある」と書くことしかできない。しかし、私個人は、モデル事業の活動に参加させてもらい、住民の様子を観察することや、聞き取り調査やアンケートを通して、この取り組みが住民の意識に変化をもたらしていることを調査結果（データ）からだけでなく、肌で実感した。獣害を減らしたい、地域を良くしたいという人々の想いが形となり、地域が前進してい

写真❺　栃木市での被害対策を行うための地図作りの様子。身を乗り出して聞いている住民の姿勢から、意識の高さがうかがえる

る様子を見せていただいた（写真❺）。鳥獣対策のための交付金や補助金に頼ることなく、住民の主体性を促進させようとするボトムアップによるモデル事業の取り組みは、本当に素晴らしいと思う。同時に、今後も住民の意識の変化や取り組みが持続していくのか、また自主的な取り組みを続けていけるのかなど、分からないことも多い。そのため、今回行ったような社会調査を継続して行い、住民の意識や行動を観察していく必要がある。社会調査は一つの側面を切り取ることしかできない。本調査の結果も、あくまである時点におけるある地区の住民の意識や行動の一面を表しているに過ぎない。しかし、私は一連の調査の結果から、モデル事業のような住民が主体となった地道な取り組みが地域をよい方向に向かわせていること、そして人々の努力の結晶が確実に成果を出していることをここでは強調したい。

最後に、調査をさせていただくなかで感じた栃木県の人々の魅力、素晴らしさについて書きたい。これまでいくつかの県で野生動物管理に関する社会調査を行い、どの県でもその地域の魅力を感じた。しかし、栃木の人々の魅力は格別であった。栃木の人々はとても優しく、気さくで、私は調査をする

写真❻　鹿沼市のモデル地区における被害現場の様子。地域の方が被害現場に親切に案内してくれた

度に人の温かさを感じた（写真❻）。複数の地区に出入りをさせてもらっていたが、どの地域の住民の方々も、私のような部外者をいつも温かく迎え入れてくださり、こちらとしてはご挨拶のために、また聞き取りをさせてもらうために伺っているわけだが、食事をごちそうになることが多かった。一連の調査を実施する機会をいただいた県の自然環境課の皆さんからも、私が研究を進めるうえでの多大なるご支援をいただいた。当時の私は海外の大学院生であり、地元の人にとっても、そして県にとっても、私は文字通り「どこの馬の骨ともわからぬ輩」であったに違いない。それにもかかわらず、これほど温かく対応していただき、また自由に調査をさせていただいた。当時、私は住んでいた埼玉県から栃木県内のフィールドへと連日通っていたが、栃木の人々の魅力にほれ込むようになり、途中から栃木で働くためにどのような就職先があるかなどと考え始めてしまったほどだ。

　栃木の魅力は「野生動物」とともに、そこに住む〝人〟だと強く思う。これまでお世話になった栃木のすべての方々に御礼を申し上げるとともに、この章を締めくくりたい。

〈引用文献〉

(1) Fazio, J. R. & Gilbert, D. 1986. Public Relations and Communications for Natural Resource Managers. 2nd ed. Kendal/Hunt, Iowa.

(2) Hill, C. M. 2008. In (Manfredo, M.J., Vaske, J.J., Brown, P.J., Decker, D.J. & Duke, E.A., eds.) Wildlife and Society: The science of human dimensions, pp. 117-128. Island Press, Washington, DC.

(3) Decker, D. J., Riley, S. J. & Siemer, W. F. 2012. Human Dimensions of Wildlife Management. Second Edition. The Johns Hopkins University Press, Maryland.

(4) 有末　賢・霜野　亮・関根政美. 2002. 社会学入門. 弘文堂, 東京.

(5) 桜井　良・松田奈帆子・丸山哲也・ジャコブソン, S. K. 2013. 野生生物と社会 1: 47-54.

(6) 桜井　良・江成広斗・松田奈帆子・丸山哲也. 2014a. 哺乳類科学 54: 219-230.

(7) Sakurai, R., Jacobson, S. K., Matsuda, N. & Maruyama, T. 2015. Environmental Education Research, 21: 525-539.

(8) 桜井　良・松田奈帆子・丸山哲也・高橋安則. 2014b. 野生鳥獣研究紀要 39: 61-66.

用語集

カメラトラップ法

おもに野外に設置したセンサーカメラ(自動撮影カメラ、カメラトラップ、トレイルカメラ、無人撮影装置などさまざまな用語が用いられている)から得られる対象動物の撮影状況から、動物の生息の有無や活動パターン、生物間相互作用などを調べることができる。動物の撮影回数を、設置したカメラの台数と期間(すなわち、カメラナイト)で除したものを撮影頻度や撮影率と呼ぶ。近年は、カメラトラップ法による動物の密度推定法も考案されている。

関連法令

・鳥獣の保護及び管理並びに狩猟の適正化に関する法律(鳥獣法)

鳥獣の取扱いや狩猟制度などを規定する法律。2014年の一部改正(2015年5月29日施行)において法律名に「管理」が加わり、増えすぎた鳥獣の個体数を適正なレベルに保つための事業や、専門業者の認定制度などが新たに加えられた。

・鳥獣による農林水産業等に係る被害の防止のための特別措置に関する法律(鳥獣被害防止特措法)

鳥獣による農作物への被害防止対策を推進することを目的とする法律で、2007年に成立した(2008年施行)。被害防止計画を策定した市町村に国や都道府県が財政支援することや、市町村が「鳥獣被害対策実施隊」を設置し、鳥獣の捕獲や防護柵の設置などを行うことが可能となった。

・特定鳥獣保護管理計画

個体数が著しく減少した、あるいは著しく増加した鳥獣について、個体数を適正なレベルに保つための施策等を記載する計画。鳥獣法に規定され、都道府県が作成することができるとされている。2014年の法改正では、減少した鳥獣に対しての第一種特定鳥獣保護計画、増加した鳥獣についての第二種特定鳥獣管理計画と、二つに区分された。

・鳥獣保護区

鳥獣の保護繁殖を図るために国や都道府県が指定する区域で、上述の鳥獣法に規定されている。鳥獣保護区内では狩猟を行うことはできないが、必要性がある場合には許可を受ければ有害鳥獣捕獲を行うことはできる。

・特定外来生物

人為の影響によって過去や現在の分布域外に導入された生物（種子や卵なども含む）を外来生物（または外来種）と呼ぶ。特定外来生物とは、日本に明治時代以降に導入され、生態系や人間生活に被害を及ぼす（または及ぼす恐れのある）外来生物の中から、「特定外来生物による生態系等に係る被害の防止に関する法律」（外来生物法）により指定された生物を指す。特定外来生物を飼育、栽培、保管、運搬することは原則禁止されている。

行動圏

動物が採食や繁殖などのために通常利用する土地の範囲。このうち、採食や繁殖のために他個体から防衛される範囲をなわばりという。季節により動物が利用する資源の量や配置は異なるため、それにより行動圏やなわばりの大きさも変化する。

個体数調査

個体数とはある地域における動物の数を、密度とは単位面積当たりの動物の数を意味する。以下に、本書で登場した個体数や密度調査法について概略を述べる。

・区画法

ある調査範囲を複数の調査員で一斉に踏査して動物を数える手法で、シカやカモシカの個体数調査法として用いられる。発見した動物の数と調査面積から密度が算出される。

・糞粒法

一定範囲内で発見された糞粒数から密度を推定する手法で、おもにシカの個体数調査法として用いられる。糞虫などの分解者による糞の消失率やシカの1日あたりの排糞数などを用いて密度が算出される。

・捕獲効率

野生動物の捕獲のしやすさを示す指標。捕獲しやすいということは対象動物が多く生息していると考えられることから、相対的な生息密度の指標としても用いられる。銃の場合は捕獲数を延べ入猟者数で割った数字（単位は頭／人日）を、ワナの場合は捕獲数を延べワナ数（ワナは夜間に捕獲されることが多いことから、何基を何晩設置したかを示すトラップナイト（TN）を用いる）で割った数字（単位は頭／TN）を用いる。

・目撃効率

野生動物の目撃数を延べ入猟者数で割った数字（単位は頭／人日）で、目撃のしやすさを示す指標。目撃しやすいということは対象動物が多く生息していると考えられることから、相対的

な生息密度の指標としても用いられる。

• ライトセンサス法

　おもに夜間に左右をスポットライトで照らしながら車を走行させて個体数を調査する手法で、スポットライトセンサス法やスポットライトカウント法とも呼ばれる。動物を発見した際に道路から動物までの距離を測定している場合には、Distance Samplingを用いて密度を推定できる。湿原内などの車道がない場所で調査する場合には、木道などを利用して徒歩で調査をする場合もある。

純繁殖率

　メスの齢別生存数と齢別産子数の積の合計で、メス1個体が一生の間に平均して何個体のメスを産むかの値である。たとえば、この値が1.2の場合には、メス1個体は平均して1.2個体の娘を残し、性比が同じであると仮定すれば、個体群は1世代あたり1.2倍の率で増加していくことを意味する。純繁殖率のほかに、純増加率や純増殖率、置換率などとも呼ばれている。

食性

　動物の食物についての性質を意味する。哺乳類の食性を分類すると大まかには、肉食性、草食性、雑食性に区分される。食性を調べる方法には、おもに糞分析や胃内容物分析、直接観察、食痕調査などがある。

進化

　生物のある形質（形や色、大きさなど）の頻度が世代を通して変化していくこと。たとえば、短い首と長い首を持つキリンの割合がある世代では3:7だったものが、数十世代後には7:3になっていた場合、それは進化である。適応とは生物種が生存や繁殖をするうえで有利な形質を持っていること、順応とは生物個体が環境の変化などに対応して性質や行動を可塑的に変化させることを意味する。

生息地

　種が持続的に生存していくために必要なすべての環境要素（餌や水、繁殖場所など）を資源と呼び、こうした資源が集合したものが生息地と定義される。ある種にとって必要な資源が揃っていた場合でもその種が分布していないこともあるため、生息地と種の分布は同義ではない。

生息地選択（環境選択）

　ある資源の利用可能量の割合に比して動物の利用割合が著しく多い場合、

その利用は選択的であると言い、逆を忌避的と言う。ある種にとって必要な資源が揃っている場所ほど、その種の生息適地と判断される。ニホンジカの個体群によっては、季節的な環境の変化（たとえば、積雪量の増加）などによって、季節的に利用場所を変える（季節移動する）ことが知られている。

生態系

生物群集とそれを取り巻く非生物的環境の集合体。

• 群集

ある場所における種個体群の集まり。それぞれの種はお互いに何らかの関係を持って生活しており、それにより群集の構造（構成種、種数、各種の個体数、多様性、ニッチ）が決定される。生態系内における生物の役割に着目すると、生物は大きく生産者（おもに植物）、消費者（おもに他の生物を食べる動物）、分解者（生物の遺体や糞尿などを分解する生物）に区分でき、このそれぞれの構成要素のことを栄養段階と呼ぶ。

• 個体群

同種個体の集まり。互いを見つけて繁殖できる範囲にいる集団を一つの個体群とみなす。そのため、たとえば、東北地方と九州に生息するアカギツネは、お互いに出会うことはないため、それぞれ別々の個体群と定義される。

生物間相互作用（種間相互作用）

生物の関わり合いのすべてを指し、種間関係と呼ばれることもある。相互作用には、ある種が他種の密度に対して直接影響を及ぼす直接効果と、ある種が他種の密度に対して第三者を介して影響を及ぼす間接効果の2種類が存在する。たとえば、相互作用の一つである競争には直接効果である干渉型競争と間接効果である消費型競争の2種類がある。干渉型競争とは、競争相手に対して、空間占有・威嚇・攻撃といった干渉行動を用いることによって生じる競争（餌をめぐる動物のなわばり争いや光をめぐる植物の場所取りなど）を指す。消費型競争とは、複数の動物が同じ資源を消費することで、間接的に負の影響を及ぼし合う競争のことをいう。

地理情報システム（GIS）

地図データの地形、標高、土地利用などに、植生、土壌、人間活動に伴う社会系の数値情報を重ねて、土地の特徴を明らかにする手法。野生動物の研究では、調査で得られた動物の位置情報や利用頻度などを重ね、生息地利用

について統計的に解析する。結果を視覚的に表現して理解を促進したり、隠れた関係を発見するのにも役立つ。

テレメトリ法

動物の行動を間接的に知る手法として、個体に装着した発信器の信号を使い、位置や活動性、体温などの生理情報、周辺温度などを伝送する手法。GPSによる情報捕捉も可能となり、大量データの自動回収を可能とし、現場で動物を追いかけることも必須ではなくなった。ただし、小動物への装着や、鬱蒼とした森林内では追跡精度に限界がある。

冬眠

恒温動物の一部において、厳冬期を乗り越えるために体温を下げ、代謝と活動性を著しく落として冬ごもりする生活形態のこと。栃木ではツキノワグマ、アナグマ、ヤマネ、多くのコウモリ類に見られ、ハクビシンでも可能性がある。

・着床遅延

受精後の胚が条件の整うまで着床を遅らせることができる現象。栃木に生息する哺乳類ではツキノワグマとアナグマに起き、秋の脂肪蓄積条件や、冬眠明けに育児できるようにといった時期調整が関わっていると考えられている。

ニッチ

種が生存して繁殖できる環境要因の範囲を意味し、基本ニッチと実現ニッチに区分される。基本ニッチとは、他種の影響とは無関係に決定されるもので、種本来が持っているニッチである。たとえば、ある種は温度が5〜35℃、湿度が30〜80%の範囲でないと持続的に生存して繁殖することができないといった場合、この範囲がこの種の基本ニッチとなる。一方の実現ニッチとは、他種との相互作用によって決まるものである。たとえば、ある種が生存して繁殖できる環境であっても、捕食者となる天敵や強力な競争者が多い場合には、この種はこの環境で生存していくことが難しくなりニッチの範囲は狭くなる。

人と動物の共通感染症

WHOでは、「人と脊椎動物の間で自然に伝播するすべての疾病および感染」と定義されている。

おもに野生動物から人への感染は、ダニやツツガムシなど野生動物の外部寄生虫に咬まれる場合と、熱処理など調理が不完全で寄生虫が死滅していな

い野生動物の肉を摂取する場合とがある。

ヒューマン・ディメンション研究

社会科学的な手法による人々の意識や行動の調査から、人と野生動物との軋轢が生じる要因を探り、その情報に基づき政策提言や普及啓発活動を行うことで問題解決を図ろうとする学問分野である。

分散

出生地から最初の（あるいは潜在的な）繁殖場所へ個体が移動すること。

平均寿命

平均してあと何年生きられるかを示す値を期待余命と呼び、生命表における平均寿命は0歳の期待余命と等しい。

捕獲

野生動物を捕獲する場合、獣類では銃やワナが、鳥類では銃が使われることが多い。

- 銃

装薬銃（散弾銃とライフル）と空気銃に分かれる。獣類の捕獲には装薬銃が、鳥類の捕獲には散弾銃や空気銃がおもに使われる。近年は威力のある空気銃が出てきており、ワナに捕獲された獣類の止め刺しに使われることがある。

- ワナ

檻型の箱ワナ、柵型の囲いワナ、ワイヤーで足を固定するくくりワナに分けられる。栃木県では、囲いワナはほとんど使われていない。以前使われていたとらばさみは、現在は原則使用が禁じられている。

モニタリング

生態系や人間生活への影響の軽減を目的として、問題となっている動物や影響を受けている生物の分布や個体数、人間生活への被害状況などを継続的に監視することを意味する。こうした情報に基づき、管理計画に効果的にフィードバックしていくことが、野生動物管理を効率的・効果的に実施していくためには求められている。

野生動物管理（野生動物保護管理）

野生動物管理とは、保存、保護、保全のそれぞれを動物の特徴や生息状況に合わせて柔軟かつ適切に実施していくことである。この場合の保存とは生息地に手を加えずに個体群を自然の推移にゆだねること、保護とは存続や増加を阻む要因を取り除き生息環境を整

えて個体数の増加を促すこと、保全とは個体数調整や合理的な利用を進めながら個体群を最適な状態に導くことを意味する。ただし、日本では完全に手つかずの生息地（原生自然環境）はほぼないため、厳密に保存が実施されている例はほとんどない。また、野生動物管理にかかわる用語や定義が必ずしも統一的に使用されているわけではない点にも注意が必要である。たとえば、野生動物保護管理の用語が使用される場合には、管理と、上述した保全がほぼ同じ意味合いで使用されている。

・鳥獣害対策としての野生動物管理

　人と野生動物の軋轢対策、すなわち鳥獣害対策を目標とした野生動物管理を行ううえでは、個体群管理、生息地管理、被害防除を状況に応じて適切に実施していくことが重要である。個体群管理とは問題となっている動物の捕獲など、生息地管理とは人間領域への動物の出没を減少させるために実施される生息環境の整備、被害防除とは農業被害等を減少させるために実施される柵の設置や農地およびその周辺環境の整備を意味する。

レッドリスト

　国際自然保護連合IUCNが野生生物種の絶滅のおそれについて基準を検討し、ランクごとにリスト化したものの通称。日本では環境省が全国のリスト、都道府県が地域のリストを作成している。各ランクの希少野生動植物種は、保護対策の対象や環境保全の生物指標となる。栃木県でも2015年時点で第2期リストの改訂作業が進行中である。

あとがき

　栃木における約40年間の野生生物研究をふんだんに紹介した「とちぎの野生動物」、いかがだったろうか？少し盛り込みすぎてしまった気もするが、こんなにも多くの研究を盛り込むことができたのは、ひとえに長年にわたって栃木の野生生物研究に尽力されてきた小金澤正昭先生をはじめ、諸先輩方の成果に他ならない。本書を読んでいただいてわかるように、野生生物の研究はとにかく地道で、一朝一夕で成果が出るものではない。彼らがどこで生活しているのか、何を食べているのか、そんな基本的なことを調べるのにも多大な労力がかかる。いまでこそセンサーカメラやGPS発信器などの調査ツールが発達し、フィールド調査の効率化・省力化が進んできた。しかし、ほんの10年程前はまったく違っていた。私が修士の学生だった7年前は、多くのセンサーカメラがSDカード仕様ではなく、フィルム仕様であった。なかなかフィルムが巻かれなかったり、現像した写真が真っ黒で、そのときになって初めてカメラの故障に気づいたり……現在とは比べものにならないほど非効率的なフィールド調査をせざるを得なかったのを覚えている。おそらく私よりも上の世代の方々はより一層の苦労があったことだろう。先輩方が調査していた当時は、当然市販の発信器などはなく、自作のものを使用していたようだが、つねに故障と修理の連続だったと聞く。調査中に受信アンテナが断線するといったことは茶飯事で、夜中に足尾・日光から宇都宮の小金澤先生宅まで戻り、修理し、とんぼ返りしていたといった苦労話もよく耳にする。

　また、この40年間は人と野生生物との関係性が大きく転換した時期でもあった。シカやイノシシ、サル、クマなど、多くの野生動物が増加し、さまざまな諸問題が頻出するようになった。そして、彼らは「保護」から「管理」の対象へと一転し、それに付随して野生動物研究のニーズにも変化が生じ、「野生動物管理学」という新たな分野の端緒が日本でも開かれるようになった。しかし、研究基盤がほとんど整備されていないなかでの野生動物の管理は、幾度とない失敗と試行錯誤の連続だったはずである。さらには、「管理」という名の野生動物の「駆除」には、相

当な社会的反発もあったことが想像に難くない。実際、1990年代から始まった日光地域でのシカの駆除においては、当初、否定的なマスコミ報道が大々的に取り上げられていた。

　このような苦境の時代のなかで、栃木における野生生物研究の基盤を一から築き上げ、長年にわたって野生動物の管理を一手に担ってきた小金澤先生の功績は計り知れない。その小金澤先生も本書の出版とともに、2016年3月をもって退官を迎えられる。栃木の野生生物分野にとっては多大な損失となることだろう。しかしながら、これまでに多くの研究者・実務者が先生のもとから輩出され、現在に至るまで栃木の野生生物研究史は脈々と積み重ねられてきた。その過程と成果は、次世代の野生生物研究・野生動物管理に大きな貢献を果たすことは言うまでもない。私たち若い世代は、これまでに築き上げられてきた基盤を引き継ぎ、栃木の野生生物研究史に新たな一歩を刻んでいくことが求められている。そして、本書を読んで頂いた中高生、大学生の皆さんも、いつの日かその役割を果たす一人となって頂けたら喜悦の限りである。

　近い将来、日本は未曾有の高齢社会、人口減少社会に突入する。いまですら野生動物管理の担い手が圧倒的に不足しているなかで、さらなる若者の減少は悲観的な将来像を投影せざるを得ない。狼狽の様相を呈する昨今の野生動物管理に、果たしてどのような「次の一手」を投じればよいのだろうか。社会システムの転換とともに、野生動物管理のシステムにも変革のときが差し迫ってきている。私たち若い世代には確かに大きな課題が山積している。しかし、それを打開できる可能性を持っているのも若い世代である。未知なるこれからの野生生物研究・野生動物管理の進路に期待を込めて本書をしめくくりたいと思う。

　最後に、編集の労をおとりいただいた随想舎の卯木伸男氏と内田裕之氏に深謝申し上げたい。

　　　　　　　　　　　　　　　　　　　　　編者を代表して　奥田　圭

小金澤先生を囲んでの誕生日会

卒業式の日に、小金澤先生を囲んで

事項索引

あ
アクティビティセンサー 44
亜種 33, 103, 217
イラプション 67
エアセンサス 122, 210
エコーロケーション 87, 96
落とし穴トラップ 154

か
かすみ網 88, 96
カメラトラップ法 14, 191, 265
カメラナイト 193, 265
環境選択 75
季節移動 8, 62, 74, 82, 147, 173, 182, 185, 193, 268
基礎代謝量 39
区画法 8, 175, 188, 192, 199, 266
くくりワナ 177, 206, 220, 270
クマ剥ぎ 231
グラミノイド 58
グレーチング 126, 181
群集 90, 118, 130, 135, 140, 268
現存量 63, 123, 138, 154
行動圏 28, 43, 70, 74, 78, 82, 110, 168, 231, 266
国立公園 55, 61, 74, 121, 131, 162, 174, 180, 186, 199, 256
個体群 9, 25, 55, 67, 74, 173, 181, 192, 215, 217, 230, 267, 268, 270, 271
個体群管理 54, 219, 239, 271
個体数 10, 30, 61, 74, 92, 118, 126, 131, 137, 153, 162, 164, 192, 210, 220, 236, 238, 252, 256, 266
個体数管理 60, 68, 205, 219

さ
サーモトレーサ 210
歯牙 220
資源 8, 29, 34, 54, 72, 77, 84, 99, 123, 137, 146, 153, 218, 231, 250, 256, 266, 267
シャープシューティング 201
シュート 78, 82
種間関係 →種間相互作用 10, 74, 268
種間相互作用 118, 268
狩猟 18, 54, 170, 174, 201, 213, 220, 232, 265
順応性 31, 159
純繁殖率 220, 267
消費者 146, 268

食性 8, 34, 47, 75, 84, 145, 155, 211, 231, 245, 267
進化 39, 43, 135, 156, 267
腎脂肪指数 223
真社会性 134
スウィーピング法 136
スポットライト 64, 157, 192, 267
生息地 15, 22, 43, 53, 55, 87, 104, 145, 168, 175, 182, 190, 203, 220, 239, 255, 267, 270, 271
生息地管理 220, 271
生息(好)適地 55, 65, 92, 213, 218, 268
生息密度 25, 127, 147, 173, 192, 199, 266
生存時間解析 220
生態系 11, 61, 118, 121, 131, 146, 159, 162, 169, 174, 215, 219, 237, 244, 266, 268, 270
生物間相互作用 →種間相互作用 118, 265, 268
生物指標 87, 271
生物多様性 118, 160, 162, 180, 192
赤外線 97, 191, 210
絶滅のおそれのある野生動植物の種の国際取引に関する条約 105
絶滅のおそれのある野生動植物の種の保存に関する法律 104
センサーカメラ 14, 182, 193, 203, 238, 252, 265
ゾーニング 12, 79, 239

た
多年生草本 138
着床遅延 43, 269
鳥獣の保護及び管理並びに狩猟の適正化に関する法律 106, 184, 265
鳥獣の保護及び狩猟の適正化に関する法律 14
鳥獣被害防止特別措置法 219
鳥獣保護及狩猟ニ関スル法律 106
鳥獣保護区 55, 106, 169, 173, 265
地理情報システム 73, 268
ツルグレン装置 130
適応 39, 76, 148, 267
テレメトリ 8, 12, 27, 37, 61, 73, 108, 208, 214, 234, 269
当年枝 149
冬眠 43, 87, 231, 269
特定外来生物 244, 265
特定鳥獣保護管理計画 13, 126, 174, 219, 265
特別保護地区 106, 121
トラップナイト 206, 266

な
なわばり　*27, 231, 266, 268*
ニッチ　*101, 140, 268, 269*

は
ハープトラップ　*96*
バイオマス→現存量　*123*
箱ワナ　*34, 81, 163, 220, 270*
8の字ダンス　*135*
バックキャスティング　*243*
パッチ　*84, 234*
反響定位→エコーロケーション　*87, 96*
ハンドソーティング法　*154*
ビーティング採集　*129*
被害防除　*178, 220, 271*
人と動物の共通感染症　*245, 269*
ヒューマン・ディメンション　*251, 256, 270*
フェノロジー　*78, 83*
フォーム　*145*
物質循環　*131*
分散　*25, 37, 270*
分布　*10, 32, 55, 65, 75, 81, 87, 98, 103, 120, 134, 162, 164, 173, 180, 189, 199, 211, 217, 240, 244, 266, 267, 270*
糞粒法　*188, 192, 266*
平均寿命　*220, 270*
ポイント枠法　*57, 81*
訪花植物　*138*
放射性核種　*17, 223*
放射性セシウム　*18, 223*
保護　*11, 104, 126, 160, 164, 181, 189, 206, 239, 257, 270*
保護管理　*8, 66, 75, 152, 232, 250, 271*
保全　*19, 88, 102, 105, 119, 122, 133, 139, 144, 146, 159, 180, 219, 239, 270, 271*
ポリゴンデータ　*77*
ポリネーター　*139*

ま
埋土種子　*138*
毎木調査　*234*
巻狩り　*55, 177, 199*
モニタリング　*8, 75, 92, 107, 175, 181, 191, 203, 210, 219, 242, 270*
モバイルカリング　*203*

や
野生動物管理　*61, 162, 172, 251, 256, 271*
有害鳥獣捕獲　*163, 174, 265*

ら
ラスタデータ　*77*
ラムサール条約　*121*
リモートセンシング　*73*
レッドリスト　*19, 91, 162, 271*

わ
ワンウェイゲート　*126*

A層　*131*
Ao層　*131*
GIS→地理情報システム　*73*
GPSテレメトリ　*14, 185*

種名一覧

ア
アカギツネ　*Vulpes vulpes*
アカハラ　*Turdus chrysolaus*
アカマツ　*Pinus densiflora*
アスナロ　*Thujopsis dolabrata*
アナウサギ　*Oryctolagus cuniculus*
アナグマ→ニホンアナグマ
アブラコウモリ　*Pipistrellus abramus*
アマミノクロウサギ　*Pentalagus furnessi*
アヤメ　*Iris sanguinea*
アライグマ　*Procyon lotor*
イケマ　*Cynanchum caudatum*
イタチ→ニホンイタチ
イタドリ　*Fallopia japonica*
イヌワシ　*Aquila chrysaetos*
イノシシ　*Sus scrofa*
ウグイス　*Cettia diphone*
ウサギコウモリ→ニホンウサギコウモリ
ウメ　*Prunus mume*
ウラジロモミ　*Abies homolepis*
ウリハラカエデ　*Acer rufinerve*
エキノコックス　*Echinococcus multilocularis*
エゾタヌキ　*Nyctereutes procyonoides albus*
エゾナキウサギ　*Ochotona hyperborea*
エゾユキウサギ　*Lepus timidus*
オオカミ　*Canis lupus*
オオタカ　*Accipiter gentilis*
オオマルハナバチ　*Bombus hypocrite hypocrita*
オコジョ　*Mustela erminea*
オジロジカ　*Odocoileus virginianus*

カ
カグヤコウモリ　*Myotis frater*
カケス　*Garrulus glandarius*
カタクリ　*Erythronium japonicum*
カモシカ→ニホンカモシカ
カンジキウサギ　*Lepus americanus*
カラマツ　*Larix kaempferi*
キオン　*Senecio nemorensis*
キクイタダキ　*Regulus regulus*
キクガシラコウモリ　*Rhinolophus ferrumequinum*
キジ　*Phasianus colchicus*
キジバト　*Streptopelia orientalis*
キタキツネ　*Vulpes vulpes schrencki*
キツネ→アカギツネ
キツリフネ　*Impatiens noli-tangere*
キハダ　*Phellodendron amurense*
キビタキ　*Ficedula narcissina*
クビワコウモリ　*Eptesicus japonensis*
クマイザサ　*Sasa senanensis*
クマタカ　*Nisaetus nipalensis*
クリ　*Castanea crenata*
グリズリー　*Ursus arctos horribilis*
クルマユリ　*Lilium medeoloides*
クロホオヒゲコウモリ　*Myotis pruinosus*
クロマメノキ　*Vaccinium uliginosum*
コキクガシラコウモリ　*Rhinolophus cornutus*
コサメビタキ　*Muscicapa dauurica*
コテングコウモリ　*Murina ussuriensis*
コナラ　*Quercus serrata*
コマドリ　*Luscinia akahige*
コメツガ　*Tsuga diversifolia*
コヤマコウモリ　*Nyctalus furvus*
コルリ　*Luscinia cyane*

サ
サクラソウ　*Primula sieboldii*
サシバ　*Butastur indicus*
サツマイモ　*Ipomoea batatas*
サメビタキ　*Muscicapa sibirica*
サル→ニホンザル
サルナシ　*Actinidia arguta*
サワグルミ　*Pterocarya rhoifolia*
シカ→ニホンジカ
ジャガイモ　*Solanum tuberosum*
シラカンバ　*Betula platyphylla*
シラネアオイ　*Glaucidium palmatum*
シラビソ　*Abies veitchii*
シロツメクサ　*Trifolium repens*
シロヨメナ　*Aster ageratoides leiophyllus*
スギ　*Cryptomeria japonica*
スズタケ　*Sasa borealis*
スズメ　*Passer montanus*
ズミ　*Malus toringo*
ススキ　*Miscanthus sinensis*

タ
ダケカンバ　*Betula ermanii*
タヌキ　*Nyctereutes procyonoides*
チシマザサ　*Sasa kurilensis*
チマキザサ　*Sasa veitchii* var. *hirsuta*
ツキノワグマ　*Ursus thibetanus*

ツチダンゴ	*Elaphomyces granulatus*	ヒグマ	*Ursus arctos*
ツツドリ	*Cuculus optatus*	ヒナコウモリ	*Vespertilio sinensis*
ツバメ	*Hirundo rustica*	ヒノキ	*Chamaecyparis obtusa*
ツリフネソウ	*Impatiens textori*	ヒメホオヒゲコウモリ	*Myotis ikonnikovi*
ツルコケモモ	*Vaccinium oxycoccos*	ヒメマルハナバチ	*Bombus beaticola beaticola*
テン→ニホンテン		フクロウ	*Strix uralensis*
テングコウモリ	*Murina hilgendorfi*	ブナ	*Fagus crenata*
トウモロコシ	*Zea mays*	ヘビノネゴザ	*Athyrium yokoscense*
トチノキ	*Aesculus turbinata*	ホオジロ	*Emberiza cioides*
トラ	*Panthera tigris*	ホトトギス	*Cuculus poliocephalus*
トラマルハナバチ	*Bombus diversus diversus*	ホンドギツネ	*Vulpes vulpes japonica*
		ホンドタヌキ	*Nyctereutes procyonoides viverrinus*

ナ

ナガマルハナバチ	*Bombus consobrinus wittenburgi*	**マ**	
ナツツバキ	*Stewartia pseudocamellia*	マルバダケブキ	*Ligularia dentata*
ナミハリネズミ	*Erinaceus europaeus*	ミズキ	*Swida controversa*
ニッコウキスゲ	*Hemerocallis dumortieri* var. *esculenta*	ミズナラ	*Quercus crispula*
ニホンアナグマ	*Meles anakuma*	ミソサザイ	*Troglodytes troglodytes*
ニホンイタチ	*Mustela itatsi*	ミツガシワ	*Menyanthes trifoliata*
ニホンイノシシ	*Sus scrofa leucomystax*	ミヤコザサ	*Sasa nipponica*
ニホンウサギコウモリ	*Plecotus sacrimontis*	ミヤママルハナバチ	*Bombus honshuensis*
ニホンカモシカ	*Capricornis crispus*	ムクドリ	*Spodiopsar cineraceus*
ニホンザル	*Macaca fuscata*	ムササビ	*Petaurista leucogenys*
ニホンジカ	*Cervus nippon*	モミジイチゴ	*Rubus palmatus* var. *coptophyllus*
ニホンテン	*Martes melampus*	モモジロコウモリ	*Myotis macrodactylus*
ニホンノウサギ	*Lepus brachyurus*	モモンガ→ニホンモモンガ	
ニホンモモンガ	*Pteromys momonga*	モリアブラコウモリ	*Pipistrellus endoi*
ニリンソウ	*Anemone flaccida*		
ニホンリス	*Sciurus lis*	**ヤ**	
ヌートリア	*Myocastor coypus*	ヤクザル	*Macaca fuscata yakui*
ノアザミ	*Cirsium japonicum*	ヤシャブシ	*Alnus firma*
ノイヌ→イヌ		ヤチダモ	*Fraxinus mandshurica*
ノウサギ→ニホンノウサギ		ヤマオダマキ	*Aquilegia buergeriana*
ノスリ	*Buteo buteo*	ヤマコウモリ	*Nyctalus aviator*
ノネコ→イエネコ		ヤマブドウ	*Vitis coignetiae*
ノハナショウブ	*Iris ensata*	ヤマネ	*Glirulus japonicus*
ノレンコウモリ	*Myotis nattereri*	ユズ	*Citrus junos*
		ユビナガコウモリ	*Miniopterus fuliginosus*
ハ		ヨモギ	*Artemisia princeps*
バイケイソウ	*Veratrum album oxysepalum*		
ハイマツ	*Pinus pumila*	**ラ**	
ハクサンフウロ	*Geranium yesoemse* var. *nipponicum*	ルリビタキ	*Tarsiger cyanurus*
ハクビシン	*Paguma larvata*	レンゲツツジ	*Rhododendron molle japonicum*
ハシブトガラス	*Corvus macrorhynchos*		
ハシボソガラス	*Corvus corone*	**ワ**	
ハタネズミ	*Microtus montebelli*	ワタスゲ	*Eriophorum vaginatum*
ハリネズミ→ナミハリネズミ			
ハルニレ	*Ulmus davidiana* var. *japonica*		
ハンゴウソウ	*Senecio cannabifolius*		

執筆者一覧

（50音順、所属は執筆時、＊は編者）

安斎春那（あんざい　はるな）
　栃木県環境森林部森林整備課
今木洋大（いまき　ひろお）
　Pacific Spatial Solutions, LLC
岩本千鶴（いわもと　ちづる）
　環境省奄美自然保護官事務所
江口（堀江）玲子（えぐち（ほりえ）　れいこ）
　特定非営利活動法人オオタカ保護基金
江成広斗（えなり　ひろと）　山形大学
遠藤孝一（えんどう　こういち）
　特定非営利活動法人オオタカ保護基金
奥田（野元）加奈（おくだ（のもと）　かな）
　野生どうぶつ調査団
＊奥田　圭（おくだ　けい）　福島大学
奥村忠誠（おくむら　ただのぶ）
　株式会社野生動物保護管理事務所
金子賢太郎（かねこ　けんたろう）
　株式会社緑生研究所
木村太一（きむら　もとかず）
　浦和ルーテル学院
小池伸介（こいけ　しんすけ）
　東京農工大学大学院農学研究院
小金澤正昭（こがねざわ　まさあき）
　宇都宮大学
小寺祐二（こでら　ゆうじ）　宇都宮大学
桜井　良（さくらい　りょう）　立命館大学
佐藤洋司（さとう　ようじ）
　福島県農林水産部森林整備課
＊關　義和（せき　よしかず）
　日本獣医生命科学大学
瀬戸隆之（せと　たかゆき）
　東京農工大学大学院
＊竹内正彦（たけうち　まさひこ）
　農研機構中央農業総合研究センター
田村宜格（たむら　よしただ）
　宇都宮大学大学院

千葉康人（ちば　やすと）
　環境省自然環境局総務課
辻岡幹夫（つじおか　みきお）
　一般財団法人自然公園財団日光支部
敦見和徳（つるみ　かずのり）　栃木県立宇都宮商業高等学校／東京農工大学大学院
手塚牧人（てづか　まきと）
　フィールドワークオフィス
中山直紀（なかやま　なおき）
　株式会社アワーズ
橋本友里恵（はしもと　ゆりえ）
　株式会社よしみね
春山明子（はるやま　あきこ）
　株式会社群馬野生動物事務所
藤浪千枝（ふじなみ　ちえ）　静岡市地域子育て支援センター小百合／静岡県猟友会麻機南支部
淵脇（加藤）恵理子（ふちわき（かとう）　えりこ）
　栃木県民の森（傷病野生鳥獣救護スタッフ）
本間和敬（ほんま　かずひろ）
　日光市立藤原中学校
松城康夫（まつしろ　やすお）
　株式会社PCER
松田奈帆子（まつだ　なおこ）
　栃木県県北環境森林事務所
＊丸山哲也（まるやま　てつや）
　栃木県林業センター
安井さち子（やすい　さちこ）
　日光森林棲コウモリ研究グループ
谷地森秀二（やちもり　しゅうじ）　認定特定非営利活動法人四国自然史科学研究センター
吉倉智子（よしくら　さとこ）
　日光森林棲コウモリ研究グループ
米田　舜（よねだ　しゅん）
　栃木県県南環境森林事務所
李　玉春（Li Yuchun）
　山東大学(威海)海洋学院

とちぎの野生動物　私たちの研究のカタチ

2016年2月20日　第1刷発行

編　者 ● 關　義和, 丸山　哲也, 奥田　圭, 竹内　正彦
　　　　　E-mail　wildlife.tochigi@gmail.com
　　編集協力　丸山美和

発　行 ● 有限会社 随　想　舎
　　　　〒320-0033　栃木県宇都宮市本町10-3 TSビル
　　　　TEL 028-616-6605　FAX 028-616-6607
　　　　振替 00360-0-36984
　　　　URL http://www.zuisousha.co.jp/

印　刷 ● モリモト印刷株式会社

装丁 ● 栄舞工房
定価はカバーに表示してあります／乱丁・落丁はお取りかえいたします

© Yoshikazu Seki, Tetsuya Maruyama, Kei Okuda and Masahiko Takeuchi
2016 Printed in Japan　ISBN978-4-88748-318-7